高等学校环境艺术设计专业教学丛书暨高级培训教材

虚拟环境艺术设计

王国彬　宋立民　程　明　编著

清华大学美术学院环境艺术设计系

中国建筑工业出版社

图书在版编目（CIP）数据

虚拟环境艺术设计/清华大学美术学院环境艺术设计系等编著. —北京：中国建筑工业出版社，2022.2
高等学校环境艺术设计专业教学丛书暨高级培训教材
ISBN 978-7-112-26975-4

Ⅰ.①虚… Ⅱ.①清… Ⅲ.①虚拟技术-应用-环境设计-高等学校-教材 Ⅳ.①TU-856

中国版本图书馆 CIP 数据核字（2021）第 263763 号

本书共 6 章，分别是：虚拟环境艺术设计概述、虚拟环境的空间设计基础、虚拟环境艺术设计的流程与方法、虚拟环境艺术设计的作品解析、虚拟环境艺术设计的评价体系、虚拟环境艺术设计的发展前景。本书从理论基础到实践方法的循序渐进、由浅入深的方式对虚拟环境艺术设计中的流程做了系统的陈述。每个部分先叙述再举例，图文并茂，实现了课程信息的有效传播。每个部分均设置了课程导学，清晰的列出学习目标、知识框架图以及学习计划等，帮助学生更好地学、帮助老师更方便地教。

本书主要面向各类高等院校环境艺术设计专业的教师、学生，同时也面向各类成人教育培训班的教学，也可以作为专业设计师和各类专业从业人员提高专业水平的参考书。

为了便于本课程教学与学习，作者自制课堂资源，可加《虚拟环境艺术设计》交流 QQ 群 591741318 索取。

本书配套视频资源
扫码上面二维码观看

责任编辑：胡明安
责任校对：李美娜

高等学校环境艺术设计专业教学丛书暨高级培训教材
虚拟环境艺术设计
王国彬 宋立民 程 明 编著
清华大学美术学院环境艺术设计系
*
中国建筑工业出版社出版、发行（北京海淀三里河路 9 号）
各地新华书店、建筑书店经销
霸州市顺浩图文科技发展有限公司制版
廊坊市海涛印刷有限公司印刷
*
开本：880 毫米×1230 毫米 1/16 印张：10¾ 字数：263 千字
2022 年 3 月第一版 2022 年 3 月第一次印刷
定价：**42.00** 元（赠教师课件）
ISBN 978-7-112-26975-4
（38578）

编 者 的 话

作为设计学科重点的环境设计专业，源于20世纪50年代中央工艺美术学院室内装饰系。在历史中，它虽数异名称（室内装饰、建筑装饰、建筑美术、室内设计、环境艺术设计等），但初心不改，一直是中国设计界中聚焦空间设计的专业学科。经历几十年发展，环境设计专业的学术建构逐渐积累：1500余所院校开设环境设计专业，每年近3万名本科生或研究生毕业，从事环境设计专业的师生每年在国内外期刊发表相关论文近千篇；环境设计专业共同体（专业从业者）也从初创时期不足千人迅速成长为拥有千万人从业，每年为国家贡献产值近万亿的庞大群体。

一个专业学科的生存与成长，有两个制约因素：一是在学术体系中独特且不可被替代的知识架构；二是国家对这一专业学科的不断社会需求，两者缺一不可，如同具备独特基因的植物种子，也须在合适的土壤与温度下才能生根发芽。1957年，中央工艺美术学院室内装饰系的成立，是这一专业学科的独特性被国家学术机构承认，并在“十大建筑”建设中辉煌表现的“亮相”时期；在之后的中国改革开放时期，环境设计专业再一次呈现巨大能量，在近40年间，为中国发展建设做出了令世人瞩目的贡献。21世纪伊始，国家发展目标有了调整和转变，环境设计专业也需与时俱进，以适应新时期国家与社会的新要求。

设计学是介于艺术与科学之间的学科，跨学科或多学科交融交互是设计学核心本质与原始特征。环境设计在设计学科中自诩为学科中的“导演”，所以，其更加依赖跨学科，只是，环境设计专业在设计学科中的“导演”是指在设计学科内的“小跨”（工业设计、染织服装、陶瓷、工艺美术、雕塑、绘画、公共艺术等之间的跨学科）。而从设计学科向建筑学、风景园林学、社会学之外的跨学科可以称之为“大跨”。环境设计专业是学科“小跨”与“大跨”的结合体或“共舞者”。基于设计学科的环境设计专业还有一个基因：跨物理空间和虚拟空间。设计学科的一个共通理念是将虚拟的设计图纸（平面图、立面图、效果图等）转化为物理世界的真实呈现，无论是工业设计、服装设计、平面设计、工艺美术等大都如此。环境设计专业是聚焦空间设计的专业，是将空间设计的虚拟方案落实为物理空间真实呈现的专业，物理空间设计和虚拟空间设计都是环境设计的专业范围。

2020年，清华大学美术学院（原中央工艺美术学院）环境艺术设计系举行了数次教师专题讨论会，就环境设计专业在新时期的定位、教学、实践以及学术发展进行研讨辩论。今年，借中国建筑工业出版社对“高等学校环境艺术设计专业教学丛书暨高级培训教材”进行全面修订时机，清华大学美术学院环境艺术设计系部分骨干教师将新的教学思路与理念汇编进该套教材中，并新添加了数本新书。我们希望通过此次教材修订，梳理新时期的教育教学思路；探索环境设计专业新理念，希望引起学术界与专业共同体关注并参与讨论，以期为环境设计专业在新世纪的发展凝聚内力、拓展外延，使这一承载时代责任的新兴专业在健康大路上行稳走远。

清华大学美术学院环境艺术设计系

2021年3月17日

目　录

第3章 虚拟环境艺术设计的流程与方法

第4章 虚拟环境艺术设计的作品解析

第5章 虚拟环境艺术设计的评价体系

第6章 虚拟环境艺术设计的发展前景

绪　论

编写背景

清华大学美术学院是环境艺术设计专业的创始者。1956年，中央工艺美术学院成立，它的建院宗旨是在“衣、食、住、行”四个方面培养艺术设计人才，为社会服务。1957年，聚焦于“住”的室内装饰系成立，这个系的最初师资由美术学、建筑学与家具工程背景的跨学科教师组成。环艺系的跨学科实践在美术学与建筑学之间展开，并以中华人民共和国“十大建筑”建设为实践蓝本，这一尝试取得令世人瞩目的成功。从中央工艺美术学院室内装饰系到后来的清华大学美术学院环境艺术设计系，在教学与实践中抓住三个中国经济与社会发展的机遇期是其成功的关键。第一个机遇期是20世纪50年代中华人民共和国“十大建筑”建设期，将“中国风格、民族特色”的鲜明符号融入建筑装饰、室内设计中，使中央工艺美术学院室内装饰系的第一次亮相赢得喝彩与声誉。第二个机遇期是在20世纪80年代改革开放初期，在全国大兴土木建设的高潮中，中央工艺美术学院室内设计系师生再一次扮演了“领军者”角色。在这一机遇期中，室内设计专业得到了实实在在长足发展，专业共同体队伍（专业设计师与相关从业者）由20世纪50年代的千余人发展到21世纪初近2000万人，是中国同期发展最快的学术与从业者实体之一。第三个机遇期是在1987年，清华大学美术学院果断将室内设计专业拓展至环境艺术设计，使之在随后而来的中国城市化进程中，担当了城市景观设计者的新角色。三个机遇期都被清华大学美术学院环境艺术设计系牢牢把握并发挥，历史上三次成功地与时代“共舞”。

凡为过往皆为历史，清华大学美术学院环境艺术设计系虽然有着令人骄傲的光辉历史，但如何面对当代的新挑战，给出新时期的战略部署与应对方案，才是摆在清华大学美术学院环艺人面前的当代大考。环境艺术设计专业在设计学科中是负责空间设计领域的专属专业。以往的空间设计是物理空间的设计，最终设计成果要落实到物理空间设计实体中。而在信息时代，虚拟空间成为一个崭新的空间领域，目前涉及影视虚拟场景、游戏虚拟场景、AI虚拟场景等，今后会有更多的发展路径。虽然是虚拟，但仍然是空间属性。环境艺术设计专业要承担起虚拟空间设计这一时代新任务，且责无旁贷。如同环境设计专业历史上在建筑装饰（20世纪50年代）、室内设计（20世纪80年代）、景观设计（20世纪90年代）领域开疆拓土一样，当代环艺人应该肩负起虚拟空间设计这一新添的“半壁江山”新使命。其实，对于虚拟空间，环境设计专业并不陌生，以往物理空间实体设计过程中的“前半场”其实就是虚拟空间设计，用效果图、平立面图搭建起的虚拟物理空间，然后经过施工工程转译为物理实体空间。由于环境艺术设计专业在学科教育中对其学生在艺术创造力与想象力方面的塑造与强调，也由于减少了在物理空间设计中诸如建筑标准等的束缚，使环境艺术设计专业的学生与研究者一定能在未来虚拟空间设计领域中有更精彩、意想不到、令人拍案叫绝的出色发挥。

21世纪，人类社会发生了深刻的变革。人口的暴增，全球化的发展造成了时空的压缩，我们成为一个生活在同一环境里的命运共同体。我们的生存环境面临巨大的危机。环境问题已经成为我们这个时代所有生存问题的重中之重。新冠肺炎病毒的全球化对我们生活造成巨大影响，与此同时，我们也感受到了互联网虚拟环境给我们带来的便利与可能。

随着信息技术革命的深入，人类社会发生了深刻的变革，网络信息技术成为经济社会发展的主要推动因素，网络空间成为新的社会空间组织形式，具有多元性多中心的特征。人们的生产生活以及整个社会的组织形式与结构正在走向网络化。在加速流动的信息化时代里，资本、信息、技术在全球流动，“流动性”成为信息时代最突出的特征，成为塑造人们生活场景的重要支配力量。“流动的空间”打破了地域的隔离，全球与地域间、虚拟与现实间的界限变得模糊。随之而来的，人居环境也将呈现与之相适应的新特征，需要我们进行系统的梳理与探究，完成新时代环境设计的转化与升级。

教材特色

本教材的特色主要反映在以下三方面：

（1）本书通过导入主题叙事设计策略，以“主题”为核心，以“叙事性设计”为方法，以环境空间为载体，构建一个从主题的设定到主题的转译再到主题的营造的全新主题虚拟环境艺术设计方法，实现了传统物理环境设计方法的更新。

（2）本教材以文字与数字相结合，在系统性文字基础上，增加数字课件与重点讲解的视频文件。内容上坚持基础性与前沿性并重。除了设计的相关理论基础以及方法外，还详细的通过案例分析来实现学习过程的具体指导；并通过评价标准的陈述，以及相关专业课程的构想，对环境艺术设计专业的未来发展提出了一种可能性发展方向，并以国内外最新的设计实例作为论据，增加了可读性和实用性。

（3）读者主体对象从学生、设计师转向“教师＋学生＋设计师”。该教材编写组教师多年教学经验和成果的积累，充分了解教师和学生两方面的需求；因此，本书的读者和服务对象同时包括学生和教师。为教师制定教学计划、安排教学内容和课时、设定教学目标及评价标准等，都提出了具体的建议。通过实际的课堂教学成果，来启发读者对虚拟性环境艺术设计的理解和掌握。同时，根据本科生知识积累和认知规律的现实情况，增强了本教材的“实用性”和“适用性”特点。

教材构成

本书主体由 6 个部分构成，采用从理论基础到实践方法的循序渐进、由浅入深的方式对虚拟环境艺术设计中的流程做了系统的陈述。每个部分先叙述再举例，图文并茂，实现了课程信息的有效传播。每个部分均设置了课程导学，清晰的列出学习目标、知识框架图以及学习计划等，帮助学生更好的学、帮助老师更方便的教。此外，在每部分的结尾处还设置了课后练习，帮助学生们巩固课堂所学内容，加深学生对知识的理解。

编写意义

在设计学科中，环境艺术设计专业由以物理空间设计为主转向以物理空间设计和虚拟空间设计并行的研究与教学实践是本教材写作的初衷。随着数字技术、互联网、物联网技术的发展，人居环境的虚拟化设计，因其灵活多变、复合多功能以及更易满足高阶层精神需求的特征，在信息社会语境下表现出超越现实环境的独特优势，将成为信息社会人居环境发展的一个重要方向。对其进行深入研究和广域拓展将是环境设计专业在新时期发展的一个重要方向和“新”领域。

与传统的环境艺术设计相比，虚拟环境艺术设计的加入拓宽了环境艺术设计专业的研究与实践领域，丰富了专业的实践对象，使专业更具发展前景和面向未来的应用价值，将艺术学与设计学的学科优势最大化。虚拟环境艺术设计突破了传统三维空间的思维局限性，进一步挖掘设计潜能创造出更多抽象式可能性，给环境艺术设计带来更广阔的发展空间。2021 年是“元宇宙”元年，元宇宙指的是一个脱离于物理世界，却始终在线的平行数字世界中，是人以数字身份参与和生活的可能的数字世界。“元宇宙”的世界需要相应的构建法则。本教材所构建的设计方法，也将是“元宇宙”世界行之有效的设计方法，将会在未来的时代发展中体现出极大的前瞻性与示范性。

编写队伍

王国彬，现任北京工业大学艺术设计学院硕士生导师，责任教授，主题环境设计研究中心主任。中国美术家协会会员、中国美协环境设计艺术委员会秘书长，中国建筑学会室内设计分会理事，世界绿色设计组织会员，光华龙腾设计创新奖评委。

出版专著《易禾十年，中国环境艺术设计之探索》《环境设计概论》《景观设计》等教材，担任清华大学美术学院《公共艺术与环境设计》课程。主持设计多项国家级重大影响力项目连续获得党和国家领导人的认可，2019 年参加由中华人民共和国文化部、中国文学艺术界联合会、中国美术家协会主办的第十三届全国美展，并获得银奖。设计作品连续多次获得博物馆展陈设计界最高奖项“全国博物馆十大陈列展览精品奖”以及“中国环境艺术奖”“全国环境艺术设计大展一等奖”等其他国家级奖项，个人也由此获得素有“设计业奥斯卡”之称的国家级科技设计奖——“光华龙腾奖十大杰出青年”。

宋立民，现任清华大学美术学院环境设计系主任、博士生导师。曾出版专著《春秋战国时期室内形态研究》（中国建筑工业出版社，2012 年 2 月），参与编写《室内设计资料集》《视觉尺度景观设计》等重要教材，并主持完成北京市哲学社会科学项目《北京市延庆区景观评价》以及清华大学自主科研项目《中国特色景观评价研究》等科研项目，并长期担任清华美院《室内色彩设计》《生活方式与设计》《环境物理》《景观设计》以及《环境设计概论》等本科与研究生课程的主讲教师，对本书涉及的内容有较深入的研究。

程明，现于清华大学美术学院环境设计系攻读设计学博士研究生，导师为宋立民教授。清华大学美术学院与米兰理工大学设计学院双硕士。参与本书第 1 章、第 3 章、第 4 章部分内容编写与图表制作，执笔第 5 章、第 6 章内容编写与图表制作，并负责落实相关编写组织工作。

陈尧祥，现于清华大学美术学院环境设计系攻读硕士研究生，参与本书第 1 章、第 3 章、第 4 章部分内容编写及图表绘制工作。

李豫冀，现于清华大学美术学院环境艺术设计系攻读硕士研究生，参与本书第 3 章、第 4 章部分内容编写及图表绘制工作。

刘歆雨，现于清华大学美术学院环境艺术设计系攻读硕士研究生，参与本书第 4 章部分内容编写及图表绘制工作。

李亚贤，现于北京工业大学艺术设计学院环境设计系攻读硕士研究生，参与本书第 2 章部分内容编写及图表绘制工作。

李腾，现于北京工业大学艺术设计学院环境设计系攻读硕士研究生，参与本书第 2 章部分内容编写及图表绘制工作。

使用建议

本教材可用作环境设计、游戏设计、展陈设计、舞台美术等专业的教材，也可被列为建筑设计、工程设计、计算机工程等学科的教学参考书。

建议教学组织方案如下：

方案一：适用于全日制学习者，如果作为一门课程学习，宜为 8 学分 128 学时，宜每周学习 16 学时，8 周学完。

方案二：若作为一个专业方向的课程系统，建议可结合自身师资情况与条件，参考本书第 6 章的课程设置部分来进行相关专业方向课程的设置。

第 1 章 虚拟环境艺术设计概述

本章导学

学习目标

（1）了解虚拟环境艺术设计产生的背景和历史；

（2）明确虚拟环境艺术设计的内涵和特征；

（3）熟悉虚拟环境艺术设计的分类；

（4）掌握虚拟环境艺术设计的策略要点。

知识框架图

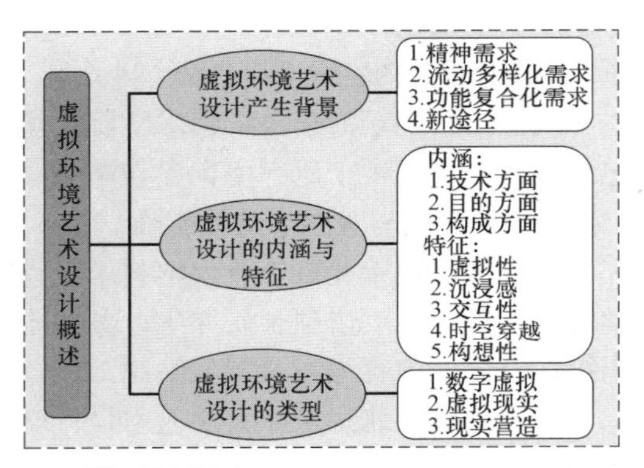

学习计划表

序号	内容	线下学时	网络课程学时
1	虚拟环境艺术设计的背景与历史		
2	虚拟环境艺术设计的内涵与特征		
3	虚拟环境艺术设计的类型		

1.1 虚拟环境艺术设计产生的背景

“建构场所的不只是在场发生的东西，场所的可见形式掩藏着那些远距关系，正是这些关系决定着场所的性质。”

——安东尼·吉登斯

21 世纪，人类社会发生了深刻的变革，随着信息技术革命的深入，网络信息技术成为经济社会发展的主要推动因素，网络空间成为新的社会空间组织形式，具有多元性多中心的特征。人们的生产生活以及整个社会的组织形式与结构正在走向网络化。在加速流动的信息化时代里，资本、信息、技术在全球流动，“流动性”成为信息时代最突出的特征，成为塑造人们生活场景的重要支配力量。“流动的空间”打破了地域的隔离，全球与地域间、虚拟与现实间的界限变得模糊。随之而来的，人居环境也将呈现与之相适应的新特征，需要我们进行系统的梳理与探究，完成新时代环境设计的转化与升级。

信息时代的环境是由空间、意义、人以及他们的活动所组成的，因此，信息时代的人居环境呈现出相对复杂的表征，需要我们进行探究，从而更好地适应时代需求，助力人们的生活。

1.1.1 人居环境的精神高精阶化需求

根据美国心理学家马斯洛提出的“需求层次论”，自我实现的需要是高层次的精神需要，是“超越性需要”。信息时代，人们开始追求诸如哲学思考、价值取向、科学幻想、人伦情感、文化重构与文学营造等多重主题性、高阶层的精神生活。随着生产力的发展，物质生活逐渐丰富，促进了人居环境由经济、实用向“艺术性”“精神性”的转化，从而使得信息时代的人居环境需要“场所精神”。因此，信息时代的人居环境，不仅应该让人有舒适美观、功能合理的生活体验，更应该让使用者在环境中重新发现自我，在环境里发挥生命的潜能（图 1-1）。

1.1.2 人居环境的流动多样化需求

信息网络社会具有流动性、符号化与

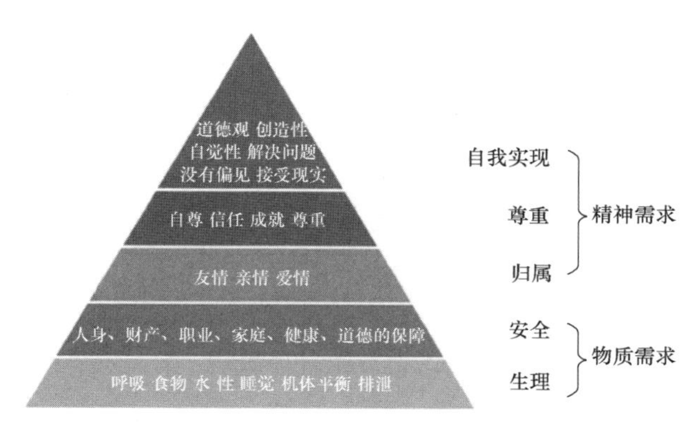

图 1-1 马斯洛提出的“需求的层次论”图解
（图片来源：编者自制）

多变的特征，在信息空间中，每个人都是中心，有更多、更大的选择，人们不再受空间与时间的局限。因此，信息时代背景下的人居环境也呈现个性化、多样化的面貌。人们更迫切需求动态灵活的、不受时间空间限制的、随想而变的环境形式。然而，现实人造环境的工业化、标准化以及时空合一的物质特性，很难满足人们的个性环境需求。环境的同质符号化现象严重，环境形式局限于现实世界造物法则，难以适应信息时代的需求。因此，创造一种独具特色的，满足不同个性需求且动态灵活的人居环境，将成为贯穿信息时代的持续性需求。

1.1.3 人居环境的多功能复合化需求

总的来看，从工业社会的物质文明向后工业社会的信息文明转变，将会是 21 世纪发展的总趋势，传统的生活方式受到巨大的影响，原有单一功能的环境空间将逐步减少。信息化社会使虚拟环境成为信息的重要载体和媒介。环境也从人们基础物质生活的容器，转化成为人们高阶精神生活的载体。人们希望在同一个环境里能够得到多层次，各类型需求的满足，原有人居环境的功能也将呈现出复合化的特征。信息时代的环境越来越像一个围绕“人”而建构的信息数据平台，成为承担生活、办公、教育、娱乐、休闲等多功能复合场所。多功能、复合化的环境成为信息社会的环境特征。人们在这个平台上可以实现虚拟和现实的环境转换，从而实现“需求层次论”中所有层次的需求。

1.1.4 人居环境艺术与精神性需求的新途径

“人活在这个世界上，靠的不仅仅是面包，也不仅仅是真实。”

——《纽约客》专栏作家约翰·格里尔逊这样论述虚拟的力量

随着社会的发展，现实人居环境日益恶化，自然灾害与疾病的不断出现，过度生产和消费的工业文明及其生活方式导致了一系列社会问题的产生，迫使人们在应对现实环境问题的同时，也在积极寻求更为有效的新途径，以应对人类生存发展的环境需求与有限的现实环境之间的矛盾（图 1-2）。人居环境的虚拟化设计，因其灵活多变、功能复合以及更易满足高阶层精神需求的特征，在信息社会语境下表现出超越现实环境的独特优势，成为信息社会人居环境发展的一个重要方向。

图 1-2 人居环境的逐步恶化
（图片来源：图片来源于网络）

另外，还有混合现实环境的虚拟化设计，比如有日本设计团队 Team lab 在现实中极为普通的封闭环境内，通过影像多媒体等数字化虚拟手段打造的沉浸式环境空间以及虚拟环境艺术设计的现实化营造，如以著名科幻电影《阿凡达》为原型，在美国环球影城主题公园内建造的阿凡达主题乐园。

1.2 虚拟环境艺术设计溯源

对于不同文明的人来说，对虚拟环境、沉浸式环境的追求自古有之。从远古时期的岩洞壁画到现代的 3D 电影、VR 体验，虽然所使用的媒介在随时代的更迭而不断变化，但人们对于“入画”或“入境”般的沉浸体验的追求却从未改变过。因此，要想在信息时代的语境下发展虚拟环境艺术设计，需要对其相关的历史进行一定的了解，并据此在前人探索的基础上，运用信息时代的先进技术与工具，发掘符合时代特征的新的可能性。本节中通过灭点透视法、全景画、立体舞台、3D电影等发展脉络来对信息时代前的虚拟环境艺术设计相关历史进行梳理，并发掘其与信息时代的虚拟环境艺术设计的关联性。

（1）灭点透视法

灭点透视法是一种把三维的立体空间或形象表现在二维平面上的绘画方法，令二维的平面画面产生立体感与空间感。根据英国美术史家贡布里希在《艺术与错觉》一书中的记载，古希腊人在公元前5世纪时就在其艺术作品中采用了短缩法的方式来表现空间。例如，公元前5世纪的古希腊画家阿加萨霍斯（Agatharchus）为戏剧家埃斯库罗斯（Aeschylus）的悲剧绘制的布景画中，运用了近大远小的视觉规律，并配合浓淡变化的表现手法，令二维平面的画作产生纵深与突出的视错觉，从而令演员与具有空间感的背景画布融为一体，为当时的观众带来身临其境的观演体验。这可以说是虚拟环境艺术设计在古代较为早期的应用。到古罗马时期，出现了一系列在别墅中绘制的壁画作品，也被看作是沉浸式场景设计史上的首批作品，其中1343年绘有捕猎场面的牡鹿之房能够产生较强的幻觉感，其中所表现的狩猎场景画面完全包围了观看者，强化观看者对于画作空间的临场感（图1-3）。

图1-3　牡鹿之房北墙壁画

（图片来源：［德］奥利弗·格劳·虚拟艺术：从幻觉到沉浸［M］，陈玲译，北京：清华大学出版社，2007）

到文艺复兴时期，艺术家同样将古希腊、古罗马的缩短法应用于空间之中，例如15世纪初马萨乔为意大利布兰卡契礼拜堂绘制的壁画作品，画面中的景物都向着房间的纵深方向形成透视变化，同时通过在半包围的曲面上绘制画作，将观看者包围其中并令其沉浸于圣彼得的生平以及亚当与夏娃的故事之中（图1-4）。

图1-4　马萨乔 布兰卡契礼拜堂壁画 15世纪初

（图片来源：来源于网络）

由此可见，灭点透视法的艺术表现方式与空间的结合，能够将观看者包围其中，并令其产生进入另一个世界的幻觉，从而在空间探索的过程中逐渐形成具有沉浸感的体验感受。而这也符合信息时代下虚拟环境艺术设计所具有的沉浸感特征，因此，灭点透视法与虚拟环境艺术设计的存在紧密的内在关联。

（2）全景画

全景画盛行于18世纪后期和19世纪，《不列颠百科全书》中将其解释为“连续性的叙事场面或风景。其按照一定的平面或曲形背景绘制，画面环绕观众或在观众面前展开，通常以粗放而真实的手法绘制，与布景或舞台画相似。”全景画与灭点透视法相比，打破了视线集中于某一视觉焦点的局限，令观看者能够进行视点自由变换的观看体验，从而获得更为沉浸的视觉感受。1787 年爱尔兰画家罗伯特·巴克（Robert Barker）在申请名为“自然错视法”的专利时，详细描述了全景画的实现要点。第一，在一个圆形高楼中将全景画固定在曲面的墙壁上。第二，观看者应位于大楼中央的高台之上，以俯视的视角观看画作，以形成较为逼真的视觉效果。第三，对画作的边界和地面的边界进行遮挡处理，以此使画作的过渡更为自然。第四，在进入全景画的环形空间之前设置一段昏暗的长廊或楼梯，以此令观看者形成强烈的视觉反差，以强化全景画预期的视觉效果（图 1-5）。

图 1-5　梅斯达全景画
（图片来源：来源于网络）

全景画具有两方面特征：第一，全景画具有沉浸性，其目的是以油彩为媒介，令观看者能够产生身临其境的沉浸体验，通过人工地形、管风琴等乐器形成的声效、人造风或烟雾来营造真实一般的空间环境，令观看者的体验突破视觉层面，形成多感官的综合体验。第二，全景画具有商业性，作为“世界上第一种大众传播媒介”，其在 19 世纪初在欧洲各地进行巡展，当展览地无法继续获利时，则会将其运送到不同的地点展出，以获取上流人士的关注与青睐。这两种特征在信息时代的虚拟环境艺术设计中都得以延续与发展。一方面，数字媒体、虚拟现实等信息技术取代全景画的油画媒介来实现虚拟环境艺术设计的沉浸感，另一方面，游戏、电影等娱乐工业以及虚拟媒体艺术设计（如 Team Lab 数字媒体艺术展、虚拟展览等）的兴起为虚拟环境艺术设计带来更多的实践机会与传播方式。

（3）立体舞台

在古希腊时期，艺术家的舞台布景制作技艺十分精湛，对观众产生了极强的吸引力。在维特鲁威的《建筑十书》中，画家阿帕图里乌斯就曾以精美的浮雕工艺布置小剧场的背景，效果逼真，使人们产生置身其中的错觉，观赏的人们无一不发出赞叹。然而，20 世纪初的未来主义运动却走上了相反的道路，未来主义舞台美术家恩里科·普兰波利尼（Enrico Prampolini）排斥写实，否定像照片一样的舞台背景。同时，他也认为演员、布景等视觉可见的现实因素都是危险且无益的，因为这些固有的形态会限制观众的想象力。因此他主张要让声音、舞台上的光、场景营造的氛围成为主体，因为这些主体是会在空间中产生持续动作的时间艺术。

未来主义舞台美术虽然对运动感、机械性的肯定存在极端倾向，但它以下三方面主要特征对今天的虚拟环境艺术设计具有启示作用。

首先，未来主义通过对造型、音乐、光色的独到处理，营建情感表达的场景气氛。以贾科莫·巴拉（Giacomo Balla）为戏剧《人工艺术品》的舞美设计为例，舞台背景是由荧光色半透明材质构成的立体几何体，演出中没有演员，以美籍俄国作曲家斯特拉文斯基（Igor Fedorovitch Stravinsky）所作乐曲与多变的色彩、绚烂的灯光相配合，将音乐的情感与光色变化借助“通感”的方式进行淋漓尽致的体现。

其次，多维度舞台空间延展了水平透视景观。未来主义倡导极富动感的造型，崇尚速度感与未来感，并且极力将时间要素置入舞台之中，力图营造一个四维空间。1924 年意大利未来主义艺术家普兰波利尼宣布了建立多维未来主义舞台方案——以往观众只能在固定区域进行观看的传统厢式舞台将被“球形扩张”的舞台所取代，这些将扩大水平的透视景观，使观众在观赏的时候能够更加置身其中，享受一场精彩的视听盛宴。

最后，未来主义舞台打破传统舞台和观众的隔阂，增强交互性。1915 年意大利诗人、文艺批评家、未来主义创始人马里内蒂（Filippo Tommaso Marinetti）在米兰发表了《未来主义合成戏剧》一文，文章六条结论中有三条都与观众相关，主张取消传统戏剧，建立多种形式的未来主义戏剧，消除舞台与观众的距离，例如第三条结论提议：“调动观众的情感，研究他们的情感，并以一切手段唤醒他们情感中最迟钝的部分；肃清有关舞台的成见，把观众与舞台连在一起，让表演走下舞台，走到剧场中去，走到观众中去。”

（4）3D 电影

严格来说，电影也是一种剧场艺术，电影的观赏方式、对于时间空间的环境诉求与舞台的要求有着某些相似性，但是，作为一门艺术，电影包罗万象，是一门包含文学、表演、音乐、美术、摄影、建筑等多种因素的综合艺术，其具有相当的独特性。声音与画面的恰当结合，也是影视艺术所独有的特点。

在美国电影导演乔恩·布尔斯廷（Jon Boorstin）看来，体验感极强是将电影与其他艺术门类区分开来的特点。“戏剧没法把你推到舞台上去，小说只能通过文字制造非直接的体验，而电影直接把潜意识以影像注入到人体内。”电影院这个黑暗的“第三空间”是名副其实的“梦工厂”，不仅属于观众也属于制作者，全景电影、3D 电影（立体电影）、VR 电影的出现不断尝试打破观众和舞台的边界，进一步加深电影的沉浸感，尤其是近年出现的数字媒体艺术沉浸式场景设计电影，更让观众成化身角色，深度沉浸在这个黑色的魔法盒子里，尽情做一场美梦。

1895 年 12 月 28 日，法国卢米埃尔兄弟（Auguste Lumière & Louis Lumière）公映了其制作的无声影片《火车进站》，这一天被认为是电影诞生日。1927 年有声电影诞生，声画合一，令电影真正形成一门视听艺术。可以说，从电影成为一门独立的视听艺术之前，人们便开始了对电影中“沉浸式设计”的不断探索——3D 电影，即观众在观看电影中，不仅感受到事物的长度和宽度，还能感受到其深度。正如德裔美籍心理学家鲁道夫·阿恩海姆（Rudolf Arnheim）所说，虽然《火车进站》的技术是很低劣的，“但是，当银幕上显示出一列火车从对面开过来的情景时，在场的观众们竟然吓得惊跳起来。最近，同样的现象又在那些观看‘立体电影’的观众中出现了。”卢米埃尔兄弟还曾将《火车进站》制作成 3D 影片，在 1903 年公映，1921 年 3D 电影被引入美国，用双色眼镜观看多彩的光线投影图像，创造了空间感和深度感（图 1-6）。

图 1-6　电影《火车进站》剧照

（图片来源：豆瓣电影网）

在 20 世纪 50 年代，被誉为“虚拟现实（VR）技术之父”的美国电影摄影师莫顿·海利希（Heilig M L）进一步发展了一种更为深入的沉浸式理念，在他的设想中，未来的影院不仅为观众提供视觉享受，还包括其他感官的体验，如味觉、嗅觉、触觉等。1957 年他开始研发名为 Senorama 的全感模拟体验传感器，于 1962 年成功申请专利。该传感器由立体音响、3D 图像显示器、振动把手、可移动座椅、吹风机等部件构成，构造复杂，体积巨大。观众坐在该传感器的振动座椅上，好似骑在摩托上，“能看到曼哈顿大街嗖嗖而过，听到大街上交通的喧嚣，闻到汽油和快餐店中比萨的味道，并感受从路面传来的振动。”这无疑是对于沉浸式体验的更进一步探索，让人们在观赏电影的时候充分调动自身感官，尽情享受置身其中的美妙体验（图 1-7）。

图 1-7　莫顿·海利希发明的名为 Senorama 的全感模拟体验传感器
（图片来源：https：//www. sohu. com/a/112023651_120672）

综上所述，虚拟环境艺术设计并不是凭空产生的新事物，而是人类对沉浸式环境追求的延续。对虚拟环境艺术设计历史的梳理能为其未来的发展提供参考，并通过信息时代的新技术，在已有历史的基础上形成进一步的创新。

1.3　从虚拟世界到虚拟环境

“虚拟”，从字义上来看，“虚”与“实”相对，具有“空；假；抽象”❶ 等含义，“拟”则具有模仿的含义。虚拟最早的内涵是指人们凭借语言、文字、图形等方式对事物进行表征。从早期的肢体与口头语言，到后来的文字与图形，都是对事物进行虚拟的一种方式。例如，象形文字是对事物的外形特征进行虚拟，中国阴阳鱼的图形形象则是对事物矛盾对立的两方面进行虚拟。而在信息时代的语境之下，随着数字化技术，尤其是虚拟技术的发展，“虚”更多地指的是数字化的实现方式以及由此所形成的数字化内容，而“拟”则更多地指代对现实世界的反映、模仿与超越，从而令虚拟开始向数字化的方向发展，并为数字化虚拟世界的形成创造了条件。

1.3.1　虚拟世界

“虚拟世界”可以理解为人们利用计算机技术、虚拟技术等数字信息技术，在网络空间中通过数字化符号构建起的一个对现实世界进行模拟或超越的交互式数字化世界。《个人计算机及因特网辞典》也曾为“虚拟世界”作出了较为全面的定义：虚拟世界是网络和虚拟技术的产物，是一种新型的动态的网络社会生活空间。虚拟世界是一种“人工的现实”或“人造的世界”❷（图 1-8）。

图 1-8　作为“人工的现实”或“人造世界”的虚拟世界
（图片来源：来源于网络）

（1）虚拟世界的内涵实质

从定义上看，虚拟世界并不是一个现

❶ 新华辞书社. 新华字典［M］. 北京：人民教育出版社，2011：107.

❷ 迈克尔等．个人计算机及因特网辞典［M］. 北京：世界图书出版公司，1993：159.

实的物理世界，但人们又能够真实地感受到它，因此，它也并非一个完全不存在的世界。从物质的层面来看，它不是由原子等现实世界的物理粒子构成，而是一个在计算机互联网中以“比特”为最小单位，以二进制代码为表达方式而构成的世界。虚拟世界之所以能称之为是一个“世界”，是因为其中包含了人的活动。人在某种意义上能够生活于虚拟世界中，并以一个数字化符号或虚拟化身作为载体，在其中进行社交、娱乐、经济等活动。因此，虚拟世界实质上是“一个与现实不同却有现实特点的真实的数字空间”[1]。

（2）虚拟世界与现实世界的关系

虚拟世界作为一种人工现实，是人类精神劳动的高级产物，其产生源于人类的思想，而从根本上来讲，思想意识的本原是物质，因此，虚拟世界的产生源自现实世界，虚拟世界的发展也离不开现实世界，但同时虚拟世界在发展过程中又能利用其独特的优势对现实世界进行创造性的超越，为自身的发展开辟道路。

一方面，现实世界是虚拟世界的基础，虚拟世界是现实世界的反映。虚拟世界并不是脱离于现实世界的纯粹虚构，而是以现实世界为基础的营造，是对现实世界的一种反映。这主要体现在的两个方面：第一，虚拟世界的形成是以数字化技术和网络技术的发展为前提的，而它们都是以现实世界为基础的。例如，现实世界的实际需求促使这些技术产生，同时现实世界中技术和设备的不断提高以及现实需求的变化又为它们的发展提供动力。因此，虚拟世界的产生与发展都与现实世界密切相关。第二，虚拟世界中所呈现的内容，不论是对现实世界的模拟，还是基于现实世界的创造与变化，都是通过数字化技术对现实世界表征的结果，也可以说是现实世界的一种存在方式。同时，这种存在方式相比于传统的文字、图形等方式更具直观性和多维性。

另一方面，在发展过程中虚拟世界能够对现实世界进行创造性超越。这种超越主要体现在现实世界中无法实现的事物上面，它们或因技术、材料等条件不具备而实现起来有困难或暂时无法实现，或受到现实世界中各种规则定律的束缚而不可能成为现实。然而，在虚拟世界中，人们则可以利用想象力和创造力对这类事物的预期效果进行呈现，以此为其转化为现实创造可能的条件。因此，这种创造性超越对于人们的创新创造来说具有重要的意义。一方面，有利于人们摆脱现实世界各种规则定律的束缚，更多发挥想象力和创造力去尝试一些原本在现实世界中不可能的事物，使其在虚拟世界中呈现。另一方面，它能令虚拟世界中的营造成为创新的出发点和灵感的源泉，反过来促进事物在现实世界中得以实现，从而改变以往将“实现的可能性”作为创新源头的思考模式，促进人们传统思维方式的变革。

（3）虚拟世界的特征

虚拟世界包含以下 4 个特征：虚拟性、开放性、数字化、工具性。

虚拟性　虚拟性主要体现于以下 3 个方面：第一，内容的虚拟性。虚拟世界中的事物都以二进制代码的方式构成，这令其能够按照人的意愿而进行更改，实现物随人想而变。第二，时间与空间的虚拟性。在虚拟世界中能够实现时空的压缩、跨越与延伸，令人与人之间能够跨越物理时空的隔阂而产生联系（图 1-9）。第三，

图 1-9　虚拟世界中时空的虚拟性令人与人之间跨越时空的隔阂
（图片来源：来源于网络）

[1] 陈志良. 虚拟：人类中介系统的革命. 北京：中国人民大学学报. 2000（4）：57-63.

行为主体“人”的虚拟性。虚拟世界中的人是以一种数字化符号或虚拟化身形象为载体而存在的。他们不仅能够对自己的形象进行重新定义，还能同时登陆不同的虚拟地址，进行不同的虚拟实践（图 1-10）。

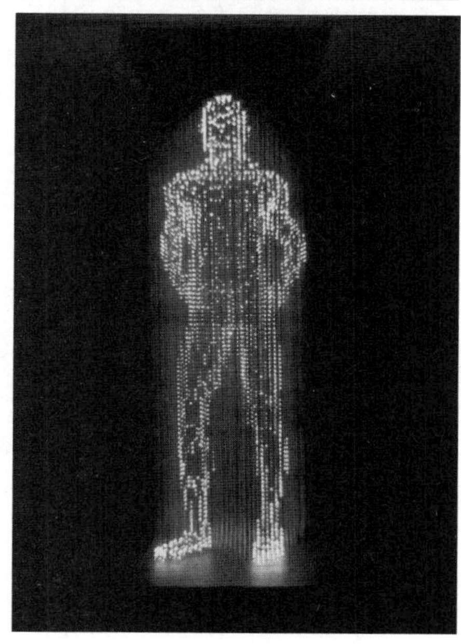

图 1-10　虚拟世界中主体人的虚拟性
（图片来源：来源于网络）

开放性　虚拟世界的开放性主要体现在全球性、平等性、共享性等方面。全球性是指世界各地通过网络空间相互连接，整个地球仿佛形成了一个巨大的村落。平等性是指任何个体、民族和国家都可以在虚拟世界中自由平等地表达观点，打破了现实世界中的中心和边缘的等级观念。共享性是指用户不仅能够在虚拟世界中获取全球的信息资源，同时也可以在其中自由地分享信息（图 1-11）。

图 1-11　虚拟世界的开放、平等、共享
（图片来源：来源于网络）

数字化　数字化是指将文字、图片、音频、视频等多样的信息转化为了由二进制代码所组成的电子数据，储存于计算机内部。一方面，数字化能够方便虚拟世界中海量信息数据的储存、编辑与传播。另一方面，数字化能令虚拟世界展示事物更多的维度，如立体形式、声音影像、运动过程等，从而令其中的虚拟事物更为真实、全面、生动。

工具性　工具性是指虚拟世界可以作为人们改造现实世界的新工具。一方面，虚拟世界能够以多样化、多维度的方式展现人的思想过程和成果，从而更有效地促进人的思想与现实间的连接。另一方面，虚拟世界可以对现实事物发展的结果进行模拟与预测，从而令人们对其发展方向进行控制，进而更好地改造现实世界。

1.3.2　虚拟环境

构成真实世界的核心是人、自然与社会。作为真实世界的镜像，虚拟世界的核心构成元素也应是人、自然与社会，其中自然环境是世界的载体与容器，那么虚拟的环境也就是虚拟世界的载体与容器。与真实世界不同的是，虚拟世界的环境完全由人来设计创造，因此，会呈现与真实世界不同的面貌。

虚拟环境是指基于虚拟现实技术、人机交互技术等数字化技术在计算机中营造出的一种数字化环境，其所呈现的内容或是对现实世界物理环境的模拟，或是完全由人为想象和幻想出的虚构世界的整体环境。目前涉及影视虚拟场景、游戏虚拟场景、AI 虚拟场景等范围。[1] 这种环境以视觉和听觉表现为基础形成多感官的感知

[1] 宋立民. “融广域 致精微 兼虚实”环境设计专业的当代定位与格局 [J]. 设计. 2020，33（16）：74-79.

系统，令使用者能够通过相关专用设备与虚拟环境或其中的对象进行各种形式的交互体验，以最终产生身临其境的空间感受（图 1-12、图 1-13）。

图 1-12　电影《霍比特人：意外之旅》剧照
（图片来源：来源于网络）

图 1-13　游戏《刺客信条》截图
（图片来源：游民星空网）

计算机图形学专家伊凡．苏泽兰（Ivan Sutherland）早在 1965 年就在他的文章《终极显示》（The Ultimate Display）中从技术的角度对这种狭义的虚拟环境进行了设想。他设想未来将有一种显示技术令观察者可以直接沉浸在计算机控制的虚拟环境之中，就如同日常生活的真实世界一样，同时观察者还能以自然交互的方式与虚拟环境中的对象进行互动，如触摸感知和控制虚拟对象等。[1]他的设想也不断推动着虚拟环境朝着多感官感知、沉浸式体验、自然交互等方向发展。

当然虚拟环境还有更广阔的角度和含义，其包含除计算机营造的数字化虚拟环境之外的一切虚拟、虚构或幻想的环境，例如小说描述所构成的环境、舞台戏剧所呈现的虚构场景等。我们应该对虚拟环境有广义的理解，才能在相对狭义的虚拟环境艺术设计中更为聚焦于专业。

虚拟环境从在现实呈现方式上可以分为四类，分别是桌面式虚拟环境、网络式（分布式）虚拟环境、沉浸式虚拟环境、混合现实虚拟环境。

（1）桌面式虚拟环境

桌面式虚拟环境是以计算机的显示器为展示的窗口，人们通过鼠标等输入设备与其中的对象进行交互的一种二维或三维的虚拟环境。我们常用的 office 等办公软件、单机电子游戏，甚至是设计专业使用的三维建模软件等所呈现出的场景都属于桌面式虚拟环境。以室内设计为例，设计者通过鼠标和键盘就能对计算机中三维软件所展示的虚拟房间进行 360°的浏览，并能够对其中的对象进行移动、更改，以实现对设计方案的修改（图 1-14）。

图 1-14　Sketchup 软件中的桌面式虚拟环境
（图片来源：来源于网络）

（2）网络（分布式）虚拟环境

网络虚拟环境，又可以称为分布式虚拟环境（distributed virtual environment，简称 DVE），是将虚拟现实技术与网络技术相结合而形成的一种虚拟环境。这种虚拟环境能够提供一种共享的虚拟空间，令地理上相互分离的使用者能够跨越时间和空间的界限，以一种虚拟化身的形式在其中相互联系、交流与互动，共同完成某项工作或活动。电子商务、网络游戏、网页游戏、线上教学、虚拟社区等都是对网络（分布式）虚拟环境的反映，如美国 Linden 实验室开发网络虚拟游戏“第二人生”（Second Life）创造了一个集网络游戏、社交网络、Web 2.0 于一体的网络虚

[1] 赵沁平. 虚拟现实综述 [J]. 中国科学（F辑：信息科学）2009，(01)：2-46.

拟环境。玩家通过可下载的客户端程序进入游戏，并以虚拟化身的形式存在其中，进行社交、购物、旅游、制造等各类模拟现实生活的活动，令该游戏形成了一个与现实社会平行的虚拟社会（图 1-15）。

图 1-15　网络虚拟游戏“第二人生”（Second Life）中的网络（分布式）虚拟环境
（图片来源：来源于网络）

图 1-16 《匡庐图》荆浩 五代后梁
（图片来源：百度百科）

（3）沉浸式虚拟环境

在信息时代的语境之下，沉浸式虚拟环境是指通过高性能计算机以及头盔显示器、数据手套等交互设备为使用者提供视、听、触等多感官的直观感受，并能够与使用者发生实时自然交互，创造身临其境的体验感的一种数字化环境。

从历史的角度来看，沉浸式虚拟环境是中西方艺术在历史上共同的追求，不论是西方艺术从技术出发营造虚幻的视觉空间，如中全景画所营造的人在景中的视觉体验、3D 电影的沉浸观影效果等，还是中国艺术对于空间意境的传递，如五代后梁画家荆浩在《匡庐图》所呈现的“可行、可坐、可游、可居”全景式山水画以及人在景中游的园林建筑等，都为信息时代的沉浸式虚拟环境的发展提供了历史线索（图 1-16）。

从技术的角度来看，沉浸式虚拟环境的实现涉及计算机图形学，计算机仿真技术，人机接口技术，多媒体技术、传感技术以及虚拟现实技术等，是多种技术交叉融合的结果。而随着科学技术的不断发展以及人们追求更为真实的沉浸感的需求，人工智能、人工生命等新兴技术正在与虚拟环境相结合，令其向智能虚拟环境的方向发展。

（4）混合现实虚拟环境

混合现实是由现实和虚拟两部分相结合而构成的一种虚拟环境，其试图将人、虚拟环境与现实环境三者同时联系起来，令虚拟环境与现实环境产生直接的联系。该环境在保持人对现实环境的感知基础上，通过建立虚拟与现实之间的关系，将人的感官与意识延伸到虚拟环境当中。这里所提到的混合现实大致可分两个方向。一方面，由计算机三维建模所形成的“真实”虚拟环境通过投影等方式与现实物理空间相结合，如 3D 建筑立面投影、日本设计团队 Team Lab 创作的“花舞森林”作品等。另一方面，完全虚构或幻想形成的虚拟环境通过现实的建造技术在现实世界中得以呈现，如迪士尼主题公园等（图 1-17、图 1-18）。

图 1-17　3D 建筑立面投影
（图片来源：国艺会线上志）

图 1-18　Team LabBorderless 东京展“花舞森林”
（图片来源：中华时报网：
https：//www. chinesetimes-laos. com/）

图 1-19　由宫崎骏创作的动画电影
《天空之城》中的虚构环境
（图片来源：来源于网络）

1.4　虚拟环境艺术设计的内涵特征

1.4.1　虚拟环境艺术设计的内涵

虚拟环境艺术设计是虚拟环境的艺术设计专业行为，其定义概括来说是“以数字信息技术为核心，以满足人们精神需求为目的，以现实环境结构为参照，脱离现实物质环境造物法则的环境设计”，其目的是创造一种真实但是非现实的客观存在。从范畴上来看，一方面，虚拟环境艺术设计是数字化虚拟设计与环境设计的结合。环境设计是设计学科中负责“空间设计”的分支，其本质是对各类型空间进行物理实体或虚拟空间的设计。[1] 因此，虚拟环境艺术设计可以说是环境设计专业在立足于设计学科的基础上，在空间设计维度上向虚拟环境艺术设计领域进行的拓展与延伸。[2] 另一方面，这里所提及的虚拟环境艺术设计也包含原本只存在于小说故事、游戏动漫中幻想的虚构环境。它们随着科技和建造技术的进步能够在现实环境中得以实现，并可以展现出摆脱物质世界环境法则限制的空间效果（图 1-19）。

从技术上来看，虚拟环境艺术设计依靠以计算机技术、网络技术、虚拟现实技术、人工智能技术为代表的数字信息技术，是多学科多领域多技术交叉融合的结果。

从目的上来看，虚拟环境艺术设计是要创造一种真实但是非现实的客观存在。虽然目前也存在着利用数字化信息技术、虚拟现实技术等对环境遗产等现实环境进行数字化虚拟再现与复原的情况，但需要指出的是，这里所提及的虚拟环境艺术设计指的是基于艺术设计学科背景下的一种创新设计行为，而非完全对现实环境进行单纯的模拟与复现。

从构成上来看，虚拟环境艺术设计以现实环境作为创造的参照来源，但同时又因其所具有的数字化、虚拟化的特点，虚拟环境艺术设计的创造可以摆脱物质世界环境法则的制约，令其创造的结果能够具有超现实的特征。

1.4.2　虚拟环境艺术设计的特征

虚拟环境艺术设计的特征可以大致概括为 5 点，即虚拟性、沉浸感、交互性、时空穿越、创造性。

（1）虚拟性

虚拟性即数字营造，是指虚拟环境艺术设计的各个环节或以数字化为目的，或基于数字化而得。大部分的虚拟环境存在于一个由二进制代码所构成的、以比特为最小单位的数字化虚拟世界当中，其设计创造的过程也就是一个数字化、虚拟化的过程。

纵观虚拟环境艺术设计的各个环节，

---

[1] 宋立民．“融广域 致精微 兼虚实”环境设计专业的当代定位与格局［J］．设计．2020，33（16）：74-79．

[2] 宋立民．环境设计的“双栖”特征与学科专业建设［J］．设计．2020，33（13）：93-95．

在设计的出发点上，虚拟环境艺术设计试图在计算机中或三维立体环绕的虚拟界面中呈现出一个具有空间感和真实性的数字化环境。在设计手段上，虚拟环境艺术设计的实现依靠以计算机技术、网络技术、虚拟现实技术、人工智能技术为代表的数字信息技术。在实现过程上，虚拟环境艺术设计主要借助三维建模、渲染等数字化软件在计算机中进行制作、修改与成型。在设计成果上，虚拟环境艺术设计的成果以数字化的形式存在并储存于计算机或虚拟网络当中，以“数字双生”的状态并存于现实与虚拟世界之中。(图 1-20)。

图 1-20　环球影城辛普森虚拟过山车

（图片来源：来源于网络）

（2）沉浸感

沉浸感指的是虚拟环境通过视觉图像、声音和其他感官信息与使用者的知觉感受相融合，吸引使用者的注意，从而令其主观忽略外部信息的干扰，进而在知觉和心理意识层面能够沉浸在虚拟环境之中。虚拟环境艺术设计所形成的多维度感知信息是沉浸感得以产生的基础。在信息时代之前，电视、电影作为创造良好沉浸感的两种媒介，只能提供视觉、听觉两种感觉信息，无法形成完全的沉浸感受。而信息技术的发展，尤其是融合了三维图形技术、触觉反馈技术、虚拟声音合成技术等一系列先进技术的虚拟现实技术的发展，令虚拟环境不仅能提供逼真的视觉感受，还能够在听觉、触觉，甚至味觉和嗅觉等多方面形成逼真的表现。为了能够在虚拟环境中形成持续的沉浸感，需要创造丰富的感官刺激和充满趣味性的元素内容，并保证它们能够长期稳定的存在，以持续地吸引使用者的注意力，令其相信自身所处的虚拟环境，并且相信他“存在于”该虚拟环境之中。

（3）交互性

交互性指的是虚拟环境艺术设计中的交互，反映的是人与虚拟环境之间双向的信息流动。一方面，使用者可以对虚拟环境以及内在的虚拟对象进行一定的操作，另一方面，虚拟环境则会针对这些操作行为给予相应的反馈，令使用者实时地获取信息，两者的信息流动是持续和循环呼应的。

虚拟环境艺术设计中的交互性特征内含三点要求：虚拟环境的可操作性、交互反馈的积极性、交互方式的多感官感知性。虚拟环境的可操作性指的是虚拟环境不仅在整体预设方面是以使用者的操作为前提而建立的，而且对虚拟环境中的对象也可以进行操作与互动。虚拟环境反馈的积极性可以确保虚拟环境中的预设目标与任务能够顺利的进行，以此提高使用者与虚拟环境之间互动的兴趣，增强其对虚拟环境的信任，并获得沉浸体验。交互方式的多感官感知性指的是虚拟环境中所能模拟的人的感知系统不仅停留于视觉、听觉层面，还能在触觉、嗅觉、味觉等方面进行逼真的模拟，令虚拟环境中的交互方式向多感官感知的全方位交互模式方向发展（图 1-21）。

图 1-21　电影《头号玩家》中主角与虚拟环境的多感官交互体验

（图片来源：来源于网络）

（4）时空穿越

在虚拟环境所具有的虚拟性特征的影响下，其内部的时间与空间也同样具有虚拟性的特征，人们能够根据自身的创意构想对它们进行任意的压缩与延伸，突破了物理世界的时空限制。在时间维度上，虚拟环境艺术设计不仅能够营造出过去的历史空间环境，如故宫于 2010 年制作的《倦勤斋》VR 节目对倦勤斋内部空间进行的三维重现，还能够创造出未来的环境场景，如《星际穿越》等电影中所营造出的未来空间环境（图 1-22）。

在空间的维度上，虚拟环境艺术设计既能够对我们已知的现实世界的空间环境进行压缩，以此实现相隔万里的朋友在同一虚拟空间中聊天互动、足不出户领略异国风景等打破物理空间限制的体验，同时又能表现宇宙空间等目前仍未完全认知的空间环境，甚至构想出现实中并不存在的幻想空间，如电影《阿凡达》中的对地外星系上生存环境的虚构化呈现（图 1-23）。

图 1-22 《星际穿越》中的未来空间环境——库珀空间站及概念参考图
（图片来源：来源于网络）

图 1-23 电影《阿凡达 2》的场景概念图
（图片来源：来源于网络）

（5）创造性

虚拟环境艺术设计作为一种创新设计行为，其创造性可以理解为艺术性与创意构想性。

在艺术性方面，主要涉及虚拟环境艺术设计中的美感因素。虚拟环境所具有的动态变化的独特性质令设计师在设计的过程中除了考虑造型、材质、色彩等传统美感表现方式外，还应从动态美和参与美的角度对虚拟环境中的美感进行考虑。以此确保虚拟环境能够在一个动态变化的过程中始终保持三维空间的形式美感、适宜的要素组合比例、逼真的多感官感知效果。良好的动态美和参与美的形成也能反过来增强虚拟环境中的交互性和沉静感。

在创意构想性方面，虚拟环境所具有的虚拟性、开放性、自由性等特征，令其成为人们想象力发挥与实现的理想场所。无论是设计师还是虚拟环境的使用者都能够在其中摆脱现实物理世界中诸如材料、力学、工艺等造物法则的制约，充分发挥艺术设计领域中的造型形式法则，创造出自由灵活、丰富多彩、超越现实的造型形式，以此满足人们日益增长的精神娱乐需求（图 1-24）。

图 1-24　电影《盗梦空间》摆脱现实物理法则的束缚
（图片来源：来源于网络）

1.5　虚拟环境艺术设计的类型

虚拟环境艺术设计主要有三种表现类型，分别是：完全脱离现实环境的虚拟化设计，比如网络游戏《英雄联盟》的环境场景，完全由数字化技术构建，在这种环境中完全不用遵从现实世界环境的造物法则；混合现实环境的虚拟化设计，比如日本设计团队 Team lab 在现实极为普通的封闭现实环境内，通过影像多媒体等数字化虚拟手段打造的沉浸式环境空间；以及虚拟环境设计的现实化营造，比如以各类电影为原型而建成的环球影城、迪士尼乐园等主题公园。

1.5.1　数字虚拟环境艺术设计

数字虚拟环境艺术设计是一种以现实环境为参照但可以脱离现实环境造物法则限制的数字虚拟化设计，其主要依靠数字化技术进行设计与构建，并最终以数字化的形式存在于计算机或网络中，它目前已应用于网络游戏、科幻电影、虚拟展览等领域。在这一设计类型中，用户身份、体验内容、虚拟环境三部分共同构成了数字虚拟环境艺术设计的系统，同时它们分别形成了各自的设计策略，分别为：用户身份的角色化、体验内容的叙事化、虚拟环境的超现实化。

（1）用户身份的角色化

虚拟环境的虚拟性特征使得“进入”其中的用户需要依靠一个数字化的身份。因此，人们或根据内心中潜在的幻想，或根据内容情节的需要创造出一个虚拟角色，赋予其姓名、性别、样貌、身材，甚至是种族等不同的特征信息，实现虚拟与现实身份的转换。例如手机游戏《水木非凡境》中，玩家在进入游戏之初就需要在昵称、五官相貌、身材比例等方面对其新的虚拟身份进行重新的设定，并以这个新身份在虚拟环境中进行各种虚拟活动。这种身份的转换有助于用户在心理维度上相信其所“进入”的虚拟环境，从而在意识层面上逐渐脱离身体所处的现实物理环境，并在虚拟环境中构建一个新的数字化生活空间，这为用户沉浸感的形成创造了可能的基础。同时，这种身份的转换，能够释放用户在现实世界中潜在的欲望，从另一个层面上对人生和自我进行重塑，进而满足部分高层次的精神需求（图 1-25）。

图 1-25　手游《水木非凡境》对用户身份的角色化创造
（图片来源：来源于网络）

（2）体验内容的叙事化

叙事是数字虚拟环境艺术设计乃至整个虚拟环境艺术设计在内容上的主轴，它不仅能够确立虚拟环境的整体基调与空间序列等空间属性上的内容，同时也有利于用户实现虚拟与现实身份的转换。一般来说，叙事是由故事的内容，也就是叙事所描述的客体，以及故事的表述方式两部分构成的。在虚拟环境艺术设计中，故事的内容表现为虚拟建筑、人物角色、虚拟动植物等由设计师所构建的各类要素，它们是设计师展开叙事的原料。而故事的表述方式更多地反映设计师对虚拟环境中不同空间的呈现方式。其中，叙事序列是进行该过程的有效影响手段。法国的文学批评家 Claude Bremond 曾指出“没有顺序就没有叙事”。❶ 数字虚拟环境艺术设计中的叙事序列较为常见的形式是以事件实际发生的先后顺序进行排列，但同时也存在如小说、电影等其他虚构作品中倒叙、插叙等叙事手法。另外，数字虚拟环境艺术设计在叙事上还能够借鉴游戏设计中“非线性叙事”的手法，即在虚拟环境中不同的特定空间点分裂出不同的故事线，形成主线上的诸多分支故事，以此提高用户的参与兴趣，丰富其在数字虚拟环境中的体验。

（3）虚拟环境的超现实化

不可否认，随着大数据的广泛应用，在数字虚拟环境艺术设计中确实存在对于现实物质世界进行完全模拟的虚拟环境类型，但本教材更多地强调数字虚拟环境艺术设计中具有艺术创造性的虚拟环境。其中，虚拟环境的超现实化则是对艺术创造性的一种反映，其主要体现在两个方面。

❶ 李金泰. 电子游戏虚拟空间构成的理论研究[D]. 北京：清华大学，2015：46-54.

一方面是对现实环境中部分相对特殊的客观存在的模拟，这类客观存在或无法通过人的感官器官被感知，或在日常生活中无法接触到，通过数字虚拟环境艺术设计得以可视化呈现，以此促进人们不断认知与探索未知的世界。例如，美国宇航局把火星探测器发回的大量数据，经过处理后绘制成火星地貌的三维虚拟图像，从而令人们仿佛置身于火星一般，从感官上对火星的基本情况进行了解。另一方面是对非现实客观存在的创造。设计师在数字化的虚拟环境中能够在提取现实环境元素的基础上，摆脱现实环境中各种造物法则、时空观念的限制，打破现实世界中的合理性，更为充分地发挥想象力和创造力，如同超现实主义绘画创作一般，将过去、现在、未来、现实、梦境中的一切物质相结合，创造出超越现实存在的环境场景。构成这一环境的各部分元素都是“真实”的，都是来源于现实的，但其构成的整体环境又存在着不真实感，形成一种“非真实的真实体验”❶。例如，电影《阿凡达》所构建的“潘多拉星球”，为观众展现了独特且超越人们想象的生态系统和动植物品种：高达 275m 的参天巨树，飘浮在空中的悬浮山脉，充满奇特植物且色彩斑斓的茂密雨林，以及各种晚上会发光的动植物，为观众打造了超现实的梦幻体验（图 1-26）。

图 1-26　电影《阿凡达》中的生态系统与动植物品种
（图片来源：来源于网络）

1.5.2　虚拟现实环境艺术设计

虚拟现实环境艺术设计是一种与现实物质环境相融合的虚拟设计，多应用于博物馆、艺术场馆以及公共空间中的展示空间。它一般需要一个相对封闭的空间环境，通过影像等数字化的新媒体技术营造出一种物理与虚拟对象共存且互动的沉浸式空间环境。体验者能够通过视、听、触、嗅等多种感官手段与物理和虚拟空间进行实时的交互，以此达到全身心的融入与沉浸，从而能令体验者在感受物理环境的基础上将其感知延伸到数字虚拟场景中，得到多感官的沉浸式审美享受。从本质上来说，虚拟现实是物理时空与虚拟时空的相互嵌入，其令虚拟环境与现实环境无缝衔接，形成亦真亦幻，亦实亦虚的新空间体验环境。

虚拟现实是一个多学科融合的过程，通常需要“借助虚拟现实技术、三维实境技术、多通道交互技术或机械数控装置打造出用户体验的沉浸环境。”❷ 涉及计算机图形学、光学、人工智能等多个学科领域的支持。以日本设计团队 Team Lab 为例，其团队成员包含艺术家、工程师、数学家、建筑师、CG 动画师、平面设计师、程序员和编辑❸，是一个多学科的综合设计团队。

虚拟现实具有虚拟环境艺术设计的共性特征，但同时作为一种由物理现实与数字虚拟两部分结合而成的空间环境，它具有区别于数字化虚拟环境设计的个性特征，主要体现在空间营造方式、空间体验方式、空间交互模式三个方面。

---

❶ 鲁晓波. 信息社会设计学科发展的新方向——信息设计 [J]. 装饰. 2001，(06)：3-7.

❷ 柴秋霞. 数字媒体交互艺术的沉浸式体验 [J]. 装饰 2012，(02)：73-75.

❸ 高宇婷，朱一. 虚拟自然——Team Lab 的数字艺术创作特征分析 [J]. 大众文艺. 2019，(22)：125-126.

（1）虚实融合的空间营造方式

空间营造方式上，与数字虚拟环境设计相比，虚拟现实环境设计是由物理实体和数字虚拟两部分构成的，更多的是在物理空间中引入数字化的虚拟环境。因此，它省略了对复杂现实环境的仿真模拟过程，但是同时它需要建立起虚拟环境与现实物理环境之间的联系。通过场景注册技术和虚实场景的融合技术等令虚拟环境与现实环境之间形成空间坐标上的对应关系，以此确保体验过程中虚拟环境能够根据体验者的行为动作和空间方位的变化，产生相应且准确对位的实时反馈。例如，在日本设计团队 Team Lab 设计的沉浸式交互餐厅作品《The Worlds Unleashed and Then Connecting》中的投影图像会根据就餐者行为的变化产生实时的互动反馈。当就餐者把手放在桌上，投影中的小鸟会飞过来靠近，而若就餐者突然移动，小鸟会迅速飞走。这系列互动反馈的实现需要数字虚拟与物理现实两部分能够形成较为准确的对应关系，以此强化虚拟环境的真实性，从而令就餐者获得更好的沉浸体验（图 1-27）。

图 1-27　日本设计团队 Team Lab 设计的沉浸式交互餐厅作品
《The Worlds Unleashed and Then Connecting》
（图片来源：https：//art. team-lab. cn/）

（2）身体在场的空间体验方式

空间体验方式上，虚拟现实环境更强调体验者以物质身体参与到虚拟现实融合的空间环境。这种空间环境可以同时保持体验者对于物理环境与虚拟环境的双重感知，也就是说，虚拟现实环境设计在保持体验者的身体对于现实物理实体的多感官感知的基础上，建立虚拟与现实环境之间的联结与叠加，令体验者形成一种物理身体在场的虚拟环境体验。例如，日本设计团队 Team Lab 的作品《柔软的黑洞——你的身体变成影响另一个身体的空间》中则体现了身体在场的体验方式。观众在该作品中每向前走一步，都会沉入柔软触觉的空间之中。通过触觉的感官沉浸，企图唤起观众对身体和空间的感知（图 1-28）。

图 1-28　Team Lab 的作品《柔软的黑洞——你的身体变成影响另一个身体的空间》
（图片来源：来源于网络）

（3）多维度的空间交互模式

空间交互模式上，与数字虚拟环境设计相比，虚拟现实环境设计除了包含体验者与数字化虚拟环境作品的互动之外，还包含不同体验者之间、体验者与物理环境或实体装置的互动等多种模式。

不同体验者之间的互动指的是体验者能够通过相应的输入设备参与虚拟空间的创造过程，共同营造可变的、个性化的、多样化的虚拟环境，从而形成虚实融合空间环境中人与人之间的互动。例如，日本设计团队 Team Lab 的作品《彩绘城镇艺术》中，观众通过扫描自己现场绘制的城市图像元素，令数字屏幕中的虚拟小镇面貌不断发展与演变，每位观众的参与构成了虚拟环境的最终面貌（图 1-29）。

图 1-29　Team Lab 的作品《彩绘城镇艺术》
（图片来源：来源于网络）

体验者与物理环境或实体装置的互动指的是通过体验者在空间环境中的“接触”行为，包括触碰等直接接触和语言、表情、动作等非直接接触，分别获得来自物理环境与虚拟环境的双重交互结果。例如，在日本设计团队 Team Lab 的作品《呼吸灯森林》中，观众通过非接触的方式，令邻近的呼吸灯发光闪烁，并不断向外延伸，形成两路不同方向的光线，实现了虚拟现实环境设计中体验者与实体装置的互动（图 1-30）。

图 1-30　Team Lab 的作品《呼吸灯森林》
（图片来源：来源于网络）

1.5.3　虚拟环境的现实营造

虚拟环境的现实营造指的是虚拟化环境在现实环境中的物化营造过程。需要指出的是，这里进行现实营造的“虚拟环境”或“虚构化环境”指的并非是传统环境设计中前期阶段所呈现的数字化虚拟环境模型，而更多指的是以影视作品或文学作品中所营造的具有虚构性质的场景和各类视觉元素。通过对影视或文学作品中的人物及场景的再现，结合流行的互动娱乐设施，形成逼真的多感官体验效果，从而引起体验者的情感共鸣，达到沉浸其中的效果。迪士尼乐园与环球影城等电影主题公园是这类虚拟环境设计的代表。它们都以自己公司所发行的影视形象元素为蓝本，或带领游客对影视作品中的经典场景进行故地重游，或令其体验奇特梦幻的虚构场景，实现影视作品中虚构场景的视觉效果与娱乐功能的完美结合。

（1）虚拟环境现实营造的构成要素

现实营造的虚拟环境的构成要素包含视觉场景、主题叙事、个体体验等方面。

视觉场景 由于是对虚构故事场景的再现营造，因此，虚拟环境现实营造所形成的视觉场景不同于普通的现实环境营造，具有明显的超现实特征。按照实现形式来分，这种视觉场景可以分实体超现实场景和影像超现实场景两类。

实体超现实场景是指能够营造场景主题或再现影视场景的物理环境，通常由建筑、模型以及模拟角色的人物构成。通过夸张、变形、扭曲等造型处理，营造虚拟环境所需的梦幻、神秘、恐怖等空间氛围，从而令体验者的身心可以暂时地远离现实生活的喧嚣，进入一个真实呈现于眼前的虚幻环境之中，并沉浸其中，感受身心短暂的轻松与愉悦。

影像超现实场景是指依靠现代数字媒体手段，以图像、声音、视频等数字化形式构成影像性环境，它的实现需要以实体空间环境为依托，通常以类似电影院的黑屋空间为载体，通过银幕与位移技术令每位体验者仿佛成为主题故事的主角，位于视觉场景的中心，从而强化了体验的代入感。

主题叙事 主题故事是虚拟环境现实营造中暗藏的一条线索，是视觉场景与个人体验能够达到预期效果的关键，同时它也影响着沉浸感的实现。虚拟环境现实营造在叙事方面借鉴了戏剧的呈现模式，并将其在空间环境中进行了转译，大致可分为三个阶段，即铺垫、高潮、延续。

“铺垫”作为叙事的第一个阶段，是主题空间内外衔接的环节，通过对视觉场景中建筑、模型、角色的还原，令体验者在不知不觉中按照既定路线进入设计者所预设的“剧本”之中，形成对主题故事的初步印象，并令沉浸感产生由浅入深的量变积累过程。例如，迪士尼乐园的宝藏湾园区中，通过在排队区设置海盗抢掠而来的财宝、海盗的城堡等《加勒比海盗》电影中的场景，令游客从游览之初就逐渐进入主题故事的氛围之中，为沉浸感的积累做铺垫（图 1-31）。

图 1-31 迪士尼乐园的宝藏湾园区的“前奏”排队区

（图片来源：百度图片）

“高潮”是虚拟环境现实营造的核心环节，通常依靠大型核心游乐项目，利用乘载工具制造空间上的位移，并配合视觉、听觉、肌肤的触觉等实现多感官的刺激，令体验者在铺垫阶段积累的沉浸感在此处得以迸发。当然，这种大型核心游乐项目并非如同普通游乐设施一般孤立的存在，而是被置于整个主题故事的情景序列之中，使之成为类似舞台戏剧的大秀部分，也成为整个主题故事和情感体验的高潮部分。例如哈利·波特主题乐园的核心项目中，通过数字影像和实物模型的结合，令坐在乘载设备上的游客能够跟随主角哈利·波特一起体验魔法飞行的快感并共同经历紧张奇幻的冒险，从而促进游客在体验过程中积累的沉浸感得以迸发。

“回味”是体验者在虚拟环境现实营造中对整个过程中所获得的体验感与沉浸感的延续阶段，通常会与餐饮、营销与消费功能相结合。在此过程中，体验者模拟着剧中角色的行为活动，想象角色在场景中的感受，令体验者在虚拟环境中积累的沉浸感转化为物质实体或现实体验，也令体验者在影视或文学作品中无法感受的体验成为现实。以哈利·波特主题乐园为例，通过在三根扫帚酒吧、猫头鹰邮局等模拟电影场景的商店或餐馆中消费过程，令游客在该主题空间中的所获得的沉浸体验得以延续并升华，从而形成完整的游览体验（图 1-32）。

图 1-32　哈利·波特主题乐园中三根扫把酒吧与猫头鹰邮局沉浸式消费体验
（图片来源：来源于网络）

个体体验　在体验模式方面，根据视觉场景与感官体验的不同组合，可将虚拟环境现实营造中的体验模式分为两种类型：实体虚构场景中虚实结合的感官体验、虚拟影像场景中的虚拟感官体验。

实体虚构场景中虚实结合的感官体验指的是体验者以步行或借助乘载工具的方式穿行于主题故事中的实体化视觉场景，有时配以演员的特技演出，使其形成真实的视觉感受，同时借助现代技术设备形成听觉、触觉等感知通道的虚拟仿真特效，从而实现虚实结合的沉浸式多感官体验。例如，环球影城中《大白鲨》项目中从水中窜出的“大白鲨”对游客的感官刺激，以及在环球影城《精神病患者》项目中，通过对电影中汽车旅馆前的经典场景的还原和真人演员的扮演，令游客置身于电影中那位精神病患者杀人抛尸的现场，增强游客体验的代入感（图 1-33、图 1-34）。

图 1-33　环球影城中《大白鲨》项目装置
（图片来源：来源于网络）

虚拟影像场景中的虚拟感官体验指的是场景以数字影视的形式呈现，并结合声光电等影视特效技术，形成虚拟化的视觉、听觉、触觉等感官感受，而体验者通

图 1-34　环球影城《精神病患者》项目
（图片来源：来源于网络）

常被“固定”于特定的承载工具中，随着座椅的上下摆动和影视画面的变化形成虚拟化的空间位移感和前进感。通过不断变化且充满动感的画面、紧凑且刺激的剧情以及具有真实感的虚拟感官感受，令游客沉浸于自我的感受体验，而没有过多精力去关注他者或故事剧情之外的事物。例如，环球影城《木乃伊》项目中，通过墙壁画面的加速滚动，使游客的视觉产生了地面下陷视错觉，形成进入“木乃伊”世界的心理感受，之后通过模拟虫子爬行的声音和触感，还原电影中角色的感官体验，强化了恐怖的主题氛围（图 1-35）。

（2）虚拟环境现实营造的实现方式

虚拟环境现实营造的实现方面，包含场景画面重叠、角色再现、银幕与舞台结合三种方式。

图 1-35　环球影城《木乃伊》项目入口及内部
（图片来源：https：//www. sohu. com/a/227823020_362041）

场景画面重叠指的是通过对主题故事所反映的影视或文学作品中的部分场景进行真实的再现，结合娱乐、餐饮、购物等功能，令影视或文学作品中的各类视觉场景符号与现实环境重叠，以唤起体验者对于该视觉符号的记忆（图 1-36）。

角色再现指的是通过模型或真实的演员对影视或文学作品故事中的角色进行模拟。这些角色作为一种视觉符号，具有联结电影中特定情节的意义，他们的再现能够在意识层面令体验者从现实环境中穿越到影视文学作品所创造的虚构空间中，令

图 1-36　哈利·波特主题公园中三把扫帚酒吧的场景画面重叠（图片来源：百度图片）

体验者实现在观影或阅读中所无法做到的真实体验（图 1-37）。

银幕与舞台结合指的是影视银幕播放与现场舞台剧相结合，视觉感受上令银幕中的虚拟三维空间转变向真实空间转变，并将银幕的平面化叙事向真实空间故事转变，既增强了体验者的空间体验感，又加深了他们与主题故事的心理共鸣，有利于沉浸感的产生与延续。

（3）虚拟环境现实营造的特征

虚拟环境现实营造的特征主要表现为主题故事的再创造、空间环境的舞台戏剧性、交互体验的虚实结合。

(a)

(b)

图 1-37　环球影城中的角色再现

（a）迪士尼乐园中的角色再现；（b）上海迪士尼乐园“宝藏湾”园区中的角色再现

（图片来源：来源于网络）

主题故事的再创造　虚拟环境现实营造虽然通常依托于已有的影视文学作品，但串联其空间的主题故事并非对影视文学作品中情节场景的简单“移植”或“搬运”，而是以其中的元素为蓝本，设计创造出全新的故事线，使体验者经历与影视文学作品相关但又不同的冒险体验。因此，虚拟环境现实营造中的主题故事叙事可以说是一个再创造的过程。

空间环境的舞台戏剧性（内外差异性）　主题故事的引入使得经过现实营造的虚拟环境在整体上类似于一个巨大的“舞台”，这个“舞台”由不同的体验空间所构成，主题故事也在其中不断发生、推进与发展。但与舞台戏剧不同的是体验者不再是场下的观众，而成为使故事得以推进的“演员”。为了营造这种舞台戏剧的空间感受，虚拟环境的现实营造过程中参考了舞台布景的设计理念，将实体或影像超现实场景与戏剧舞台相结合，结合演员的特技表演以及与观众的互动，形成真实空间的戏剧性体验。例如环球影城的“未来水世界”的项目中，借助真人演员的水上表演，营造出具有视觉冲击力和震撼力的戏剧场面，并有效地拉近观众与主题故事间的距离（图 1-38）。

交互体验的虚实结合　虚拟环境现实营造以体验为目的，通过对空间的分隔、串联与交叉，令体验者融入预先设计的“剧本”之中，“化身”为主题故事的角色。其中的交互体验由实体和数字虚拟两部分构成，是虚实相生的过程。实体部分通过建筑、景物甚至是真人演员的表演为体验者创造了真实的虚拟场景，令其进入故事情境中。数字虚拟部分通过 3D 影像成像等数字信息技术以及对于人体感官的

图 1-38　环球影城的“未来水世界”项目的舞台戏剧性以及演员与观众的互动
（图片来源：https：//www. meipian. cn/3g5z8dj5）

模拟，令体验者产生身临其境的多感官感受，实现数字虚拟与现实空间的结合。实体与数字虚拟融合与现实营造后的虚拟环境中，两者的共同作用促进了体验者沉浸感的积累与迸发（图 1-39）。

图 1-39　日本大阪环球影城 任天堂主题乐园交互体验概念图
（图片来源：https：//mp. weixin. qq. com/s/Hmlbn69uLbNtM7yWPHAH0w）

1.6　虚拟环境艺术设计的策略要点

综上所述，信息时代的设计专业从作为一个以造物和形象为目的的专业，外延至非物质的服务、虚拟的设计范畴之中，虚拟环境艺术设计帮助我们创建了一个时域和空域可变的虚拟世界，人跟这个世界的关系是：沉浸其中，超越其上，进出自如，交互作用。非物质的虚拟环境艺术设计需要系统的设计策略和方法，具体包含以下三个方面：

（1）虚拟环境艺术设计需要内容的主题故事化

从《孟母三迁》的故事不难看出人居环境对人的精神思想以及人格塑造的巨大作用。从巫祝时代，虚构便成了连结精神的纽带。信息时代的虚拟化环境所具备的虚构性、平等性、开放性与自由性的非物质特征，更是人们精神的新世界，其作用还要远超现实环境，为人们提供了高阶层需求的多种可能。人们在这个环境中可以实现现实世界潜在欲望的释放，完成现实身份与虚构角色的转换，从而成为各自世界的主人。为了实现虚拟和现实角色与环境的转换，虚拟环境艺术设计首先要创造一个故事（图 1-40）。

图 1-40　成语典故《孟母三迁》
（图片来源：来源于网络）

比如科幻电影《头号玩家》就构建了一个在社交游戏《绿洲》中寻找钥匙的故事，故事的主角在这个主题故事有一个另外的虚拟身份，在这里，故事、角色和环境构成虚拟环境艺术设计的三要素。针对人们的特性，选择叙事的语言，并在特定的环境空间内用这种语言将故事叙述出来，形成一个“场域”。人们在故事内容中实现身份转换，加深对人生和自我的认识与重塑，发挥生命的潜能，从而构建出一个虚拟的生活空间，将人生高阶层的精神需求作为目标（图 1-41）。

图 1-41　电影《头号玩家》中主角们的虚拟身份
（图片来源：来源于网络）

（2）虚拟环境艺术设计需要形式的艺术虚构化

艺术的虚构是人们精神思想的现实投射。网络信息世界是出现在这个世界上的另一个世界。它是精神的世界，是艺术创造的梦幻世界，是我们想象力的集中实现之地，也是我们现实生活的平行预演。信息时代的虚拟环境艺术设计，数字化的虚拟构造不必受现实世界诸如力学、材料、工艺等造物法则的限制，只需充分发挥艺术的造型法则，因此，可以呈现出丰富多彩、灵活多变的环境艺术形式，创造出形形色色的超现实环境（图 1-42）。

比如电影《银河护卫队》的环境形式呈现出天马行空的艺术想象力与超现实虚拟建构的特色，充分体现在虚拟环境艺术设计中精神属性的艺术造型法则取代了物质属性的设计造物法则，人们仿若具备了上帝的能力，所想即所得，实现了最大限度的自由创造。与此同时，结合 VR、AR、MR 等虚拟现实技术的发展，人们还可以打破虚拟世界与现实世界的壁垒，

图 1-42　电影《银河护卫队》中的虚拟化环境设计图
（图片来源：来源于网络）

拥有了第一视角的代入感、实时控制的参与感、时空连续的沉浸感，从而实现一种高维度的艺术存在。形式的艺术化虚构成为信息时代虚拟环境艺术设计的核心手段。

（3）虚拟环境艺术设计需要功能的智能复合化

信息社会是一个物理现实和社会现实充分信息化的社会，互联网、物联网、大数据以及现代化物流的高速发展，使得多功能复合化环境成为一种可能。在一个手机终端就能完成人们衣、食、住、行、用的大部分物质生活需要的当下，环境成为以“人”为中心而建构的多功能信息数据平台不同于人居环境的传统特征，虚拟环境艺术设计的营造法则，可以最大限度地突破现实物理环境的束缚与限制，专注于信息化界面与现实界面的复合设计，即在人们原有的知觉环境之上复合了一层信息化、智能化的交互环境，从而实现了智能化、沉浸式、超现实穿越、娱乐化等极为梦幻的环境体验，从而使人居环境从生活的物质容器转化为生活的精神导师。

如图 1-43 所示的智能复合化生活、办公及医疗环境空间，在有限的物理环境中，人们将墙面或桌面等环境构成界面转化为信息交互界面来联结智能信息终端，实现万物互联与智能处理，营造出起居生活系统环境、智慧办公系统环境以及共享医疗系统环境等具有虚拟与现实复合交互功能的智能化系统环境，最大限度满足信息时代的人居环境的艺术与精神性高阶化生活需求。

图 1-43　虚拟与现实智能复合的人居环境设计
（图片来源：来源于网络）

本章作业

1. 虚拟环境艺术设计产生的背景是什么？

2. 虚拟环境艺术设计的内涵和特征是什么？

3. 列举虚拟环境艺术设计的类型并举例。

第 2 章　虚拟环境的空间设计基础

本章导学

学习目标

（1）掌握虚拟环境艺术设计的理论基础；

（2）掌握虚拟环境艺术设计的设计基础；

（3）熟悉虚拟环境艺术设计的技术基础。

知识框架图

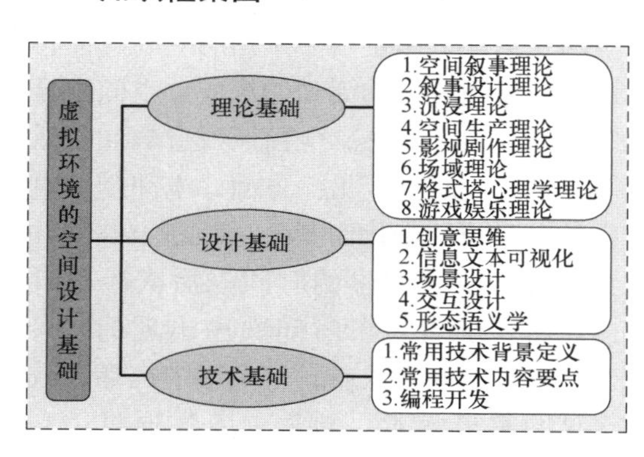

学习计划表

序号	内容	线下学时	网络课程学时
1	理论基础		
2	设计基础		
3	技术基础		

2.1　理论基础

虚拟环境艺术设计是多学科交叉融合的结果，其创作与营造过程基于不同学科的理论知识。因此，在本节中将对虚拟环境艺术设计过程中可能会涉及的理论知识进行介绍，分别为空间叙事理论、叙事设计理论、沉浸理论、空间生产理论、影视剧作理论、场域理论、格式塔心理学、游戏娱乐理论。

2.1.1　空间叙事理论

目前学术界关于叙事的定义大致分为两类，即叙事与泛叙事。从叙事上来理解，张寅德认为叙事是“用语言，尤其是书面语言表现一件或一系列真实或虚构的事件❶”。而从泛叙事上来理解，龙迪勇的定义较为经典，他认为从泛叙事或称为广义叙事的角度来理解的话，泛叙事涉及我们生活的各个领域，它的历史几乎与人类的历史一样漫长，一首童谣，一部电影，甚至一个眼神都是一种叙事❷。

20 世纪的叙事学诞生于法国。叙事学（法文中称为“叙述学”）是由拉丁文词根 narrato（叙述、叙事）加上希腊文词尾 logie（科学）构成的。因此，叙事学应当是研究叙事作品的科学。罗兰·巴特认为任何材料都适宜于叙事，除了文学作品以外，还包括绘画、电影、连环画、社会杂闻、会话等材料，叙事的载体可以是口头或书面的语言、固定或活动的画面与手势，以及所有这些材料的有机混合体。

叙事是指在时间和因果关系上，意义存在联系的一系列事件的“符号再现”。“符号再现”的途径并不局限于依靠传统意义上的语言文字，而是可以通过一切可以传达信息的载体来实现。应用到空间环境中，叙事可引申为人们在游历的过程中，通过对环境中叙事媒介的解读，产生一系列相关事件与情节的记忆和联想。这种记忆和联想便是一种“符号再现”，它们帮助人们形成对场所的认知甚至产生对

---

❶ 张寅德. 叙事学研究. 北京：社会科学文献出版社，1989.

❷ 龙迪勇. 空间叙事学：叙事学研究的新领域. 天津：天津师范大学学报（社会科学版），2008（6）：54.

场所的认同感。虚拟环境的叙事，就是用一种讲故事的叙事方式表达有意味的空间图景，构建一种充满事件与生活情节的情境，使人们获得认知与体验。

(1) 空间叙事理论的要点

空间叙事理论的要点包含三个方面：叙事三要素、叙事主题、叙事内容。

叙事三要素　虚拟环境艺术设计的叙事要素包括叙事者、媒介和接收者三个方面。在虚拟环境艺术设计中，设计者就是叙事者；媒介并不局限于语言文字，也可以依托于绘画、电影乃至空间物质要素等其他形式，它们在空间设计中起到传达信息的作用；接收者则是进入空间的观者。叙事效果实现的前提是叙事者通过叙事媒介对故事、情节或事件进行编排组织，使其与接收者发生因果式的传达与解读关系。叙事不只是由叙事者到接收者的单向过程，同时还强调接收者对叙事作品意义的自我诠释。因此，实现接收者对场所的认知与体验，一方面需要叙事者根据接收者的认知心理，巧妙地进行叙事媒介的编排，使其具有可读性；另一方面，叙事者进行媒介编排时，需注意媒介要素的激发性潜能，给予人们解读的自由度和发挥创造性的机会，产生灵活多义的叙事效果。

叙事主题　虚拟环境艺术设计的叙事需要为对应的环境设定一个主题。与现实环境不同的是，这个叙事主题需要在虚拟环境当中，讲述一个或真实或虚构的故事内容。虚拟环境艺术设计主题的确定，是赋予环境特色的关键，它将会给虚拟空间带来秩序感；设计者可以用建筑物、构筑物、自然物以及人的活动来对环境进行虚拟，让观者易于识别和记忆。有了叙事主题，虚拟环境才有灵魂，才能具有让观者体验、想象和参与的可能性；设计者可以通过叙事的手法创造和虚拟环境相符合的故事场景，表达所需的主题概念。

叙事内容　叙事性设计中阐述的情节就是故事的安排，根据故事的内容在环境的空间结构中引入情节，结合活动功能、空间体验对环境的要素进行组织安排。情节的运用能够让虚拟空间中的主题性大大加强，这种方式并不是简单元素的堆叠，而是完全将空间融入情节之中。空间情节是在明确主题之后，经过采集情节、提炼主题道具、编排空间场景和线索等步骤而生成的。一方面，这使得观者对主题的定位更为明确，对其理解也更深入，更容易引起观者的情感共鸣，渲染场景的感染力。另一方面，观者能够在环境中参与事件，感受空间结构关系，逐渐建立对场所的感知。

(2) 空间叙事学在虚拟环境艺术设计中的应用

空间与叙事的这种关联在电影得以体现。一方面，空间成为电影叙事中必不可少的元素。电影是由一系列的空间画面构成的，空间是人物活动的场所。空间配合影片的独白、对白、旁白以及音响和音乐等元素一起叙事。另一方面，空间随着电影叙事时间的变化而变化。影片中空间并不是根据故事发生的时间先后次序出现的，而是随着情节时间次序出现的。另外，未知空间在太空科幻电影中也是比较常见的叙事元素。影片中人物通过“穿越”的方式进入到某些与地球环境、太空环境以及外星球环境完全不同的全新空间中。这些空间超越了人们认知的范围，并且尚未被科学所证实。这些空间呈现的目的，有的是为了剧情的空间需要，如《星际穿越》中（图 2-1），库珀驾驶宇宙飞船同其他一行人进行探索任务时，经历了虫洞、黑洞、巨浪星球、冰冻星球、五维空间以及最后的“宜居星球”之类的空间。人类对未知空间具有很强的探索欲，而太空科幻电影对空间的安排恰好满足了他们的这种欲望，因此，未知空间又成为影片虚拟化叙事的空间依托。

2.1.2　叙事设计理论

叙事性设计通过形式语言的时空转换和多元表现实现了主题意义的传播是叙事理论在设计中的应用。众多物质形态要素之间的形式关系和语法规则，综合了材料

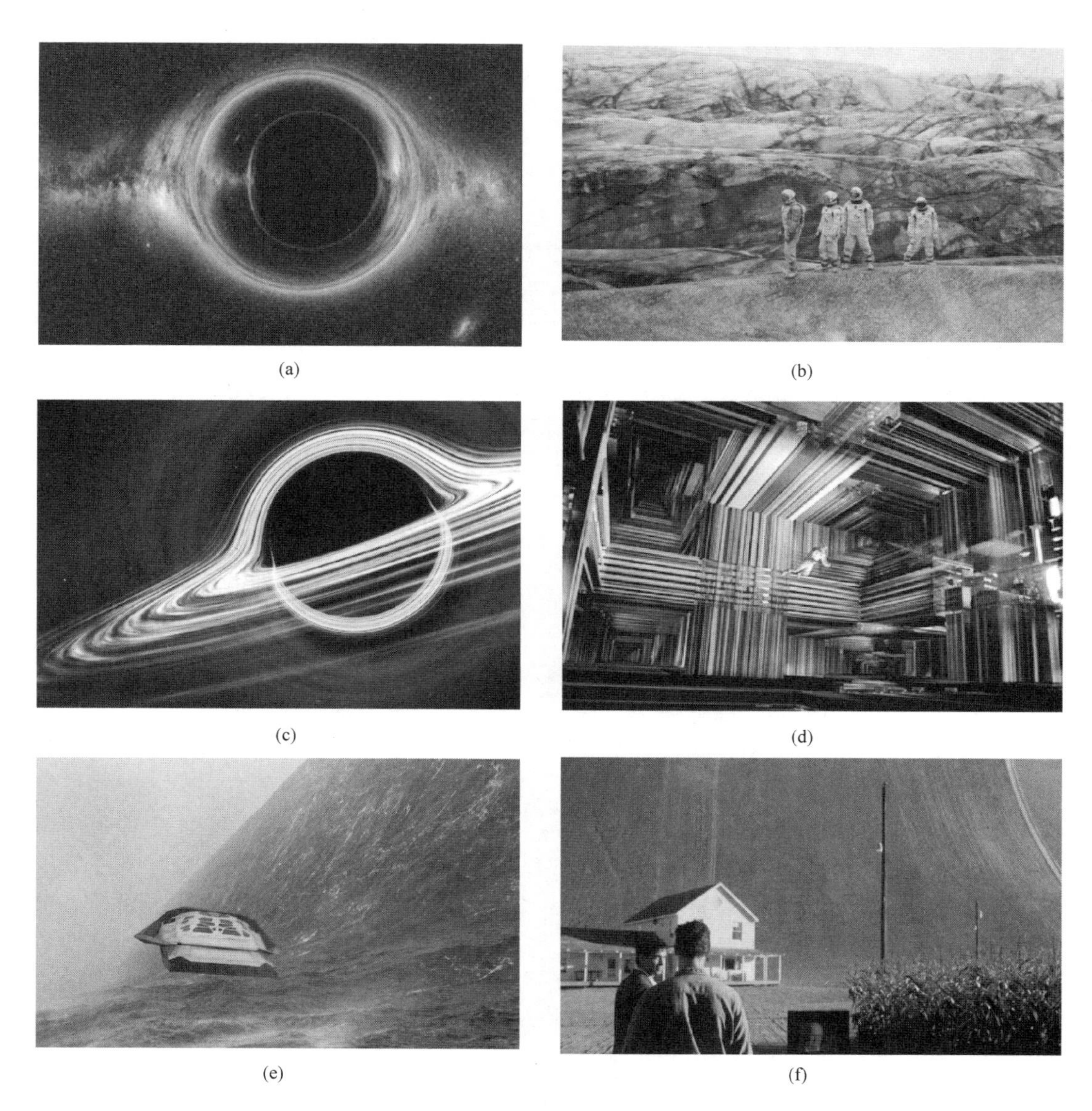

图 2-1　电影《星际穿越》中经历的未知空间（从上至下）
（a）虫洞；（b）冰冻星球；（c）黑洞；（d）五维空间；（e）巨浪星球；（f）“宜居星球”
（图片来源：来源于网络）

媒介与表现样式，呈现出能指、所指与意指的功能作用，成为一种特殊的符号系统。罗兰·巴特曾指出：表现这个世界的叙事方式不计其数，呈现出丰富的类型，它们分布在不同物质中，仿佛任何材料都适合表现人类的故事。在几乎无限多样的形式下，叙事存在于各个时期、各种地方和各个社会。它还伴随着人类的历史，在人类活动中无处不在。叙事是叙述者和听者之间一个有目的性的交流。叙事作品的结构、规律、手法及功能是叙事学研究的对象。叙事性设计以跨学科交叉综合的发展理念，积极借鉴叙事学研究的成果，在设计实践中强调设计的主题性意义与设计形式的叙事性表现特征，重点在于要素、结构、媒介、手法策略的运用。同时关注叙事主体、叙事文本、叙事体验之间的互动关系，强调作品形式本身的语言与语境、作品意义的理解与诠释，以及作为叙事主体的设计师与接受者的互动与融合。

（1）叙事设计理论的要点

叙事设计理论的要点包含两方面：叙事性与形式语言转换、符号范式与符号叙事。

叙事性与形式语言转换 以文字书写和言语表达的叙事，如神话、寓言、传记、小说等，是一种语言的形式。叙事性是叙事的特征或典型表现。杰拉德·普林斯认为，叙事性与叙事的构成要素、排列方式、接受者的语境密切相关，体现为四个特征：第一是“事件描述”；第二是“完整性”；第三是“叙述定向”；第四是“叙事要点”。普林斯探讨的文字语言叙事，是一种时间性的媒介形式，但另一类普遍的叙事方式是视觉叙事。视觉叙事以某种视觉形式为媒介，将文字所言之事视觉化，表现为图形、图像、影像等。其形式要素不同于文字叙事要素中的人物、场景、情节，而表现为形态、光影、材质、肌理、色彩等。形式语言存在于视觉艺术的所有领域，存在于形态与色彩的视觉感知中，存在于空间转换的感性触摸中，存在于功能体验的使用价值中，同样具有叙事性与互动性。

形式语言的叙事性表现，是把基于时间条件下的文字叙事，转换成空间条件下的形式语言叙事，本质上是一种空间关系的时间化过程。形式语言的转换，需要将原有主题的叙事性特征在不同时空维度中进行延伸和转化。首先是形式语言本身能够体现与主题相对应的形式结构与表现性要素；其次是表现出符合一定语境的意义解释。形式语言自身的叙事语境一方面能够与社会语境相融合，另一方面还可以借鉴叙事性的修辞方法，如倒序、插叙、象征、隐喻等。当代意识流、碎片与拼贴、戏仿与反讽、变形与魔幻、互文性与陌生化等一系列叙事性技巧，以及抽象、局部化、置换、挪用、镜像、同构、涂鸦、透明性、材料拼贴、数码拟像、互动影像等形式语言的表现手法，强化了形式语境与叙事语境的融合，最终实现叙事意义的有效传达。

符号范式与符号叙事 叙事性设计依靠形式语言的多元表现实现了主题意义的有效传播。众多物质形态的形式要素如同语言文字中的字词句与段落等，相互之间的形式关系和语法规则，综合了材料媒介、表现样式和观念意义，呈现出能指、所指与意指的功能作用，成为一种特殊的符号系统。在符号学看来，人类的一切思想和经验都是符号活动，通过符号人们才能传达信息和实现交流。而且符号学的研究为我们贡献了不同的符号范式，表现了符号功能作用的不同规律、规则和模式，为叙事性设计方法的多元建构提供了新思路。符号不仅是意义表达的工具和载体，而且是意义解释的条件。德里达认为：“从本质上讲，不可能有无意义的符号，也不可能有无所指的能指。”也就是说，所有可以解释出意义的事物对象，都可以是符号，解释行为本身也是为了主体意义的实现。符号意义的表达与传播，即是一种特征明显的叙事性过程，同样存在着主体与接受两个方面的互动性。

当代叙事学已经融入符号学研究的范畴，形成了符号叙事的方法模式。在符号叙事的研究中，一件作品即是一个“事件”，读者与作品的相遇意味着事件的发生。视觉图像中的形状、光影、材质、色彩、空间等被作为意指元素，参与到情节的叙述和情境的建构之中，生成更多的符号解释。图像呈现的事件过程，以及人物、情节、背景、时空关系等使符号具有了叙事性特征。不同于图像学的是，符号叙事聚焦于叙事者的视角，以及读者对叙事者的接受与回应。虽然符号叙事与图像学都以分析视觉艺术作品所包含的意义为目的，但符号叙事的方法更在于将作品中的多种形式因素看成各类符号，注重符号之间的关系和相互意指的动态过程，突出符号所处的某种情境，形式解读因此有了某种可供参照的规则体系，为主题意义的深入解释提供了依据。

（2）叙事设计理论在虚拟环境艺术设计中的应用

无论是实体博物馆还是虚拟博物馆，其展品展示往往大多重视展品本身，没有叙事情节，只是配有一段学术性词语解释，不免会让人感到一些乏味。如今的博物馆已经不是以往简单通过展品或图片的方式进行呈现的展览模式。例如，新冠疫情导致故宫博物院一段时间处于闭馆状态，在这个特殊时期，为了满足大众对旅游文化的需求，博物馆利用数字资源优势，通过网上展览、在线课堂、网络云游等形式，弥补了大众不能现场观展的遗憾，并相应推出了“云游故宫”“视听馆”“全景故宫”“VR 故宫”“数字文物库”等一系列活动项目（图 2-2），在虚拟博物馆中，交互性叙事方式使参观体验成为一种超越时空的跳跃式行为，观众可以选择任意节点进入叙事，类似于人类大脑信息记忆的跳跃式思维。设计师在虚拟博物馆中运用叙事性思维，不仅提高了观众的兴趣，还满足了疫情期间的观展需求。

图 2-2　“全景故宫”页面截图
（图片来源：https://pano.dpm.org.cn/gugong_pano/index.html）

2.1.3　沉浸理论

沉浸理论（Flow Theory），又名心流理论，是指当人们从事一项任务难度与技能相当的活动时所形成的一种心流体验。“沉浸”自古以来就存在于人类活动之中，其本质上是指人专注于某件事物而忽略现实世界。详细阐述沉浸这一现象的学者是米哈里·契克森米哈（M. Csikszentmihalyi），他在 1975 年发表的著作《心流：最优体验心理学》（Flow：The Psychology of Optimal Experience）中，对心流体验进行系统的介绍。他将心流的描述为一种状态，即“人完全专注或完全被手头活动或现状所吸引，令其他事情都显得无关紧要。”在心流状态下，人的注意力完全集中在当前所做的事情上，最大限度的发挥自己的能力直到事件完成。在沉浸的过程中，除这件事情外所有的一切都被忽略。在这过程中，人们对活动入迷并全身心投入，注意力高度集中，活动进行得顺畅、高效，达到一种活动与意识融合、时间感消失和忘我的境界。随着科学技术的不断进步，现代数字技术随之突飞猛进，虚拟现实技术逐渐成为“沉浸”这一概念的主要载体。虚拟现实技术是指通过计算机及各类传感器等硬件，生成一个逼真的、三维的世界，并通过技术手段使用户和虚拟世界中的对象进行交互，让令其产生强烈沉浸感的一种技术。这种技术所展现的既可以是对真实世界的模仿也可以是完全想象的世界，但都是一个拥有视、听、触、嗅等感知能力的完整空间，因此在内容和场景的设计上要以沉浸理论为依据，虚拟现实所创设出来的虚拟场景一定要符合客观事实，避免不必要的干扰影响到使用者的注意力。在内容的设计上，适当增加一定的难度，来激发使用者的挑战欲，以便让使用者能够投入到虚拟环境中，并产生强烈的沉浸感（图 2-3）。

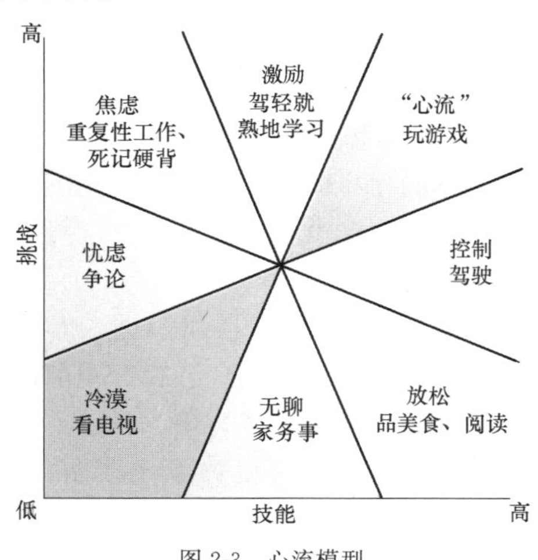

图 2-3　心流模型
（图片来源：作者改绘）

（1）沉浸理论的要点

沉浸体验的发生伴随着 9 个因素：明确的目标；对行动有迅速的反馈；挑战和

技能之间的平衡；行动和意识相融合；摒除杂念；控制感；自我意识消失；时间感歪曲；行动具有自身的目的。前三项是心流体验的条件因素，揭示了触发心流的前置条件。第四、第五和第六项是心流体验的过程因素，指出了心流体验发生过程中所需的状态。最后三项是心流体验的结果因素，反映着心流体验之后的两个现象。

“明确的目标”是指你知道需要完成什么，你了解自己的目标，并能清楚地认识到当下与目标之间所需要做的努力。比如游戏的任务系统，其存在的价值都是给予玩家奋斗的目标，不至于让玩家在游戏中不知道要做什么而感到无聊。

“对行动有迅速的反馈”是指让自己迅速地得知行动的效果，从而做出及时的调整和自主的矫正，如歌唱者每唱过一小节，便可听出自己所唱的音符是否与乐谱相符；游戏玩家每次升级都会获得即时反馈。

“挑战与技能之间的平衡”是指当两者达到较高水平的平衡后，就会进入心流体验。早期沉浸理论指出，“挑战”与“技能”是影响沉浸的主要因素。若挑战太高，使用者对环境会缺少控制能力，而产生焦虑或挫折感；反之，挑战太低，使用者会觉得无聊而失去兴趣，只有挑战与能力相匹配，个人的全心投入才可能触发心流，获得最优的沉浸体验。

“行动和意识相融合”是指在心流状态下，意识和身体合二为一，完全沉浸在自己的活动中，没有任何杂念，全身心的享受那一刻。

“摒除杂念”是指当我们进入心流状态，我们的注意力会完全沉浸在当前活动上，即使周围出现很多的杂声，也不会干扰到我们。跨栏名将爱德温·摩西认为，比赛时一定要全神贯注：“头脑必须百分之百清醒，对手、时差、食物的口味、住宿以及一切个人问题，都要完全从意识中抹去——好像不存在似的。”

“控制感”是指当前活动完全在自己的掌控之下，活动的发展会随着我们想法和操作的改变而变化。及时的反馈是让使用者获得控制感的重要因素，同时反馈要和使用者的预期保持一致，才能最终形成控制感。

“自我意识消失”是指当一个人完全投入某种活动时，就没有余力再去考虑任何不相干的事情。你会忘记自己，忘记一切，自我意识消失，随之会产生一种与环境结合的感觉，“废寝忘食”一词与其有异曲同工之妙。

“时间感歪曲”是指当进入心流状态时，由于过于专注某件事情，我们会对时间的长短产生误判。一般来说，时间感失真会产生两种感觉，第一种是感觉时间过得飞快，例如阅读或玩网络游戏时的感受。第二种是感觉时间过得非常慢，例如“度日如年”一词所形容的内心感受。

“行动具有自身的目的”是指当达到心流状态时，活动的结果已经不重要了，重要的是享受过程，对于过程的体验已经变成了目的。

实际上，并不是需要同时具备这些特征才能达到心流状态，这些只是充分条件，而非必要条件。

（2）沉浸理论在虚拟环境艺术设计中的应用

沉浸理论的最终表现为我们在从事活动时的忧虑感消失，以及主观的时间感改变，例如我们可以投入某项活动很长时间却感受不到时间的流逝。其实，数字交互艺术与沉浸式体验有密不可分的联系，交互艺术借助虚拟现实技术、三维实境技术、多通道交互技术或机械数控装置打造出用户体验的沉浸环境。例如“祥云·SoReal螺乐园”是全国首个“5G＋VR”大型线下主题乐园（图 2-4、图 2-5），乐园紧密结合柳州“螺蛳文化”，以 VR、AR、MR、裸眼 3D 动态捕捉互动游戏技术等高科技打造出创新型沉浸式娱乐设施，实现了 XR 前沿技术与柳州特色文化的奇妙碰撞，带来新一代城市乐园的全新感官体验。

图 2-4 “祥云·SoReal 螺乐园”自研 XR
跳伞体验——螺侠跳伞挑战
（图片来源：来源于网络）

图 2-5 “祥云·SoReal 螺乐园”自研 PVP
（大空间行走对战 VR 体验）
（图片来源：来源于网络）

沉浸式体验的前提是使参与者在空间中产生一种临场感，通常这种临场感是具有一定意义的，可以通过舞美、音乐、灯光或媒体技术来形成实际应用上的环绕效果。例如新加坡国家博物馆的展厅《森林的故事》，将威廉·法夸尔《自然图集》中的 69 幅水彩画以动态影像的方式呈现。人们进入一个螺旋下降的通道空间中，通道上投射着动态的全景图像（图 2-6），以展示新加坡原生的各种动植物与森林场景，四周还伴有鸟叫、虫鸣以及其他动物发出的声音特效。同时，在长达 170m 的

图 2-6 《森林的故事》全景图
（图片来源：来源于网络）

动态画卷上还不时地出现风雨等天气效果，并呈现出动物在风雨中逃窜躲避的场景，需要指出的是它们的出现或移动是随机的，并不遵循固定的模式。该全景图像将新加坡气候生动展现的同时也让观众仿佛身临其境。另外，观众还可以在移动设备上通过应用程序，了解更多关于某些动物的信息，包括栖息地、饮食和濒危程度等。他认为，因为城市化的迅速进行和都市空间的急剧膨胀等因素，人类的生产方式已经由空间事物的生产转向空间本身的生产。

2.1.4 空间生产理论

列斐伏尔在《空间的生产》一书中，以空间维度作为解释社会的视角，将社会过程、社会结构、社会关系放在空间的形态化中，开创了独具特色的空间生产理论。他认为空间生产主要围绕社会空间开展一系列生产创造活动。空间既是具体场所，又是在物质实践基础上形成的抽象社会理想模型。借鉴列斐伏尔空间生产理论的运行逻辑，在对现实物理空间分析的基础上，引入新科技革命及其影响下社会日常生活的变化，以发展差异空间、创造符合公众意愿的新的日常生活为导向，形成了虚拟文化空间生产理论。虚拟文化空间即“科技+文化空间”，是以物质文化资源为基础，科学技术为支撑，文化空间为场域的一种空间表达形态。现实物理空间和虚拟文化空间在运行逻辑和价值目标取向上相似，同时，虚拟文化空间有着自身的运行特性。例如，在空间策略上，虚拟文化空间生产强调让技术和发展为日常生活服务，满足精神文化需求，重塑人的主体性等（表 2-1）。

（1）空间生产理论的要点

列斐伏尔借鉴德国辩证法三位一体说，从法国现象学角度指出空间生产表达为空间实践、空间表征和表征性空间三种表现形态，它们之间辩证联系、相互作用。他从语言学的角度进行分析，认为空间可以表现为感知的空间、构想的空间和直接的空间。“人类以其身体性与感觉性、感知与想象、思维与意识形态、活动与实

虚拟文化空间生产与现实物理空间生产比较 **表 2-1**

	虚拟文化空间生产	现实物理空间生产
社会背景	信息时代(第三次科技革命)	电气时代(第二次科技革命)
	城市化、工业化、全球化加速推进下,城市空间问题凸显	
运行环境	虚拟文化空间	现实物理空间
运行逻辑	空间生产力与空间生产关系	
	空间内生产转向空间本身生产	
	物理、精神、社会三位一体	
内驱力	知识—科技成果	经验—工具革新
空间策略	让技术和发展为日常生活服务, 满足精神文化需求,重塑人的主体性	让技术和发展为日常生活服务, 恢复人的主体性
主体地位	空间权利赋予大众	资本和意识形态主导
深层指向	发展差异空间,创造符合公众意愿的 新的日常生活	寻找差异空间,建立新的政治秩序; 对物质空间生产异化的批判
价值目标	人的全面而自由的发展	

践进入彼此的相互联系之中[1]”,“空间是社会的产物”,既是某一具体产品,又是抽象的社会产物。矛盾运动着的社会实践是空间生产的出发点。从空间与社会生产关系来看,可以将空间生产划分为空间的物理性、精神性和社会性三重维度,从而对空间生产的三种表达形态予以解释。

空间生产的物理维度 空间的物理性是空间生产的基础。空间实践即可感知的社会生产生活实践;它具有空间中的生产和空间自身的生产两个层面的含义,在空间生产过程中不断促进自然空间向社会空间转化。从空间的物理性来理解,在空间实践过程中,空间中的生产将空间理解为空间生产的场所,每一种空间都被物理地标识为特定的空间实践过程,是自然生产与人化自然生产的结合。一是置身于自然物质环境与人化地理环境之中,与构成空间的物质性要素直接相关;二是“空间的生产类似于任何同类商品的生产”[2],空间生产是动态的社会实践。而虚拟文化空间生产的物理维度,从空间的物理性去理解,文化资源在数字化技术、虚拟现实技术推动下转化为数字文化资源,变成虚拟空间中可感知的文化生产要素,使空间实践转变为虚拟空间实践。

空间生产的社会维度 一方面,物质资料的生产发展助推空间规模延伸,空间生产力在有目的的政治意识形态配置下,超越了城市、区域与国家等地理界限,形成全球化、网络化的空间生产模式,促进物质空间再生产。另一方面,从空间的社会意义来看,空间还包容了生产出来的事物,包含事物共时态下并行不悖的有序或无序的相互关系[3]。通过合理分配与优化空间生产的内在形式,即物质关系、生产关系和社会关系,可以在资源配置、权力工具使用和社会结构优化等方面实现空间本身的纵深发展。而虚拟文化空间生产的社会维度,从空间的社会性去理解,虚拟文化空间实践与人的实践活动相关。一方面,“空间是社会的产物”[4],人们依托互联网在虚拟空间中进行有关文化的社会生产实践,形成基于虚拟文化空间的生产关系及空间社会关系;另一方面,人们在线上进行文化生产的同时也创造着新的生活方式与社会关系,即人们对社会生活的再创造与再生产。

[1] 刘怀玉. 空间的生产若干问题研究. 哲学动态. 2014 年第 11 期.

[2] LefebvreH., EndersM. J.. Reflectionsont-hePoliticsof Space. Antipode. 2010. 8, pp. 3133.

[3] PickvanceC. G., “Theoriesofthe Stateand-Theoriesof UrbanCrisis”, Current Perspectivesin So-cialTheory, 1980, 1 (1), pp. 3154.

[4] LefebvreH., The Productionof Space, Oxford: Blackwell, 1991, p. 146.

空间生产的精神维度 从空间的精神性来理解，空间表征是对空间的概念与想象，是主体构想的精神的空间。它是抽象与具体的统一。在空间生产过程中，特定事物或人物（如科学家、城市规划者）在生产关系相互作用下，借助某种具体形式的载体或者有形、无形的符号，通过设想与感知，将各种生产要素和社会关系联系起来形成一种概念化的空间。它也是想象与现实的转化，通过概念空间的建立表达特定的空间含义，实现表征目的。而虚拟文化空间生产的精神维度，从空间的精神性去理解，人们在虚拟文化空间生产实践过程中也在改造着自身的精神世界。虚拟文化空间聚焦于日常生活的主体性层面，通过突破物理空间有限性，维护人们日常生活中文化生产与消费的权利，为人们提供文化空间生产、消费的新途径与新方法，改变原有的空间形态，满足人们在文化空间生产过程中的主体性文化体验和精神发展需要。

（2）空间生产理论在虚拟环境艺术设计中的应用

以游戏为例，任天堂推出的虚拟游戏《集合啦！动物森友会》中包含列斐伏尔的空间生产理论中物理维度、社会维度以及精神维度三方面的要点内涵。第一，在空间生产的物理维度方面，《集合啦！动物森友会》的玩家在游戏开始之初，以无人岛为基础打造属于自己的小天地。在这个过程中，玩家通过自身的虚拟实践，如植树造林、修盖房屋、开辟农田等，令游戏中虚拟世界的自然物质环境逐渐向人化地理环境转化，从而反映了空间生产物理维度中提及的自然生产与人化自然生产的结合（图 2-7）。

图 2-7 游戏《集合啦！动物森友会》中自然生产与人化自然生产的结合
（图片来源：来源于网络）

第二，在空间生产的社会维度方面，《集合啦！动物森友会》中的玩家不仅能够突破时间和空间的制约与现实生活中的朋友与伙伴进行互动，还能抱着探索与好奇的心态，去拜访未曾相识的玩家，从而在游戏创造的虚拟环境中超越了现实中城市、区域与国家的地理界限，形成了全球化、网络化的空间生产模式。比如，在 2020 年 7 月 24 日，在游戏中举办了《动物森友会》首届“AI 顶会”—ACAI 2020，所有的参会者提前飞到主持人的小岛上，并进入主持人的房间做演讲准备。每一部分包含 4～5 位演讲者，轮流上台演讲，实现了虚拟环境中的社会性联结（图 2-8）。

图 2-8 在游戏中举办动物森友会首届“AI 顶会”—ACAI 2020
（图片来源：来源于网络）

第三，在空间生产的精神维度层面，《集合啦！动物森友会》中借助虚拟的自然环境以及与此对应的钓鱼、采摘等虚拟活动，来满足玩家追求解压、放松的精神需求。同时，游戏中设置的“无人岛居民”作为玩家的陪伴者，能够在玩家感觉孤独或心情沮丧、低落时，给予心灵上的慰藉和精神上的陪伴，从而令玩家在游戏的过程中逐渐改造或治愈着自身的精神世界（图 2-9）。

图 2-9　游戏《集合啦！动物森友会》中“无人岛居民”的陪伴（图片来源：来源于网络）

再比如展览也是资源整合的过程。策展人在策展过程当中需要进行多方面的盘点。他们需要根据参展人的特点，制定一些展项策划，再通过展项策划来引导更多的行动，这个时期，它其实也是空间再生产，文化再认同的一个过程，当只有这两件事情同时被达到的时候，建筑、规划或任何设计，它才能被认可，才能真正被民众接受。

2.1.5　影视剧作理论

在现代学术观念看来，戏剧艺术起源于宗教仪式，通过巫术、祭祀到礼乐变迁，结合世界各地的文化内容与艺术形式，呈现出我们当今丰富多彩的影视剧作。另外，影视剧作是一门涵盖诸多艺术门类的综合性艺术，它融文学、美术、表演、音乐、舞蹈等多种艺术于一体，由语言、动作、场景、道具等组合成为表现手段，通过编剧、导演、演员的共同创造，把生活中的矛盾冲突以强烈、夸张、集中的方式再现于舞台之上，使观众犹如目睹或亲身经历戏剧中发生的事件一样，从而获得具体生动的艺术感受。影视剧作的“戏剧性”是对日常生活的细致描写，通过通俗戏剧形式的熟悉语言来表达，是一种为所有阶层所熟知的“视觉白话”。影视剧作的综合性与其他艺术形式在一定程度上又是有所不同的，因为它主要表现在表演艺术中，而表演艺术是通过空间和时间来传达情感的，它是空间的艺术，也是时间的艺术，所以影视剧作的综合性也可以说是综合了空间和时间的艺术。

（1）影视剧作理论的要点

影视剧作理论的要点将从“剧本”“道具”“演员”“舞台”四个维度讨论它们在空间中的作用。

“剧本”对空间的整合作用　影视剧作通常以文字的形式呈现戏剧性，并使得它得以流传。剧本以“幕”作为大的章节单位，以矛盾冲突、人物语言、舞台说明为基本要素，结构上由开始到高潮到结尾形成章节间的起承转合，具体内容包含戏剧内容的时间、地点、人物、动作、台词、布景、灯光、氛围等一系列内容，它在一定程度上体现了刻板事件的序列发展逻辑，像一本“指导手册”。影视剧作通过对叙事过程中的“事件”进行时间上的串联和安排，确定演员的言语、行为、动作；与此同时还给“事件”以空间上的安排，如设定环境与情节、确定造景与氛围。这种时空秩序的把控恰恰呼应了艺术设计中“内容决定形式”的原则。

“道具”对空间的辅助作用　道具，戏剧中不可或缺且举足轻重的“配角”。伴随着影视剧作不断发展更新，道具的概念也随之变得更为广泛，它可以包罗舞台上绝大多数的物体内容，可以是演出服装、桌椅、背景板、艺术品、雕塑等任何真实或虚拟的器物，“道具”在表演过程中一般用于交代故事情节和人物所处环境，哪怕是一个极小的道具也需要注重细节、做工精良。也正因如此，影视剧作的道具在一定程度上一般会兼具实用性与观赏性两大特性。在影视剧作中，道具不仅仅是物件，就空间叙事而言，它自身与其象征的内容均具有辅助层面的信息传达作用，同时又给观众带来非直接层面的趣味感与体验感。同样，虚拟环境艺术设计也会配有各种道具作为一种展示手段，通常会借鉴影视剧作中“道具”的功能与样式，在为它们增添艺术性与美学价值的同时，也将其发展成为虚拟环境中的又一“说明书”。

“演员”对空间的表达作用 影视剧作的演员一般指进行表演的专业人员，演员通过动作、表情、歌曲、舞蹈等行为完成表演过程。因为演员是舞台上时刻被聚光灯与观众的眼睛紧紧追随的“焦点”，其一举一动是行走的故事语言。影视剧作中演员优秀的演绎工作常被称作为“表演艺术”，因为表演过程中往往充斥着美学的内涵，舞台之上“演员”既是影视剧作的表现对象也是戏剧艺术的表现工具、创作对象。此外，演员除了判断自己与剧中人物的关系外，还要考虑与观众的关系及不同角色间的相互关系。正是这些因素，演员在表演过程中，需要思考自己的出场服装、配饰，出场的时点、地点，出场后自己的姿态、位置，给观众带来的感受与体验感等一系列内容，这正是舞台“主角”讲述影视剧作故事情节的过程。虚拟环境艺术设计中的主体不同于鲜活的演员，不具有生命与思考能力，但是它作为文化的直接载体仍旧可以成为一个叙事空间的“主角”，成为信息传递的创造者与诉说者。

“舞台”对空间的营造作用 舞台的布置与设计一直是戏剧艺术中的先锋内容。在影视剧作发展史上，传统意义的舞台有伸出式、拱框式、中心式，当然现今还有除这三种外的多种创新型舞台形式，如多点式、扩展式、流动式、沉浸式等。如果将影视剧作发生的环境算作一个整体，那么舞台就是这个大空间中被切分出来的用于演戏的“假定性”空间，结合这个空间所发生的故事内容可以判断“舞台”是集物理属性、审美需要与实用特性为一体的。舞台作为影视剧作空间下的一个空间概念，涵盖且承载了许多内容，其中最为直接与重要的是，空间氛围把控与人的多位体验感。作为故事的承载空间，与舞台的作用如出一辙，影视剧作舞台的设计方式与舞台、演员、观众三者间的相互关系可以为虚拟环境艺术设计提供参考与借鉴。

（2）影视剧作理论在虚拟环境艺术设计中的应用

影视剧作的观演性、故事性与观众的体验感依赖氛围的营造，一般通过科技、水、雾、声、光等常见手段为舞台营造所需的情境。比如西安秦皇大剧院的经典史诗戏剧作品《秦俑情》（图 2-10），其内容以清晰的时间线介绍了秦始皇的一生与大秦帝国的盛世状况，同时借助 AR、投影等多种科技手段和艺术装置共同在大剧院中完成了古今时空的对话。整个戏剧场景布置恢弘壮大，空间氛围给人强烈的代入感，堪称视听盛宴。此外演出过程互动性极强，台上表演区、台下观众席，甚至走廊都是表演的“舞台”，结合戏剧所展示的内容，给人极强的穿越感，仿佛来到了一个鲜活的“历史博物馆”。

图 2-10 《秦俑情》演出剧照
（图片来源：来源于网络）

2.1.6 场域理论

场域理论是社会心理学的主要理论之一，是关于人类行为的一种概念模式，它起源于 19 世纪中叶的物理学概念。总体而言是指人的每一个行动均被其所发生的场域所影响，而场域的范畴并非单指物理环境，也包括他人的行为以及与此相连的许多因素。

考夫卡认为，世界是心物的，经验世界与物理世界不一样。观察者知觉的现实称作心理场（Psychological Field），被知觉的现实称作物理场（Physical Field）。这里借助图 2-11 来说明两者的关系。图中所展示的现象是人们所熟知的视错觉。不论观察者对该图观看多长时间，线条似乎都是向内盘旋直到中心。这种螺旋效应是观察者的知觉产物，属于心理场。然而，如果观察者从A点开始，随着曲线前进360°，就又会回运到A点；螺旋线原来都是圆周，这就是物理场。由此可见，心理场与物理场，并不存在一一对应的关系，但是人类的心理活动却是两者结

图2-11　螺旋图
（图片来源：来源于网络）

合而成的心物场，就像同样一把老式椅子，年迈的母亲视作珍品，它蕴含着一段历史，一个故事，而在时髦的儿子眼里，却是一个过时的老旧物件。

心物场含有自我（Ego）和环境（Environment）的两极化，这种两极化的每一极都各有自己的组织（Organization）。这种组织说明，自我不受欲望、态度、志向、需求等束捆，环境也不是各种感觉的镶嵌。环境又可以分为地理环境和行为环境（Geographical and Behavioural Environments）。地理环境就是现实的环境，行为环境是意想中的环境。在卡夫卡看来，行为产生于行为环境，受行为环境的调节。比如，覆盖着冰雪的湖面是地理环境，但夜骑者却把它看成是可以行走的平原，从而驰骋而过，知情后才感到害怕；又如一片平原上的小丘（地理环境）常被侵略者当作是埋地雷或有陷阱的伪装地（行为环境），因而踌躇不前或绕弯而行。由此可以看出，上面每个例子中后面的行为都是依据行为环境，而非地理环境而发生的。

（1）场域理论的要点

环境、行为、心理三者之间的关系一直是场域理论研究的主要内容。行为的发生是出于对环境中某种刺激所做出的反应，这种刺激一部分来源于人自身的心理因素，一部分来源于外在客观环境。在国外，研究者们从不同学科角度对其进行广泛研究，这些理论多运用于环境认知和感知领域，并形成一系列具有信服力的相关理论，如“唤醒理论”“环境负荷理论”“适应水平理论”“行为约束理论”“环境应激理论”和“生态心理学”，这些理论共同构成了环境行为理论的研究与发展方向。

唤醒理论　唤醒指的是当环境刺激作用于人时，能够在一定程度上激发人的身体并产生相应的行为。例如生理反应表现为心跳加快、血压升高，行为上的反应则是运动的增强，在环境中，刺激无论是愉悦还是不愉悦的，都会起到一定的唤醒作用。唤醒是控制和干扰不同行为方式的变量，常被研究者们用来解释环境对人的影响。人的生理条件不能保证他们总是处于高度觉醒状态，不同时间和地点需要不同程度的唤醒水平。

环境负荷理论　环境负荷理论认为，对于一些因环境造成的不良情绪都是由过多的刺激引起的。梅拉比安指出，环境所给人传达出的信息量被称为环境负荷。在环境负荷理论中，含有大量感觉信息的环境被称为高负荷环境，而蕴含感觉信息较少的环境被称为低负荷环境，高负荷环境比低负荷环境具有更强的激励作用。环境中信息的复杂性、强度、新颖性会对环境负荷产生一定影响。

适应水平理论　人们根据自己过往的经验形成最习惯的刺激，被称为适应水平理论。人在缺乏刺激的环境中会感到无聊，便会主动寻求刺激，而在过度刺激的环境中，会产生厌烦情绪。在环境空间中，当刺激水平与个人适应水平不相符时，个体会选择调节自身来适应环境或选择让环境顺应自己的要求。适应水平理论认为如果在适应和调节中进行选择，人们会选择相对容易便可调整不适感的方式。

行为约束理论　当环境中某些客观的

环境因素影响到人们想做的某件事情时，就构成了行为约束。这种干涉或阻挠是客观的。当环境限制人们的行为时，人们会感到不愉快，并试图建立对环境的控制，这被称为"心理矛盾"。"心理矛盾"引导人们去获得释放，在获取释放的过程中若本体通过努力达到了对环境的控制，本体身心状况便会得到改善，若失败则会产生无助感。因此，对环境的控制感在任何时候对人来说都是非常重要，它有助于人们的身心健康，有利于人们对环境的适应。

（2）环境行为理论在虚拟环境艺术设计中的应用

场域理论在游戏的虚拟环境中得以应用，如由腾讯推出的一款基于乐高积木世界的沙盒类游戏——《乐高无限》。作为一款沙盒类游戏，其本身就存在场域理论中提到的物理场与心理场。同样的游戏环境（物理场），对于喜爱乐高积木或沙盒游戏的玩家来说，能够进行一次良好的沉浸式体验。而对它们都不熟悉的玩家来说，可能会觉得无聊或无所适从而放弃游戏。这是由于游戏环境在不同玩家心中形成的心理场不同而造成的。

对于《乐高无限》这款游戏本身来说，其中也包含了场域理论中的要点内容。第一，在唤醒理论方面，《乐高无限》游戏的"生存模式"中，在矿洞或夜晚的探索中，玩家会在不知情的情况下受到"敌人"的攻击，从而实现对于玩家身心的刺激，对他们的游戏状态起到唤醒作用，从而更好地沉浸于游戏的虚拟世界中（图 2-12）。

图 2-12　游戏《乐高无限》夜晚"敌人"的攻击起到唤醒玩家状态的作用
（图片来源：来源于网络）

第二，在环境负荷理论方面，《乐高无限》中的地图系统需要玩家不断探索才能逐渐被"点亮"。因此，在游戏世界不断探索的过程中，玩家会不断发现新的场景、新的动植物，甚至是新的天气变化，从而获得大量的环境信息刺激。而游戏制作方也很好地控制了环境信息的复杂性、强度、密度等因素，从而能够更好地激发玩家的探索兴趣（图 2-13）。

图 2-13　游戏《乐高无限》虚拟环境变化带来大量环境信息刺激
（图片来源：来源于网络）

第三，在适应水平理论方面，官方开发团队为了给玩家提供各式各样的游戏体验，开发了众多基础玩法模型，帮助玩家建立一些规则和快速玩法。比如对于一个喜好赛车竞速的玩家，他可以在游戏中创造自己的乐高积木赛车与别人比赛。再比如，对于一个喜好建造类游戏的玩家，他可以在游戏中建设一个模拟城市的环境，专注房屋的搭建，并邀请朋友进来参观或共同搭建（图 2-14）。因此，游戏设计与制作方通过不同的玩法，从而不同玩家对于游戏的整体环境进行自我的调节与适应。

第四，在行为约束理论方面，《乐高无限》所具有的创造与修改特质，令游戏虚拟环境影响到玩家的虚拟实践行为，对

图 2-14 游戏《乐高无限》不同游戏模式令玩家进行自我调节与适应（图片来源：来源于网络）

玩家构成行为约束的时候，可以通过破坏、添加、创造等方式来对虚拟环境进行修改，从而形成对于虚拟环境的控制，进而获得良好的游戏体验和愉悦的心理感受，有助于玩家适应并沉浸于游戏所创造的虚拟环境中（图 2-15）。

图 2-15 游戏《乐高无限》中创造与修改的特质令玩家实现对虚拟环境的控制（图片来源：来源于网络）

例如，由于人的眼睛无法观察到其背后的环境，因此，人们会下意识地寻找后背可受保护的领域。所以，在空间中最有安全感的便是实墙的角落，或背靠实墙，或凹入的小空间。公园中最受人欢迎的座位也是那些凹入的、有松墙保护的空椅，而不是临街的座椅。所以无论是在广场、街道还是大的室内公共空间，小群体活动总是从空间边缘逐步展开的，如果边缘的空间能够吸引人逗留，该空间就适合于小群体活动，再加上空间大小与人的密度相适应，这样的空间就可能富有生气。相反，如果空间边缘的处理留不住人，不适合小群体活动，空间便可能死气沉沉（图 2-16）。

图 2-16 悉尼达令港公共空间中有安全感的角落（图片来源：来源于网络）

2.1.7 格式塔心理学

格式塔心理学（Gestalt psychology），又叫完形心理学，是西方现代心理学的主要学派之一，诞生于德国，后来在美国得到进一步发展。该学派既反对美国构造主义心理学的元素主义，也反对行为主义心理学的刺激-反应公式，主张研究直接经验（即意识）和行为，强调经验和行为的整体性，认为整体不等于并且大于部分之和，强调以整体的动力结构观来研究心理现象。作为心理学术语的格式塔具有两种含义：一指事物的一般属性，即形式；一指事物的个别实体，即分离的整体，形式仅为其属性之一。也就是说，“假使有一种经验的现象，它的每一成分都牵连到其他成分；而且每一成分之所以有其特性，是因为它和其他部分具有关系，这种现象便称为格式塔”。总之，格式塔不是孤立不变的现象，而是指通体相关的整体现象，本身就具有完整的特性，不能割裂成任何简单的元素，其特性也不包含在任何元素之中。于是，凡能使某一感知对象（如建筑立面、平面）成为有组织整体的因素或原则都被称为格式塔。

环境心理学中把“环境”看作整体，而非一系列的刺激，即研究人的行为、经验与自然环境、人为环境之间关系的整体科学，它非常关注环境中影响或决定人情绪、行为和心理的因素。既然环境心理学研究人的行为和环境之间的关系，那么掌握人们认识和理解环境的方式就是环境心理学的首要目标。

（1）格式塔心理学的要点

格式塔心理学的要点将从以下四个方面进行讨论：环境心理学对认知结构的解释；环境压力和环境应激；行为习惯、行为特点和行为模式；个人空间、私密性、领域性等空间行为。

环境心理学对认知结构的解释 环境心理学以人类学理论作为依据，结合普通心理学知识，对环境中行为产生的过程和影响因素进行了细致的分析，形成自己独有的认知结构理论（图 2-17）。环境心理学中所讨论的环境，实质上是以人为中心的人类生存环境。人们的生理器官直接受到了环境中客观对象的刺激，这一过程称为“感觉”。人的一切认知活动都是从感觉开始的，它是意识产生和心理活动的重要依据，是行为产生的前提。而将感受到的信息传入中枢神经，对信息进行存储、加工和整合的过程就是“知觉”。认知是指从感觉到知觉形成的过程，包括感知、表象、记忆和思维，而思维是它的核心，而环境刺激、感觉器官、知觉体系、反应器官就构成了认知结构。而人通过这一认知活动对反应器官作出指示，从而促使相应行为的发生，因此认知结构是人在环境中进行思维活动的结果，并以此指导人的行为活动。

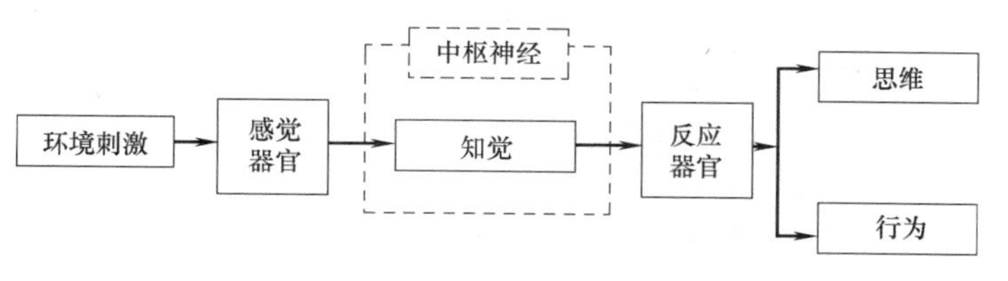

图 2-17 环境认知结构
（图片来源：编者自制）

环境压力和环境应激 环境压力和环境应激主要是研究在受到极端环境和环境压力等负面影响下人的反应和所引起的心理和行为上的变化。环境心理学通过解释个人活动空间大小与情绪变化关系得出了“唤醒理论”，唤醒理论又译激发论，它主要研究的内容是对情绪形式和强度进行分析，现有的研究成果包括梅拉比安和拉塞尔提出的影响情绪的“三因子论”，帕莱恩提出的环境刺激与情感评价、卡普兰对“环境偏爱”的研究，以及耶尔克斯对唤醒与绩效的研究等。而令人不愉快的刺激所引起的紧张反应称为应激，即人在经过认知评价后对自身构成威胁的某种环境刺激下产生的应激反应，如警戒、抗拒、衰竭等生理反应，愤怒、恐惧、焦虑等心理反应，而应激物的种类大致分为灾变事件、个人应激物和背景应激物。这一部分的理论研究成果将使我们在虚拟环境艺术设计中所要表达的情绪和心理反应进行有针对性地设计。

行为习惯、行为特点和行为模式 人的行为与环境的关系是环境心理学的研究重点。环境心理学认为固有的认知图式下会产生相应的思维习惯，进而形成行为习惯。而当行为习惯产生后，必定会产生跟随一生的行为特点。虽然人的行为特点因人而异，但总体来说，不同人的集合，使其行为特点具有一定的规律性和规范性。例如，人们相同的欲望会产生相同的行为，而不同的社会规范、民俗习惯、法律法规使人们的行为形成一定准则。除此之外，环境心理学对特定环境下人的行为模式进行了深入的研究，它根据人们的行为特点研究出相应环境中人们的分布模式、流动模式和非常行为。

个人空间、私密性、领域性等空间行为 研究空间与行为之间关系的领域称为“空间行为”，它主要研究人使用空间的固定模式，从而揭示人使用空间时的心理需要。在人与人的交往过程中，相互之间的距离、姿势等都代表着相应的人际关系和心理状态，而不同的人际关系之间保持适当的距离和采用恰当的交往方式是十分重要。环境心理学认为，环境的设计通常要满足人的一定心理需要，即个人空间、私密性和领域性心理，环境心理学将之称为“心理空间”，其主要研究“个人空间的形式、功能和测量，人与人之间的距离，影响个人空间的因素，个人空间的使用与侵犯，领域性的控制与组织，人类的领域性行为等”。

（2）格式塔心理学在虚拟环境艺术设计中的应用

第二次世界大战之后，德国为了表示“勿忘历史”的决心，为犹太人修建了一座犹太人博物馆。2005 年 12 月 15 日，柏林犹太人纪念馆最终落成。丹尼尔·里伯斯金（D. Libeskind）设计的“柏林博物馆（犹太人博物馆）”建筑（图 2-18），反复连续的锐角曲折、幅宽且被强制压缩的长方体建筑，像具有生命一样具有痛苦的表情、蕴藏着不满和反抗的危机。因此，这座博物馆需要的不仅仅是带给人们的安慰，还夹杂着恐慌和紧张，来唤起人们对曾经历史的反思。

图 2-18　柏林犹太人纪念馆
（图片来源：来源于网络）

格式塔心理学在虚拟环境中同样适用。比如电影《头号玩家》所营造的虚拟世界中隐藏着许多令人惊喜的“彩蛋”，每个“彩蛋”都能唤醒不同人群的记忆点。其中就包括对电影《闪灵》中所有令人印象深刻的场景的呈现。打字机上无限循环的谚语成为电影《头号玩家》向观众诉说身处环境的信号，随后呈现的一系列场景——电梯间喷涌而出的血水、走廊尽头突然出现的诡异双胞胎女孩，以及最后的雪地追杀——都唤起了观众对于电影《闪灵》的记忆，同时联想到了《闪灵》向观众展现的人类对于死亡的恐惧情绪（图 2-19）。因此，电影《头号玩家》通过与电影《闪灵》的联动，为观众提供了更为丰富多元的观影体验。

(a)

(b)

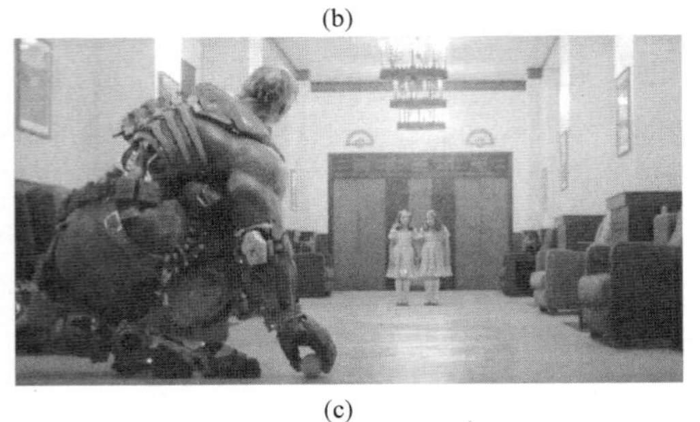

(c)

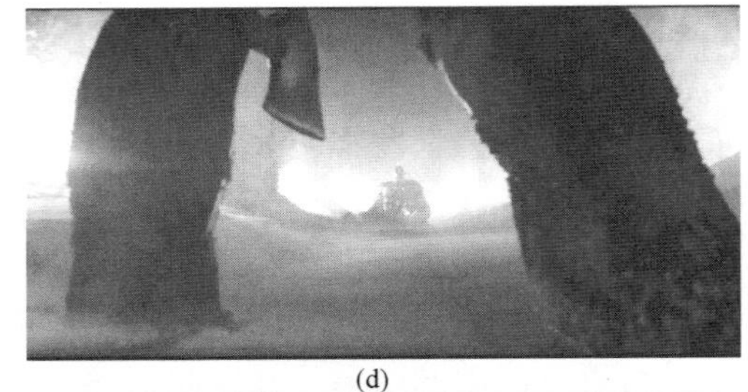

(d)

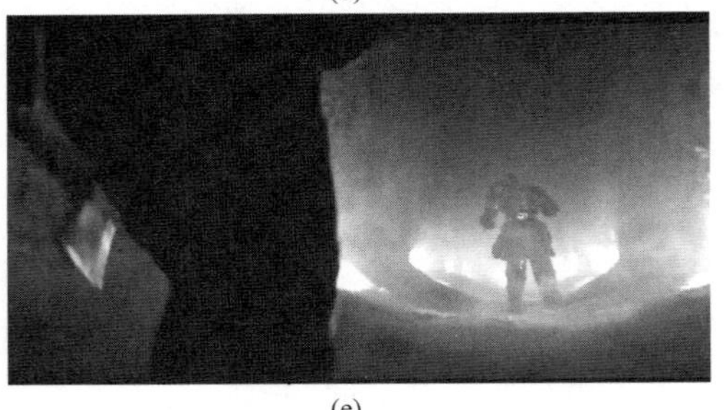

(e)

图 2-19　电影《头号玩家》中与电影《闪灵》情节场景的联动
（a）打字机上无限循环的谚语；（b）电梯间喷涌而出的血水；（c）走廊尽头突然出现的诡异双胞胎女孩；（d）、（e）最后的雪地追杀
（图片来源：来源于网络）

2.1.8　游戏娱乐理论

迈克尔·沃尔夫在《娱乐经济》一书

中认为："人类即将进入娱乐经济时代，娱乐因素将成为产品与服务的重要增值活动以及市场细分关键，消费者不管购买什么，都在寻求其中的'娱乐'的成分。"在这种"娱乐导向消费"的趋势下，会有越来越多的产品，提供娱乐功能或包含娱乐因素，只要能让人感到轻松有趣，跟休闲娱乐甚至文化艺术相关的人、事、物都是娱乐经济重要的组成部分。

谈及游戏，最早可溯源至荷兰学者赫伊津哈的《游戏的人》，他从人本主义视角提出人们进行游戏行为是情绪引导的结果，而非物质与功利的作用。威廉·斯蒂芬森由此提出传播游戏理论，将传播过程内化为游戏过程，并强调参与者参加传播活动的目的是为获得情绪体验。

（1）游戏娱乐理论的要点

游戏娱乐理论的要点将从以下四个方面进行讨论：传统游戏的娱乐体验、以感官为基础的娱乐体验、以交互为中心的娱乐体验、以思维为主要内容的娱乐体验。

传统游戏的娱乐体验　在传统的电子游戏中，娱乐体验还处在很浅层次的水平——图像是在一个二维的屏幕上呈现的，声音是通过音箱播出的，而玩家在游戏中的动作只能通过一个手柄或是键盘、鼠标等电子设备进行操作，但是，从最初的文字 MUD 游戏，到二维游戏、三维游戏，再到网络三维游戏，游戏的逼真度和沉浸感，一直在往更高层次的娱乐体验方向发展。其实，现在的计算机图形技术已经完全能达到以假乱真的立体视觉效果，但交互感应所需的设备却仍然十分昂贵，游戏与玩家的交互也很有限。

以感官为基础的娱乐体验　自从《黑客帝国》热潮之后，人们对虚拟现实的热情重新被点燃，人人都幻想着像基努·李维斯那样，在虚拟世界里练就绝世武功。一家芬兰的游戏公司刚刚开发了一款浸入式虚拟现实游戏《功夫》（Kick the Ass Kung fu），玩家可以在一个真实的斗室里与游戏里的虚拟角色对决，像真正的高手那样飞檐走壁，不受重力牵制。杰兰·拉尼尔曾经预言，到 2010 年，人们才可能真正消费得了"虚拟现实"，而时至今日的虚拟现实作品，无论游戏还是好莱坞电影，在虚拟现实方面都太缺乏想象力，人们在游戏中能够体验到的强度远远不及真正的虚拟现实。在未来的电子游戏里，我们可以丢掉手柄和屏幕，完全"沉浸"在游戏里，自如的舒展全身，轻松接收来自身体各个部位的感官信号。我们体验到的不仅是视觉、声音、气味、味道、触觉，还有痛苦、悲伤和快乐等心理情绪。

以交互为中心的娱乐体验　游戏的交互连接起玩家与游戏，让玩游戏的过程不仅只是一种娱乐活动，更是一种让玩家融入游戏，控制游戏的交互过程。要让玩家在交互式电子游戏获得更丰富的娱乐体验，交互性设计是关键。这里所指的交互可以分为两个部分：玩家的交互方式和玩家得到的交互反映。交互方式是指玩家通过怎么样的方式、方法来进行游戏并控制游戏的内容和角色。交互反映是指当游戏玩家在通过交互手段进行游戏时，游戏能通过怎样的方式反馈给玩家，让玩家体验到怎样的效果，体验的效果越真实，越强烈，变化性越多，玩家进行游戏的可能性就越多，交互性也就越强。

以思维为主要内容的娱乐体验　游戏除了基本的娱乐功能外，吸引玩家的还有在游戏中认识和解决问题的体验。这种体验就是思维上的娱乐体验。人的思维体验是非常广泛的，对于可能想象到的东西都可以借助想象来加以体验，在电子游戏中玩家的这种想象性体验会自动的融合以前相同或相似的经历，并且把自己在游戏环境中所见到的最美好的事物和他们的想象组合在一起，形成一种最美好的心理感受。在玩游戏的同时，思维能力得到锻炼，在认识和解决问题的同时，享受一种成就感、满足感。

（2）游戏娱乐理论在虚拟环境艺术设计中的应用

游戏娱乐的在虚拟环境艺术设计中的

应用，从虚拟现实的雏形技术人工现实技术到虚拟现实技术，再到目前交互性更强的增强现实技术都有一定的研究基础，针对如何从技术角度，即如何从数据采集、模型建立、图像识别、图像处理等，来提高虚拟现实在不同领域的沉浸性、交互性和构想性，这些方面的技术进步，对虚拟现实技术的应用也起到了很大的推动作用。例如2021年春季，超级任天堂世界在日本环球影城开幕，其中包括一个马里奥赛车增强现实景点。这是一款基于任天堂卡式赛车游戏的AR交互式过山车（图2-20）。这种轨道上的IRL体验通过与AR和投影映射技术的结合来进行赛车的高速比赛。游客坐好后，就会戴上一副类似于马里奥红帽子的增强现实（AR）头盔，乘客可以通过定制的腕带在收集各种充电盒的同时观看丰富多彩的3D视觉效果，并可以像游戏中的操作一样，将这些特殊物品扔向比赛车辆，以阻碍对方比赛。

图2-20　任天堂交互式过山车
（图片来源：来源于网络）

乐高积木也推出了一种全新的玩法，通过手机的AR技术，再加上乐高拼装玩具来进行“游戏”。这款名叫“LEGO Hidden Side”系列游戏于2019年8月上市，除了能让玩家们体会到拼装乐趣，还可以通过手机特定的App和AR技术来进行游戏（图2-21）。当你拼装完成后，

图2-21　乐高积木系列游戏
（图片来源：来源于网络）

通过乐高的App对拼装后的玩具进行扫描，就可以在这些乐高玩具中发现新的世界，挑战各式各样的怪物。

2.2　设计基础

虚拟环境艺术设计作为环境设计在虚拟空间领域的延伸，其设计过程须遵循艺术设计的一般原则，但同时虚拟环境艺术又是信息时代语境下的产物，对其设计过程提出了新的时代性要求。因此，这里将虚拟环境艺术设计的设计基础归纳为创意思维、信息文本可视化、场景设计、交互设计、形态语义学五个方面，以此满足传统空间设计基础与现代虚拟信息设计两方面的基础知识需求。

2.2.1　创意思维

创意思维是人脑对客观事物本质属性和内在联系的概括和间接反映，以新颖独特的思维活动揭示客观事物本质及内在联系并指引人去获得对问题的新的解释，从而产生前所未有的思维成果。它给人带来新的具有社会意义的成果，是一个人智力水平高度发展的表现。创意思维与创造性活动相关联，是多种思维活动的统一，发散思维和灵感在其中起重要作用。

“创意”作为抽象名词，可以被简单理解为“创新＋意识”。它是对传统概念的反叛，意味着打破常规、碰撞思维、对接智慧，具有新颖性和创造性。对于高等院校艺术设计类学生而言，具备创意思维是进行艺术与设计创作最为关键的能力，它可以将抽象的概念或某种感觉用视觉元素进行展示，使信息传播更加有效。创意思维学的创立者伍天友指出，形象思维存在两种不同的形态：认知性和创造性。信息受众对创意信息进行阅读、理解的思维模式，就是认知性的形象思维。创意思维就是要有针对性地根据信息受众的思维模式、特征和规律进行创意构思，是一个先知彼后知己的过程，只有如此，才能准确把握创意的效应。

（1）创意思维的理论要点

创意思维的理论要点将从其激发条件、生成过程两个方面进行讨论。

创造思维的激发条件 有的专家以下列公式简洁地表达了创造性思维能力在整个创造过程所起到的重要作用。创造性能力＝基础能力＋创造思维能力＋技法探求和运用能力。从以上公式中清楚地看到，创造性思维在整个设计环节中起着承前启后的关键性作用，它是艺术设计的根本。科学家需要创造性思维去认识世界、改造世界，艺术家需创造性思维去反映和表现世界，设计师更需要创造性思维来为世界进行设计与创造。

创造思维的生成过程 创造性思维的活动过程包括四个阶段：收集准备期、酝酿发现期、顿悟发想期、组合验证期。创造性思维有别于一般思维，主要表现在思维形式的反常性、思维过程的辩证性、思维成果的独特性、新颖性及思维主体的能动性。只有采用正确的思维方法，才可以获得成功的、高效应的创意作品。创意思维不仅需要诸多理性思维的方法，还需要深入探讨感性思维的各个方面，既有理性，又有感性；既有逻辑思维，又有非逻辑思维；既有发散思维，又有集中收敛思维；既有求异思维，又有求同思维。它们之间是相辅相成、协同制约的，是按照"发散——集中——再发散——再集中"的路径进行的（图 2-22）。如图 2-23 所示中，以圆为中心，进行发散性的思考，可以联想到现实中与圆相关的物品，如地球、乒乓球等。从而充分体现出创造性思维辩证性的一面。

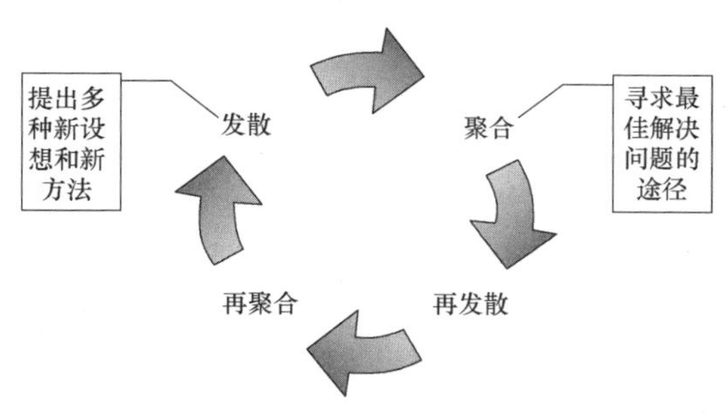

图 2-22 创造思维的生成过程
（图片来源：编者自绘）

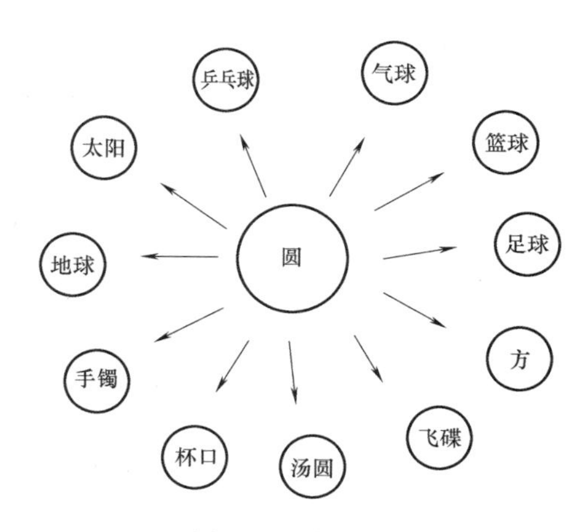

图 2-23 思维发散图
（图片来源：编者自绘）

创造思维的方法——思维导图 当人们在制作使用思维导图时"能够同时启动左右脑"使人的想象力、创造力和相关的关键知识逻辑综合起来，从而改变了传统仅仅使用左脑进行的线性思维方式。取而代之的是以形象直观的图示建立起各个概念之间的联系。这样就将左脑的序列、文字、数字、清单、行列及逻辑和右脑的节奏、色彩、空间、图像、想象力和总览功能等都调动起来，它是结构化的放射性思考模式，"符合大脑的结构倾向及运作方式"，从而将原本枯燥的一长串信息变成容易记忆、有高度组织性的彩色图像。

思维导图的发明者托尼·布赞先生指出，思维导图与传统绘图法相比，它能够清楚地突显主创意，即通过中心图形可以快速抓住并突出主创意的地位。让每一个创意或想法都能根据其特点得到相应的解释，其中重要的内容被置于中心创意附近，次要的内容则置于外围区域，并且思维导图可以使人的记忆过程和复习活动变得非常快速而有效。目前市场上常见的思维导图制作软件有许多种，如 Freemind，Mindmapper，Mindimage 等，这些软件相比较手绘导图，拥有更多的快捷功能，使用简单且方便，图 2-24 为思维关系图。

（2）创意思维在虚拟环境艺术设计中的作用

创意思维运用在虚拟环境艺术设计中的应用，体现在前期的发散性思维和对元素整合思考的聚集性思维。这些在虚拟环

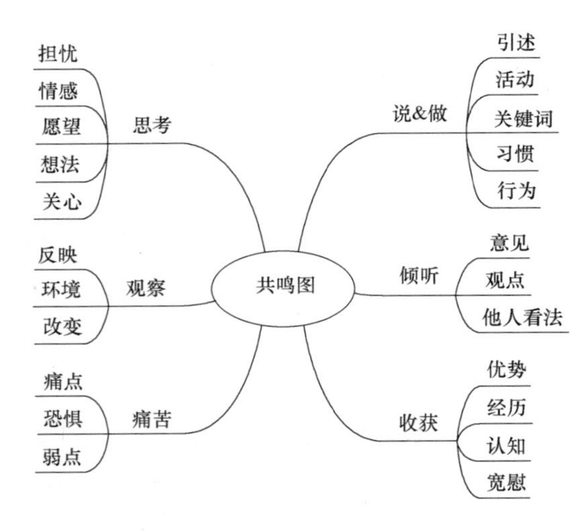

图 2-24　思维关系图
（图片来源：编者自绘）

境艺术设计的前期阶段——脚本创作中是重要的基础工作环节。例如，游戏脚本策划中涵盖游戏原型、游戏背景、游戏元素、游戏剧情、游戏关卡、游戏规则等专业知识，需要结合游戏设计既有的规则，进行创意和内容的建构与重构，最终形成游戏设计文档。头脑风暴可以让设计者快速集中地将自己的思维碎片展现出来，思维导图则可以将这些思维碎片通过共性联结，整理出适合场景策划开发的创意。

在实现设计时，首先，我们需要确定一个任务主题，该主题应体现思维的创造性、问题的特殊性，范围限定于游戏创意原型、游戏剧情设定等易于展开讨论的话题。其次，进行头脑风暴和思维导图，推进下一步的设计。在头脑风暴限定规则内，经由分组讨论、延迟评价，得出数量上最大化的观点意见。需要注意的是头脑风暴的结果形成了一批游戏主题范围内的特征集，其中所包含的各类游戏元素都较为零散且分属不同的游戏原型设计方向，易产生无效信息。因此，需要对头脑风暴得到的较为杂乱无序的信息进行筛选，并将有效信息导入思维导图。在此过程中，可以以游戏风格、游戏背景等设定泾渭分明的标准作为归类依据，利用思维导图软件 Xmind 对零散信息进行整合。最后，通过小组协作讨论，初步确定可能的游戏原型设计方向，调整游戏元素的归属子类，进而绘制出树状图结构的思维导图。

如图 2-25 所示，以主题“动物”为例，对头脑风暴所得特征集进行分析，可归纳出“进化”“生存”“死亡”“战斗”“生蛋”5 个游戏原型的设计方向，将其作为思维导图的一级节点，再将零散的游戏元素分别接入到一级节点，从而形成每个原型发展方向下的具体元素，最后通过 Xmind 导出为支持主流 Web 图形格式的思维导图文件。

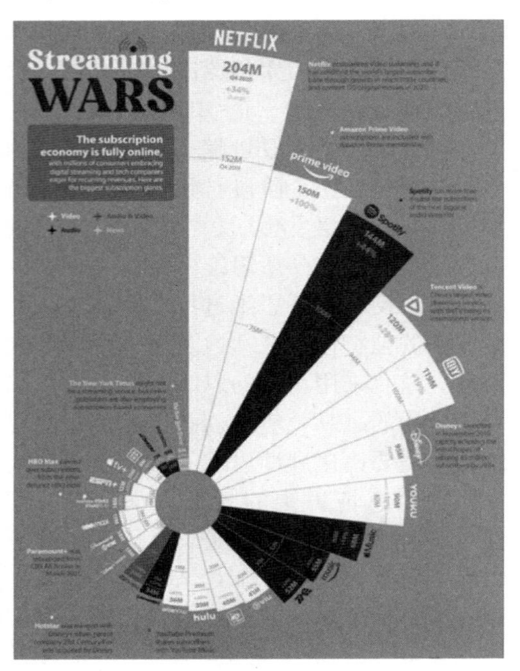

图 2-25　信息可视图表现
（图片来源：来源于网络）

通过创意思维，帮助设计者增强对游戏设计的全局性观念，以及游戏主题与核心游戏元素的关联性，加强对游戏模块间层次关系及彼此关系间关系的理解。

2.2.2　信息文本可视化

信息文本可视化是把用文字符号表示的知识转化为用图形、图像或动画表示的知识，转化前后知识的表示形式不同，而传递的内容却是一致的。信息文本可视化将枯燥的文字符号转化为美观醒目的图形，能够充分发挥人们在图像认知方面的优势，提高信息处理的效率，使得人们能够快速获取文本信息中蕴含的主题、结构或情感态度等方面的关键信息。与文字符号相比，在特定情况下信息文本可视化的方法具有空间和时间优势。与占据相同文本空间的文字相比，图形承载的信息量更大。学习者在较短时间内，观察图片比阅读文字所得到的信息更加完整和全面。另外，图形相较于文字符号而言更加醒目，能够优先吸引人们的注意力。

信息图形是一种集合信息、数据和知识的视觉表现手段。信息图形的形式随着新的环境变化而不断变化，传统的平面信息图形设计难以在自身固有价值上突破与进步，例如，某些状况下过于复杂的平面信息图形无法满足信息清晰传递的要求。因此，为满足价值、形式以及艺术性等多方面质量的提升，信息图形的形式不得不向多维组织发展。信息图形立体化是一种表现形式和展示信息的渠道，除了传递信息，还要关注平面与立体要素之间的关系，试图用更好的方式展示信息的内在联系。

（1）信息文本可视化的理论要点

信息文本可视化的理论要点包含文本主题的可视化表示和情感态度的可视化表示两个方面。

文本主题的可视化表示　文本主题的可视化表示是指用图像信息表示出文本的内容与主题，它涉及文本的信息抽取、主题识别和主题可视化映射等方面，常用的可视化形式有“词云（Tag Cloud）”“主题河流（Theme River）”和“主题地貌（Theme Scape）”等。

最初的词云是把关键词按照一定顺序排列，比如出现频率或者字母表等顺序，以文字大小和字体颜色的深浅表示词语的重要程度，后来渐渐变为更加美观复杂的布局形式。用户能够通过词云快速观察到文本中重要程度较高的词汇，从而能在短时间内粗略地了解到文本的研究领域和主题内容。例如图2-26展示的就是一篇关于欧洲各国财政危机报道的词云。词云技术还能分析文本主题随时间的变迁，这只要把文本按照时间节点切分为多个部分，每个部分生成一个词云，然后把多个词云按时间顺序排列在一起，就能够快速观察到随着时间文本主题的变化。The DailyBeast网站曾经使用词云技术展现了美国21位总统就职演讲的标签图，用户能够看到历届总统执政重点的变迁。

图2-26　欧洲各国财政危机报道的词云
（图片来源：来源于网络）

主题河流把主题隐喻为时间上不断延伸的河流，用横轴表示时间，纵轴上有多条河流表示多个主题，多个主题流排列在一起，各条主题流的宽度不等，每条主题流的宽度随时间发展而变化，河流的宽度表示在当前时间点上其在所有文本主题中所占的比例。通过主题河流，用户可以看出特定时间点上主题的分布，以及多个主题随着时间的推移变化。Susan Havre等人收集与古巴前领导人卡斯特罗有关的演讲、访谈、报刊文章以及其他文本，然后进行统计和分析，并绘制成主题地图，图2-27展示的是1960年5月至1961年6月之间的与卡斯特罗有关文本的主题河流。用户借助主题地貌能够从海量文本中筛选出特定主题下的文本，还能够直观地观察到主题之间的关系。

情感态度的可视化表示　文本信息中除包含主题、观点和结构外，还蕴含了作者的肯定、否定、喜爱、厌恶、赞赏、批评等情感态度信息。文本情感态度的可视化表示是指用图像信息表示文本中蕴含的情感态度信息，它主要涉及文本的情感分析和情感的可视化映射。随着互联网技术的发展和普及，互联网倡导“以用户为中心，用户参与”的开放式构架理念，网上产生了大量的用户参与的评论信息。分析

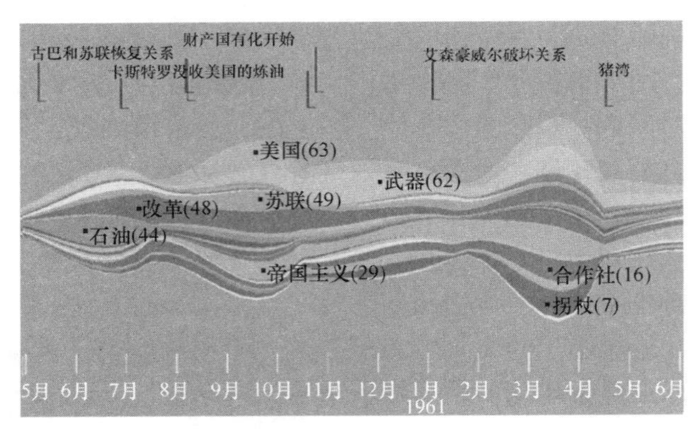

图 2-27 与卡斯特罗有关文本的主题河流
（图片来源：来源于网络）

这些评论信息的情感倾向，并用图形化方式显示出现。例如 IBM 公司研制的人们基本特征分析和学习系统是一种交互式的可视化分析工具，能够帮助用户分析人们在社交网络上的评论和留言，进而确定一个人的心理特质和情感状态，并且用可视化方式表示出来，如图 2-28 所示。常见的文本情感可视化方式还有情感地图（Sentiment Map）、矩阵视图（Matrix View）。情感地图结合了地理信息，描述不同地理来源的评论信息情感倾向性的不同。

（2）信息文本可视化在虚拟环境艺术设计中的应用

信息文本可视化在虚拟环境艺术设计里的应用，实际上就是信息图形向立体形式的转变。在图形日益进步、纷繁多彩的同时，图形的空间也在不断突破与进步。立体化的信息图形设计实现了多因素的体现，多维度的形式给分支繁多的数据图形带来更多的伸展空间，并在一定程度上解决了复杂性信息难以清晰传达的问题。

首先是三维的空间延伸，立体化的图形设计作为信息图形设计中一个实验性的分支，由二维的形式向三维方向发展，它打破了传统信息图形的在空间方面的限制，给观者带来多方面的信息体验。如图 2-29 是美国波士顿的设计师 Arielle Winchester 设计的一款信息图形海报。设计师统计了 Facebook 中某些词语被朋友们使用的频率和使用人数，并将信息的数值载入锥状立体图形的形状中，词语使用频率以突出的长短表现，使用该词语的人数则体现在图形的高度上。

还有艺术家克里斯托弗·贝克的信息装置作品《Murmur Study：A live Twitter visualization and archive（杂音研究：现场 Twitter 可视化和存档）》。用户以推

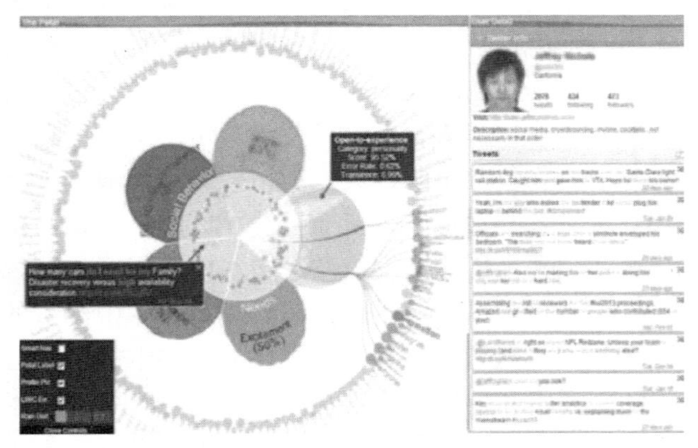

图 2-28 IBM 公司研制的人们基本特征分析和学习系统
（图片来源：来源于网络）

图 2-29 立体化信息可视化海报
（图片来源：来源于网络）

特发表的新状态中会出现一些常见的语气词，例如“啊”“呜”“嗯”等，为统计对象。这些语气词可以体现发帖人的某些情绪变化，设计者通过收据打印机来监测这些关键词的变化情况，累积集成长长的收据小票，从高处如瀑布般垂直散落到地面。设计者利用空间关系赋予装置以崇高的视觉效果，通过空间介质来体现被情感因素充斥的巨大信息量（图 2-30）。

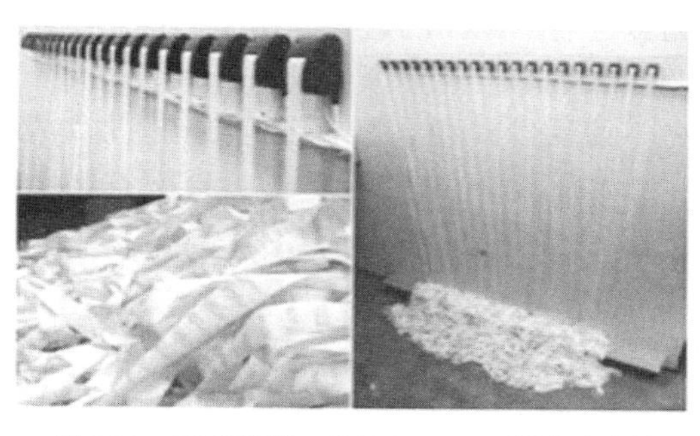

图 2-30 《杂音研究：现场 Twitter 可视化和存档》

在人工智能、信息技术、网络技术、生物技术和纳米技术等高新技术条件下，设计最终要为复杂技术的人性化提供可行的方法和途径，堆积如山的数据要以经济适用的方式处理、成型、预测和分析，智能化将是发展的必然趋势。然而在设计的层次上，我们需要重新思考设计的“简洁性”在应对复杂的设计对象时的意义。

2.2.3 场景设计

场景是指影视作品中的背景与场面。场景中的“场”是戏剧电影中的一个小的段落，是时间的概念。“景”是景物的意思，空间布景的概念。所以，综合两者来看，场景指的是戏剧、电影中的时间与空间的综合表现形式。场景设计是虚拟环境艺术设计中重要的组成部分。一方面，场景设计有众多作用，其中最主要的是给设计者提供镜头调度、运动主体调度、景别的变化、视角的变化的选择；另一方面，镜头画面的处理，即造型、构图、体感、空间、色调、风格的综合表现，是镜头画面设计稿和背景制作者的直接参考资料，也是用来控制和约束整体美术风格、保证叙事合理性和情境动作准确性的重要形象依据。

场景设计为虚拟环境组建了最重要的空间造型元素，场景设计运用一系列设计方法与风格，传达出虚拟空间中的主题思想，是虚拟空间中非常重要的有机组成部分，场景设计对虚拟空间中角色形象的塑造与烘托、对故事情节发展的氛围营造起到重要的作用，同时场景设计也在很大程度上影响着整个场景片段的艺术风格。

（1）场景设计的理论要点

场景设计的理论要点包含场景设计的基本要求、视角与景别变化，以及光影效果与色彩设计三个方面。

场景设计的基本要求 虚拟环境艺术设计中的场景设计有很重要的两点：对故事剧本的研读以及场景风格的明确。首先，在设计场景风格前要研读并理解故事剧本，依据情节内容需要营造特定的意境与情绪基调，运用电影分镜头语言明确故事的起伏变化以及发展脉络，场景的设计要充分反映时代特征、地域环境、历史文化、民族特色，同时还要分析角色历史背景，明确影片类型风格，并深入生活，搜集素材。做到场景造型风格与角色风格和谐统一。场景主要服务于角色表演的空间场所，是角色思想感情的陪衬。

其次，要明确场景的风格类型，要注意绘制时风格的统一，要把握住每个场景的色彩风格基调。不管你设计怎样的场景，风格都必须突出主题，体现作品的独特风格，表现自己的艺术魅力。所谓“风格”是指作品内质外化的表现形式。虚拟环境艺术设计中场景风格的确立，一要有丰富的生活积累和生活素材，二要有坚实的绘画基础以及丰富的想象力和表现力。这些综合素养将直接影响到影片的主题、构图、造型、风格、节奏等视觉效果，也是决定能否形成独特风格影片的必要条件。不同风格的动画场景决定着不同的角色形态。

场景设计的视角与景别变化 在场景设计中由于镜头角度的应用变化，需要从多方面、多层次表现镜头画面景物结构，也可以多角度地从视觉的垂直变化（如仰视、俯视、平视）、水平变化（如正面、侧面、斜面）中表现镜头画面。视角的变化能调动画面不同视觉效果，使画面充满生机，画面分镜头语言丰富而多彩。镜头角度的选取得当，可以使作品产生出鲜明突出、层次丰富的画面效果。近景、中景、远景的体现加强了空间距离的层次效果有助于增强画面的视觉审美。而景别变化是根据故事剧情需要而进行的，可以从特写、近景、中景、全景、远景多层次表现场景画面，从而造成观众与被观景象的距离变化，这就形成了景别的变化。景别的变化能活跃镜头画面，从而产生不同的层次效果，使画面充满意韵与活力。不同的景别可以引起观众不同的心理反应。一般来说，特写出情绪，近景示烘托，中景渲气氛，全景出效果，远景显层次。总之，“远取其势”“近取其神”。把所有景别加在一起时更能让观众产生不同的视觉感受。

场景光影效果与色彩设计 景观建筑、装饰道具和人物造型等元素都是虚拟环境艺术设计过程中必不可少的设计对象和物质要素，而色彩、光源和外部构造结构等影响着场景空间的设计效果，因此这几点也被称为效果要素。加强景深可以起到扩大场景空间的视觉效果，光影的合理运营也可以营造出距离感和深度感，引力的作用则是能使空间呈现不同的视觉效果。因此虚拟环境艺术设计中可以营造出各种气氛氛围，常见的有危机感、神秘感、悬念感等，这就要求设计人员在场景制作中应将场景最大限度的丰富多样化。同时，这些场景元素和搭配也要具有多变性，这样才能产生大量的信息传递给观众，使游戏内容更加真实、丰富、多彩。当今虚拟场景制作手段和媒介众多，数字造型软件可以制作出超现实的幻想空间，同时搭配以各种光影和色彩，制造内容丰富的空间气氛和场景内容。

（2）场景设计在虚拟环境艺术设计中的应用

虚拟环境艺术设计中的场景体现的是戏剧、影视中的场面，是展开剧情单元场次特点的空间环境，是总体空间环境重要的组成部分，是指影片中除角色造型以外，随着时空变化而变化的一切物的造型。虚拟环境中的场景设计就是指影视动画创作中除角色造型以外的一切事物的造型设计，造型设计是影视艺术创作中最本质的塑造元素。具体来说就是指具有远近空间层次感的场面构图，即以镜头气氛稿为单位表示画面的造型、构图、体感、色调、风格的空间虚拟场景。

场景设计中，景深空间是三维世界在二维平面上的典型反映。景深空间会让用户感觉他们所看到的是具有深度的三维空间，即便空间的深度在显示平面上并不是真实存在的。相对另外两种空间表现形式——平面空间和模糊空间来说，景深空间的视觉强度是最强的。图 2-31 是动作类（ACT）游戏《神秘海域》的场景设计概念图。图中，虽然二维的画面上没有真正的物理深度可言，但我们仍然会感觉到小巷通向画面深处，一些车在近处，而另一些车在远处。

图 2-31 游戏《神秘海域》场景设计概念图
（图片来源：来源于网络）

景深空间能够让用户从二维的显示平面上感受到空间的深度。而平面空间则恰恰相反，平面空间强调了显示平面的二维属性。平面空间给玩家带来的视觉感受与深度空间是截然不同的。图 2-32 是跳台类（Platformer）游戏《小小大星球》的游戏截屏图，图中所表现的空间极具平面感。前面提到，景深空间会利用一些线索来创造视觉深度；平面空间也一样，会利用一些线索来加强游戏场景空间视觉表现的平面感。同时，为了得到平面空间的视觉效果，就要尽量去除游戏场景画面上的景深空间线索。

图 2-32 《小小大星球》的游戏截屏
（图片来源：来源于网络）

光影在场景设计中也具有重要作用。例如在动画片《秦时明月》中天下第一剑客盖聂携故人之子荆天明为躲避秦皇追杀的场景中，在高耸而昏暗的溶洞与大殿中，束光分别从高处照射下来，形成顶光和侧光的效果，光影丰富了镜头画面、充实了中景部分，增强了空间的层次，而且营造出一种庄严神圣感，但光线的设置采用不对称构成，显示出神秘而奇幻的感觉（图 2-33、图 2-34）。

图 2-33 《秦时明月》截屏（一）
（图片来源：来源于网络）

图 2-34 《秦时明月》截屏（二）
（图片来源：来源于网络）

场景设计的风格水平直接影响了虚拟环境艺术设计的空间质量，场景的设计是体现虚拟环境整体形式风格、艺术追求的重要因素。场景设计涉及面广、内容多，广大设计工作者应该更深层次地研究场景所处的时代背景、造型特点、光线布置、色彩搭配、空间表现、道具设计以及当时人们的审美观念、历史、文化等问题。除了要注意以上诸多环节，设计师还需要努力创新，大胆想象，要想到别人想不到的东西，加强对虚拟环境形式独特的追求，同时对主题剧本要有很好的理解，才能创作出成功的、具有独特风格的虚拟环境艺术设计。

2.2.4 交互设计

交互设计（Interaction Design，缩写 IXD），是定义、设计人造系统的行为的设计领域，它定义了两个或多个互动个体之间交流的内容和结构，使之互相配合，共同达成某种目的。交互设计是以用户体验为基础的，体现“设计人、产品和服务之间信息互动的方式、内容和表现形式”。美国认知心理学家唐纳德·诺曼曾在《情感化设计》一书中从本能层、行为层和反思层三个层次对用户使用产品的情感体验进行阐述。区别于前两者强调产品的样式、品质或功能等物质属性，反思层的情感体验体现了产品设计对意识、认知等精神层面的追求，使用户能从交互体验中获取愉悦的情感或令知识信息得以转化后加以使用，并反作用于现实生活。

良好的交互设计不仅需要解决用户的实用性需求，还应兼顾审美愉悦、互动体验等多元化需求。虚拟环境艺术设计中的交互设计在将自身定位为依托网络信息技术的新型娱乐方式的同时，还要展开对用户群体的喜好、经验等背景信息以及用户对相关产品使用情况的调查，以便提供更好的用户体验设计，让用户在获得休闲娱乐的基础上又能在互动交流中收获知识，愉悦情感。

（1）交互设计的理论要点

交互设计的理论要点包含智能化交互设计、多渠道交互设计、可持续交互设计三个方面。

智能化交互设计 以游戏设计为例，相较传统游戏和传统空间的体验感，虚拟游戏更强调玩家之间的人际互动，形成一个动态、双向的信息传递和互动交流过程。因此，虚拟环境艺术设计中的交互设计的好坏是高效融合科学技术与游戏文化的结果。伴随着科技的更迭发展，智能化技术不断打破交互中的时空限制，实时定位、语音、动作感应等交互形式在游戏产品中被广泛运用，丰富用户体验的广度和维度，提供游戏体验更为良好的有效方式。此外，再以增强现实技术为例，这种鼓励真实交互的设计方式突破了视觉传统推广模式中的局限，人机交互不再停留在二维平面之中，使万物皆可能以三维立体的形式进行交互。

在智能化三维交互设计中，虚实结合的特征突出了基于触觉、视觉、听觉等多重感官的自然交互形式，它以用户为中心，形成的全方位、多维度的体验空间伴随着随机性和未知性，这既能激发观众探索的好奇心，又强调了玩家群体的团队协作能力，以此让他们在虚实之间感受游戏世界的真实性和趣味性。

多渠道交互设计 在虚拟环境艺术设计中，通过将视频、语音等多元智能手段融入虚拟环境，令用户更高效清晰地获取信息内容。同时，在虚拟游戏与现实世界的反复跳转和探索中，用户收获的不再仅仅是虚拟体验的乐趣，更是一种情感交互。在用户群体的集体探索和互动下，用户与用户之间、用户与虚拟环境之间产生情感共鸣，社群黏性也随之提升。

可持续交互设计 依托网络建立的虚拟社群，是21世纪人类互动交往的新型媒介之一，它不同于传统纸媒和广播电视媒体，亦不等同于互联网平台或数字媒体技术。而是在整合这些媒介资源的基础上，延伸并创造出的一个消融虚拟与现实边界的沉浸式环境，进而发展了人类感知世界与交流互动的能力。正因如此，虚拟环境艺术设计在现实生活中承担的功能也将越发多元化，尤其是虚拟环境在传播知识、开拓思维、培养审美、提升交际能力等方面，为年轻用户乃至更广泛的受众群体，提供了更加自由轻松的娱乐和学习途径。

（2）交互设计在虚拟环境艺术设计中的应用

虚拟游戏《魔兽世界》以西方魔幻故事为大背景，如图2-35引导玩家在虚拟的“艾泽拉斯”世界中不断探索发掘未知世界。游戏中通过创建融合多民族文化风貌的地区以及多文化形态的种族和阵营，构建起充满历史感的情境氛围。在虚拟世界中，有精灵、巫师、兽人等8大种族角色供玩家角色扮演，进而根据种族、职业特征开展任务，这既满足了人们的个性需求，又增强了游戏的代入感，激发了玩家的好奇心。然而，纯视觉层面的交互并不能满足当下玩家日益增长的娱乐需求，沉浸式氛围的营造和价值观念的传达反映了用户需求的多样性。《魔兽世界》在交互设计上使用实时反馈、增强现实等新技术，打破了时空维度，让玩家充分沉浸在游戏世界中，在体验挑战的乐趣中引发大家的情感共鸣。

图2-35 魔兽世界
（图片来源：来源于网络）

近年来，日本任天堂（Nintendo）推出大量增强现实技术与智能手机等移动设备相结合的游戏模式，以鼓励玩家积极到户外参与互动，与家人、朋友或其他玩家用户建立真实社会联系。其中，2019年，任天堂还发行过《健身环大冒险》，借助Nintendo Switch主机所带的“Ring-Con”拓展设备，让玩家通过身体运动实现游戏中的转向、跳跃、攻击和防御等任务，在放松娱乐的同时实现同步健身。软件不仅记录玩家个人的锻炼时间、跑步距离、消耗卡路里等数据，还将此上传至线上社群，让世界各地的玩家相互分享、交流和竞争，这在激发玩家间竞争斗志的同时，也提升了他们运动健身的积极性。

2.2.5 形态语义学

语义学是探索、研究语言意义的学科，形态是事物的内在本质的外部表现，作为符号的一种，包含实体的外部几何形状、色彩构成、材料组合。语义（Semantic）即语言的意思，目的在于揭示语言，特别是词和句的意义，从而指导人们的语言活动。语义学就是在不改变本质意义的基础上，将非语言对象转化为可以被理解和传播的文化语言。

形态语义是人们观察、认识形态时所产生的认识，也是对形态所激发的情感的认识。这种形态既可以是产品，也可以是雕塑；既可以是人为加工过的物品，也可以是自然的物质。简而言之，形态语义就是借助语言中“语义”“语构”“语境”的概念，来表达形态的含义，形态语义中的“语构”就是人造物中的材料、色彩、构成、线条、形态等。“语境”就是情感与文化。

形态语义是情感符号形式的一种：形态是属于文字语言的逻辑符号系统，语义属于非文字语言的情感符号系统，形态语义是建立在形态基础上的认识和反应，也是对客观事物的认知。形态语义的系统性、科学性、规律性就是形态语义学研究的范畴。这导致形态语义的研究分成两个发展方向：广泛性和深入性。只有同时具有广泛性和深入性的形态语义学研究体系才是完整的。

（1）形态语义学的理论要点

形态语义学的理论要点包含形态语义的应用分析法和形态语境空间分析两个方面。

形态语义的应用分析法 形态语义分析首先要对产品的意义或概念含义进行分析。设计师可以从以下两方面进行分析：第一，概念的文字语言的语义分析；第二，概念的形态语义分析。把概念的文字语言通过分析变成可以传达给消费者的形态语言。两种分析都是为了传达产品的本质特征和内在含义，以便于消费者进行认知。下面以两个案例具体分析形态语义分析法的应用。例如：“生命”概念的语言语义分析，“生命”在《辞海》解释为：“生物体所具有的特有现象。能够生长、发育或运动，具有适应环境变化的能力，可以利用外界的物质形成自身和繁殖后代”。然而，设计师在表达“生命”时却有不同的要求，因为设计师要把“生命”这个文字符号变换成人们可以认知理解的形态符号，要提取能够反映“生命”本质的造型因素，将“生命”的文字语言概念转变成为可触、可视和可认知的形态语言。

形态语境空间分析 “形”不局限于狭义的外形和形象，还可以是一个抽象的概念“形态”。“形态”被释义成形象与神态，广义上还包括形象和形状等肉眼可见的物质化的外在表象，以及神态、情状、气韵等非物质化的内在含义。例如，地质博物馆的空间是在自然形态基础上加以人工改造，按照一些规则及方法构成的比较抽象的人工形态。形态的主要成分是“某些感性材料颜色、线条、体块等，还指某些构成形式如建筑构图等作为配合的要素，也指形态所表达的感情、意趣等”。虚拟博物馆的空间主要由其形态进行展现，这些形态要素主体为视觉符号，是对文字语言概念提炼与解释后的结果。空间是与实体相对的概念，它在物理属性上是无形态的、不可见的，除实体以外的所有部分都算空间。虚拟博物馆的情境营造是特定空间语境的展示与呈现。首先把展示设计从物理语言转化为设计语言，设计出空间布局等，再进行语义化设计，通过布局各个展示单元生成空间形态。空间形态包括各种艺术表现形式，譬如照明、材质、造型以及技术手段等方面，空间通过这些加工方法营造出独特的空间语境。形态语境空间分析就是分析空间里的互动手段等方面，检验空间形态是否与展示主题相符。

（2）形态语义学在虚拟环境艺术设计中的作用

人类基于满足自身发展的需要而创造了一系列社会环境和文化背景下的空间资源。在古代，人们通过社会生产得到一种产品后，这些产品必须有相应的空间，并在空间中进行再生产；随着城市的发展，空间开始逐渐成为社会发展的主要生产力，用以满足社会的发展。社会生产力的发展要求对空间、资源进行充分利用。空间资源作为人类居住的空间如住宅、办公室、实验室等而加以利用，于是在天然的物理空间中包含的信息开始逐渐发散到文化和社会发展的过程中，是生产力发展而生成的空间社会属性，这些新属性逐渐丰富的过程就被称为语义生成。

空间语义化的艺术转化是一种高效精准的传递情感及信息的方式，优秀的空间设计应该使观众能毫不费劲的理解空间的语言，这也是空间语义化所要达成的目标。例如在虚拟展厅设计中，第一，在设计开始之前需要进行主题策划设计，以此熟悉展示的主题并把握整体空间的设计定位与结构布局，以及收集相关资料为后续工作提供可靠的依据。同时对虚拟展厅整体结构和空间的不同形态进行细致的调研，并结合展示主题展开设计构思。第二，在完成主题策划后，从展览的性质、展品与虚拟展示空间的类型，以及对展示空间的要求等方面出发，判断空间语义化设计的类型，以此确定空间语义化设计的展示方向和具体定位。第三，把握空间特征并联系展示主题开展对空间语境和环境氛围的构思。第四，开展对展示环境布局、动线等因素的具体规划工作，也就是联系展示空间的流动性和灵活性特征，从空间本质特征出发规划选择与主题相适应的参观流线以及组织布局结构。最后，对色彩、光照等设计要素进行具体的统筹规划以呈现特定的空间氛围，即空间语境，呈现空间语境则需要在传达展示主题的同时，积极引导观众主动参与其中（图 2-36）。

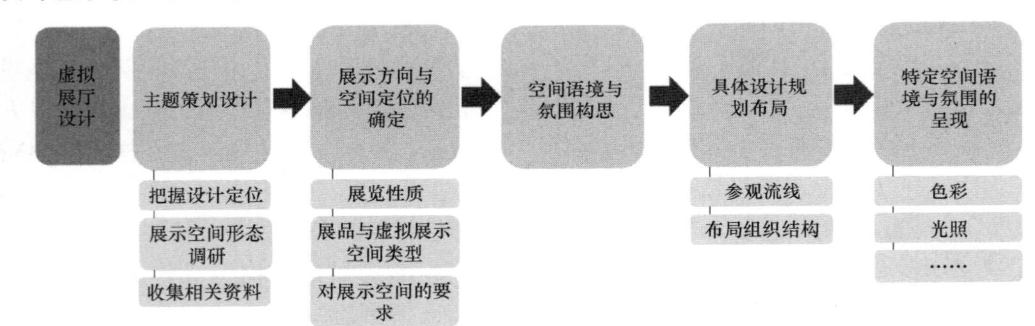

图 2-36　虚拟展厅设计中的空间语义化表达流程示意图

（图片来源：编者自绘）

2.3　技 术 基 础

在目前的虚拟环境艺术设计中，虚拟环境是以计算机、手机、平板电脑等电子设备为终端呈现界面，以网络通信技术和虚拟现实技术为基础，以设计成果为内容的崭新空间形态。虚拟环境的建构具有技术和文化的双重属性，数字技术将图像、文字、视频以及音频等各类构成虚拟文化空间的要素进行编码和再现，形成特定的文化符号向受众传播，以交互的形式完成对主体的文化渗透。虚拟环境的构建至少需要具备三方面要素：一是数字技术作为骨架支撑；二是虚拟环境的文化营造；三是参与主体在虚拟环境中的交互沉浸。虚拟空间中的数字技术就主要包括 AR，VR，MR，XR 等一系列以计算机为基础的技术支撑。

2.3.1 虚拟环境艺术设计常用技术及其内容要点

在信息时代中，虚拟环境艺术设计的创造、生成、呈现等方面都涉及先进技术的应用，促进虚拟环境设计的发展与变革。这里将以目前逐渐流行的 AR、VR、MR、XR 为例，对虚拟环境艺术设计常用技术及其内容要点进行介绍。

（1）AR（Augmented Reality）

增强现实（AR）是指通过计算机生成的感官输入（如声音，视频，图形或 GPS 数据）增强（或补充）其视图内的元素。基于现实的 AR 利用某些设备增强了现实，手机和平板是目前最流行的 AR 设备，通过设备摄像头将虚拟的数字内容导入真实环境，同时流行的 AR 设备还有头戴设备。流行的 AR 应用包括“Pokemon Go”和“AR bitmojis”等。AR 是一种将虚拟信息与真实世界巧妙融合的技术，广泛运用了多媒体、三维建模、实时跟踪、智能交互、传感等多种技术手段，将计算机生成的文字、图像、三维模型、音乐、视频等虚拟信息模拟仿真后，应用到真实世界中，两种信息互为补充，从而实现对真实世界的“增强”。在任何基于 AR 的系统中，以下三个组件必不可少——硬件、软件、远程服务器。

硬件 基于 AR 设备中的关键硬件组件是处理器、显示器、输入设备和传感器。显示器是我们常见的显示设备、手持设备、眼镜或是头戴显示器；输入设备可以是智能手机的摄像头或连接到互联网的网络摄像头；传感器为移动设备的陀螺仪或加速度计、红外传感器。首先摄像头或传感器采集真实场景的对象，传入后台处理器单元并对其进行分析重构，实现坐标系的对齐以及进行虚拟场景融合，然后系统融合后的信息会实时显示在显示器中。如今，几乎所有智能手机都可满足 AR 技术所需的所有硬件要求。

软件 在所有基于 AR 技术的设备运行中，软件起着至关重要的作用。简单地说，想要体验 AR 技术，用户必须使用软件应用程序或浏览器插件。

远程服务器 除了硬件和软件之外，Web 或云服务器在存储虚拟映像数据中起着重要作用。基于从 AR 应用程序收到的请求，从 Web 或云服务器检索虚拟对象并将其发送至应用程序。

表 2-2 为 AR/VR 的比较。

AR/VR 的比较　　表 2-2

	AR	VR
显示装置	手机平板等行动装置(AR) 特殊头戴装置或眼镜(AR/MR)	特殊头戴装置或眼镜
环境	虚拟及真实世界影像的物体无缝结合在一起	全数位化环境
影像来源	电脑生成图像以及真实世界音像的组合	电脑图像或者电脑生成(合成)之真实世界影像
置身感觉	仍置身真实世界中,但是有电脑生成影像叠加进来	完全置身电脑产生的虚拟环境中

（2）VR（Virtual Reality）

虚拟现实（VR），也被称为计算机模拟现实的技术，它给予人一种沉浸式体验。具体则是指通过头戴设备产生包括声音、图像及其他人体能够感受到的媒介的一种技术，通过这些媒介能复制或创造出一个虚拟世界。虚拟现实能让用户完全沉浸在虚拟世界中。VR 技术集合了计算机图形学、仿真技术、多媒体技术、人工智能技术、计算机网络技术、并行处理技术和多传感器技术等多种技术，模拟人的视觉、听觉、触觉等感觉器官的功能，使人仿佛身临其境，沉浸在计算机生成的虚拟世界中，并能通过语言、手势等进行实时交流，增强进入感和沉浸感。VR 技术的应用十分广泛，如宇航员利用 VR 仿真技术进行训练；建筑师将图纸制作成三维虚拟建筑物，方便体验与修改；房地产商让客户能身临其境地参观房屋；娱乐业制作的虚拟舞台场景等（图 2-37）。

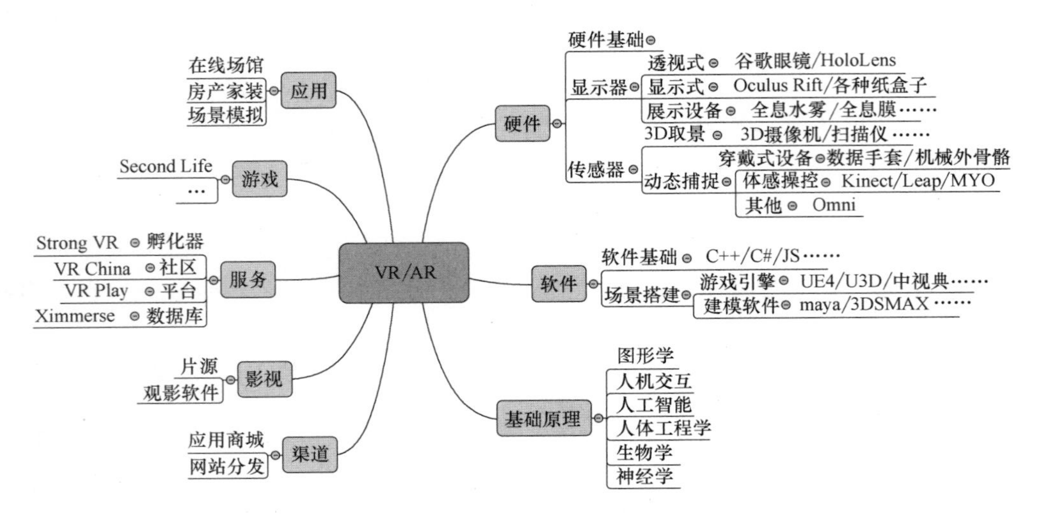

图 2-37　AR/VR 的组成与功能

（3）MR（Mixed Reality）

混合现实（MR），也被称为 Hybrid Reality，是指真实和虚拟世界融合后产生的新的可视化环境，在该环境下真实实体和数据实体共存，同时能实时交互。也就是说将“图像”置入了现实空间，同时这些“图像”能在一定程度上与我们所熟悉的实物交互。MR 的关键特征就是合成物体和现实物体能够实时交互。一句话总结，MR 更像是 AR 和 VR 的结合，也可以说是 AR 的加强板，不仅显示更逼真，整体的交互性也更强。

MR 技术与 AR 技术听起来很接近，它们的确都是现实与虚拟影像的结合，但 MR 和 AR 的区别在于：MR 技术更能够令虚拟物体完全融合到现实场景中，并且用户可以与虚拟出来的数字信息进行互动，而 AR 技术则不具备这种特性。简单而言：AR 只在现实中叠加虚拟环境却不需理会现实，但 MR 能通过一个摄像头让你看到裸眼都看不到的现实（图 2-38）。

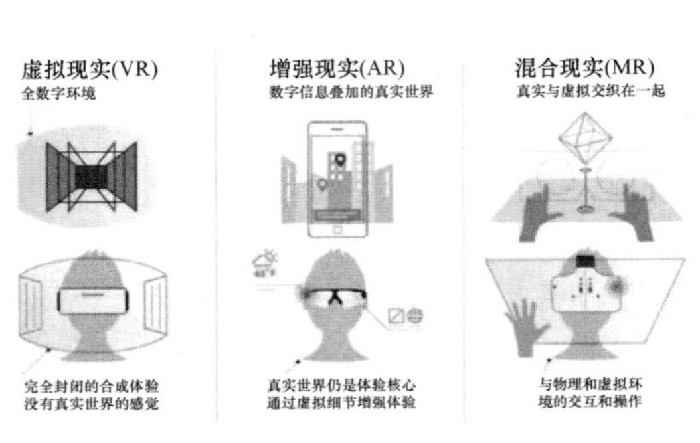

图 2-38　VR AR MR 详解
（图片来源：来源于网络）

（4）XR（Extended Reality）

扩展现实（XR）是指通过计算机技术和可穿戴设备产生的一个真实与虚拟组合的、可人机交互的环境。扩展现实包括增强现实（AR），虚拟现实（VR），混合现实（MR）等多种形式。换句话说，XR 其实是一个总称，包括了 AR，VR，MR。XR 分为多个层次，从通过有限传感器输入的虚拟世界到完全沉浸式的虚拟世界（图 2-39）。

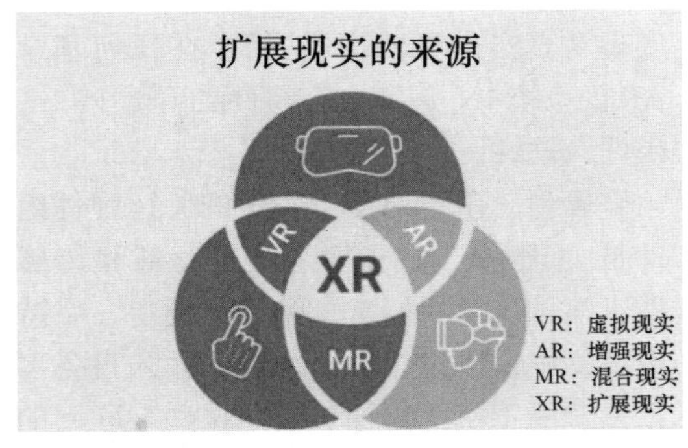

图 2-39　XR 与 VR MR AR 的关系
（图片来源：来源于网络）

（5）虚拟环境艺术设计常用技术的现实应用

以上所涉及的技术手段已逐渐在博物馆、游戏、影视等领域中得以应用。这里将以数字博物馆和 AR 游戏两种虚拟环境应用场景为例，对上述技术的现实应用加以讨论。

数字博物馆 通过运用虚拟现实、触摸屏、三维图形图像、立体显示系统、互动投影、特种视效等技术手段，把实体博物馆以三维立体的方式完整呈现出来；数字博物馆中一些图片文字，视频的生动形象的介绍，以及一些互动的沉浸式的体验，让每位参观者都有身临其境之感，有助于参观者更真实的了解历史。数字博物馆涉及的技术形式有 VR 技术、WEB 技术、多媒体技术、计算机网络技术等。未来随着技术的进步，系统的不断优化，3D 虚拟展览从桌面虚拟系统转到手机移动端等，同时配合 VR 眼镜、VR 可显示头盔等可穿戴装置，以及动作捕捉装置、语音识别装置等，让观众在家就可享受完全式的沉浸感和交互体验（图 2-40）。

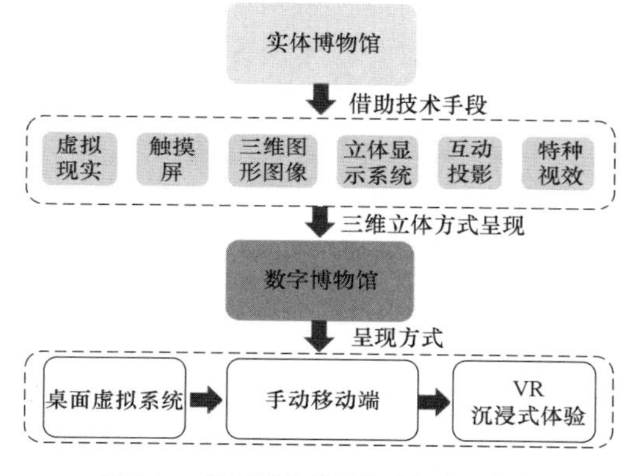

图 2-40 数字博物馆的形成与呈现方式
（图片来源：编者自绘）

2017 年南京软件博览会的场馆展示中就专门展出过使用 VR 眼镜看软博会的项目。用户使用 VR 眼镜，不必移动脚步即可实现对整个场馆的观看。其次，旅游景点的应用，例如网上看故宫等旅游景点项目。再次，生活中我们常见的样板房展示、楼盘展示也是常见的应用。这些应用都是借助虚拟现实技术将展示的维度增加，不再拘泥于传统的平面模式，而更侧重三维立体展示，关注用户参与，强调用户体验。这种以用户为第一视角的应用方式，利用人机互动系统，将真实的场景呈现出来，这种展示方式可以充分地将被展示对象各个层面的信息充分传达给受众。同时，实时的互动可以极大程度地激起受众的参与热情，主动构想并沉浸其中，达成更佳的展示效果（图 2-41）。

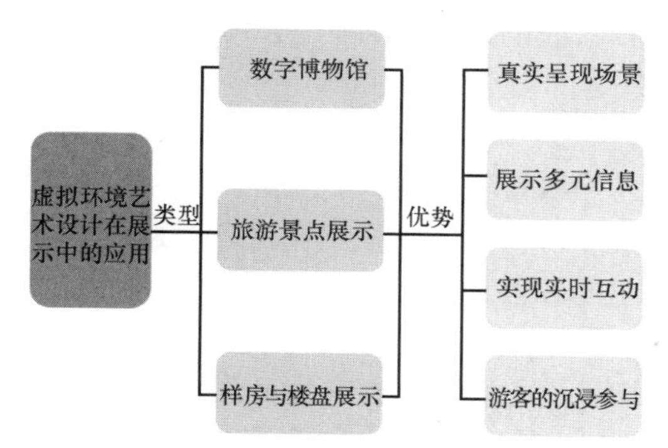

图 2-41 虚拟环境艺术设计在展示中的应用类型与优势
（图片来源：编者自绘）

AR 游戏 AR 游戏代表作则是大名鼎鼎的“Pokemon Go”，打开游戏运用谷歌 GPS 地图定位，将你所处城市的真实地图与游戏画面进行叠加，按照地图指示行走，你就可以走到现实中的各个场景。通过手机摄像头的拍摄，你会发现自己家的电视柜上跳跃着一只小火龙，或者在去商场的路上偶遇一只皮卡丘等。你还可以通过投掷精灵球去捕捉它们。这种将现实与虚拟结合在一起的有趣玩法，正是 AR 技术被巧妙应用的结果（图 2-42）。

图 2-42 Pokemon Go 游戏画面
（图片来源：来源于网络）

2.3.2 虚拟环境艺术设计编程开发

进入信息化时代，计算机技术发展速度加快，尤其是硬件系统中的 3D 图形技术，使得计算机游戏画面表现力加强。纵观我国经济和科技发展情况，计算机从被发明到现在普及，其发展速度不断增加，尤其是计算机的软件与硬件系统发展速度直线攀升，对于虚拟环境艺术设计来说，主要用到的软件有犀牛，玛雅，unity 和虚幻等。利用虚拟现实以及 3D 图形技术等，可以使得虚拟环境的画面表现力增强，清晰度提高，为用户提供高的视觉享受。

（1）犀牛

Rhino 是由美国 RobertMcNeel 公司于 1998 年推出的一款基于 NURBS 为主的三维建模软件。Rhino 是最先进的专业 NURBS 建模软件之一，拥有简洁的操作界面、强大的功能和较低的硬件配置要求。与其他高价的 3D 软件相比，毫不逊色，它包含了所有的 NURBS 建模功能，用它建模非常流畅。Rhino 所提供的曲面工具可以精确地制作所有用来作为渲染表现、动画、工程图、分析评估以及生产使用的模型。

Rhino 在曲面造型功能方面非常强大，产品外观都是以面的形式呈现，准确快速的建立曲面是关键，犀牛具有单轨扫掠、双轨扫掠、网格建面、放样等十多种命令生成或编辑曲面。插件是 Rhino 具有特色的一个内容，它是一些具有扩展性的小程序，能帮助设计师实现需要花费大量时间和精力才能完成的造型功能。常用的插件例如 Tsplines 能够实现复杂曲面造型的建模，把原本强大的曲面建模功能提升得更加强大。犀牛配合 Grasshopper 参数化建模插件，可以快速建出优美的建筑造型（图 2-43）。

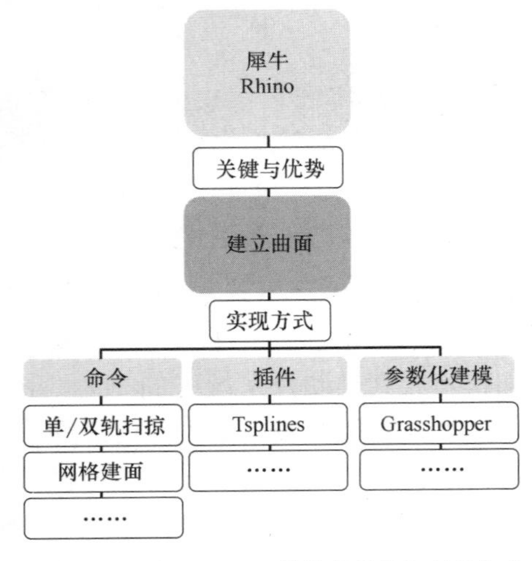

图 2-43　犀牛（Rhino）软件的优势与实现方式
（图片来源：编者自绘）

（2）Maya 玛雅软件

Autodesk Maya 的功能完善，工作灵活，易学易用，制作效率极高，渲染真实感极强，是电影级别的高端制作软件。掌握了 Maya，会极大的提高制作效率和品质，调节出仿真的角色动画，渲染出电影一般的真实效果。Maya 集成了 Alias、Wavefront 最先进的动画及数字效果技术。它不仅包括一般三维和视觉效果制作的功能，而且还与最先进的建模、数字化布料模拟、毛发渲染、运动匹配技术相结合。

在虚拟现实的项目制作中，传统的建模软件都是使用 3Ds Max。由于硬件设备的飞速发展，虚拟现实对模型的制作要求也越来越高，部分设计师就采用模型制作中比较高端的 MAYA 软件来建模。MAYA 具有强大的建模模块，有 Polygon 和 NURBS 两种主要的建模方式，还具有一种不常用的 Subdivision 建模方式，为模型设计师提供了多种多样的选择。不同的建模方式适用于不同的模型，这也增加了建模师的工作效率和灵活性。除了 3ds max 和 MAYA 软件，还有一些专门制作三维模型的小软件和插件也能够为我们的三维模型制作提供帮助（图 2-44）。

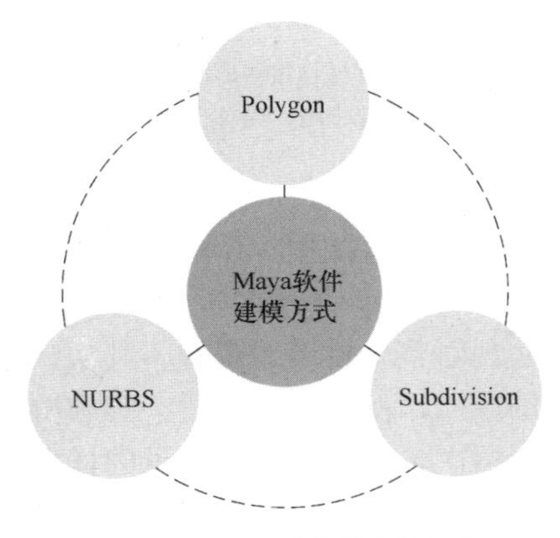

图 2-44　Maya 软件的建模方式
（图片来源：编者自绘）

（3）Unity

Unity 是由 Unity Technologies 开发的一个让玩家轻松创建诸如三维视频游戏、建筑可视化、实时三维动画等类型互动内容的多平台的综合型游戏开发工具，是一个全面整合的专业游戏引擎。Unity的应用也十分广泛，常见的应用方向就是在游戏开发上，目前市场上的手游，绝大部分都是 Unity 开发，例如王者荣耀等；通过 Unity 处理大量的复杂几何体再结合逼真的灯光、表面还有渲染功能，可以做出一个工程或建筑模型。常见的应用制作建筑模型、样板间模型建设，结合 VR 技术做 VR 看房等；Unity 还有一个重要的用途，就是它能模拟各种场景，协助培训或办公，比如现在医疗就用 Unity 模拟各种实验场景，航空航天模拟各种飞行情况，机械制作可以模拟各种安装和安全等。用 Unity 创建各种模拟环境，不仅可以节省成本，还能提高工作效率，使它成为模拟环境中的理想选择，未来也会有更多的使用空间；Unity 可以制作动画游戏，也可以应用到动画电影制作当中，Unity 可以搭建基础的动画场景等，Unity 在与 VR/AR 等技术结合的情况下还可以应用到更广的空间中。

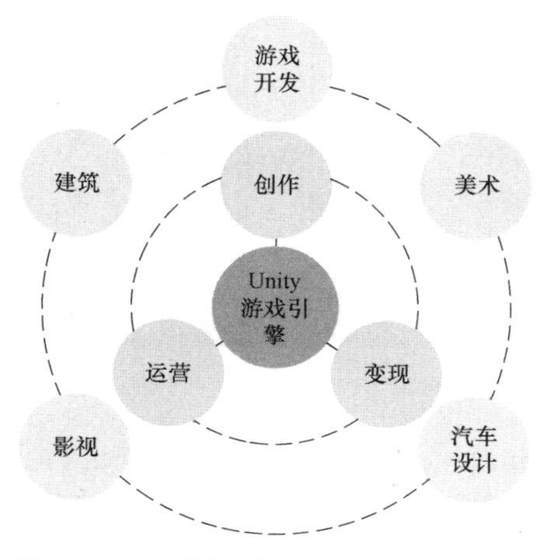

图 2-45　Unit 游戏引擎的使用目的与应用领域
（图片来源：编者自绘）

图 2-46　Unit 游戏引擎集多功能于一体
（图片来源：编者自绘）

Unity 是实时 3D 互动内容创作和运营平台。包括游戏开发、美术、建筑、汽车设计、影视在内的所有创作者都可以借助 Unity 将创意变成现实。Unity 平台提供一整套完善的软件解决方案，可用于创作、运营和变现任何实时互动的 2D 和 3D 内容，支持平台包括手机、平板电脑、PC、游戏主机、增强现实和虚拟现实设备。Unity 实时开发平台为电影和内容制作人员提供现实工作创作自由，提升工作效率。使工作室能够在同一平台上将建模、布局、动画、光照、视觉特效(VFX)、渲染和合成同时完成。基于高清渲染管线 HDRP，Unity 提供完整影视动画工具套装，不论是制作真人电影还是全 CG 动画电影，不论是写实风格还是卡通风格，Unity 都能为使用者提供创作自由度，并提高制作效率（图 2-45、图 2-46）。

（4）Unreal 虚幻

作为一款游戏引擎，Unreal 的历史可以追溯到 1998 年。Unreal 引擎是一套完整的开发工具，面向任何使用实时技术工作的用户。从设计可视化和电影式体验，到制作 PC、主机、移动设备、VR 和 AR 平台上的高品质游戏，虚幻引擎能提供起步、交付、成长和脱颖而出所需的一切。有相当多的 3A 大作比如《虚幻竞技场》《杀出重围》等都是基于 Unreal 引擎开发制作的。现在，独立开发者和大型工作室都用 Unreal4 创建项目，用于游戏、教育、商业解决方案等，现在人们普遍认可，Unreal4 已成为构建百万级项目，尤其是电子游戏项目的强力工具（图 2-47）。

（5）虚拟环境艺术设计软件技术的应用与方法

初步设计方案经过斟酌修改后进行确认设计，应用 AutoCAD 等传统建模软件将方案进行矢量化．在已确定的建筑模型上进行虚拟现实的场景构建，利用

图 2-47　主流的两种引擎

3DSmax、Revit、Mars 等软件进行三维仿真建模及虚拟现实场景渲染，在建模过程中对于建筑内部空间应严格按照模型实际尺寸、比例、结构，最大程度还原建筑空间实际形态．同时在满足被测者正确认知的前提下，可通过简化次要构件及繁杂细部等方法优化模型，以确保硬件设备运行的流畅性。

一个正确合理的建模思路，将会是成功的一半。在建模前，首先要学会将模型进行拆分，看清楚模型的基本形状，然后进行分块建模。任何一个机械类模型都是由许许多多的部分组成，我们都需要精确地建出每一部分，才能将其组合成一个完美的模型。所以在建模的过程中，我们需要有一个清晰合理的建模思路才能顺利进行，特别是初学者，需要在平时的练习中摸索和总结规律，研究模型的组成以及如何去完成这个建模。一般来说，建模方法大致可分为拼凑法和一体成型法两种。

拼凑法　简单的说就是把每一部分进行细致的拆分，按照比例做好每一块模型，最后再拼凑起来的方法。这个方法主要是学会拆分，抓住模型的结构，分析这个模型是由哪些基础的模型组成，比如在建一个普通的木质椅子的时候，我们就可以用到这个方法，可以简单发现椅子是由若干个不同大小的立方体组成，进行拼接而成，这是在建模前就需要思考的，接着就开始建模，首先按照椅子每一部分的形状建出所需要的立方体，然后将每一个立方体按照椅子的比例进行缩放，最后进行拼接。在《功夫熊猫》这部三维动画片中，采取了许多中国风的元素，尤其是房屋建筑，都是古色古香的古代建筑，房顶的设计都是“硬山顶”的设计，这种设计在建模中，基本都是拼凑而成的，把每一根柱子复制粘贴然后进行拼凑和摆放，就能得到这种建筑的模型了。这种方法看似简单，可是在实际操作中却特别常用（图 2-48）。

图 2-48　电影《功夫熊猫》中古建筑屋顶对拼凑法的应用
（图片来源：来源于豆瓣电影网）

一体成型法　在同一个模型上通过软件自带的命令挤压面或者调整点、线等方法获得最终理想的模型的一种建模方法，用这种方法建立的模型表面光滑、圆润，没有明显的接缝，但是需要建模者掌握并熟练运用软件中的一些命令才能建出来。需要对模型进行严密调整，谨慎布线，通过挤压面和调整点的方法做出模型，在建立人物或动物模型时，在掌握命令的前提下，一定要熟悉结构，抓住特征。在大多数三维动画影片中，运用这种方法建模的比较多，因为这样做方便，快捷，效果好。

因此，在建模时一定要遵循结构、建模规律，不能盲目建模；尽量保持模型由四边面组成；注意清理历史记录和储存，保证计算机运转平衡等，这些都会使我们在建模时节省时间，提高模型质量。

本章作业

1. 空间叙事理论的要素有哪些？

2. 沉浸理论如何在虚拟环境艺术设计中运用？

3. 设计符号叙事在虚拟环境艺术设计中的意义是什么？

4. 创意思维与信息可视化的关系，以及在虚拟环境设计中的重要性是什么？

5. 虚拟环境中的场景设计有哪些理论要点？

6. 形态语义学有哪些知识要点？

7. 论述 VR 与 AR 的在虚拟环境艺术设计中的区别与应用。

8. 除了本文，结合实际再列举两个犀牛，玛雅等软件在实际设计中的应用。

第3章　虚拟环境艺术设计的流程与方法

本章导学

学习目标

（1）掌握“主题叙事设计”策略；

（2）掌握主题设定及概念故事构建的方法；

（3）掌握主题转译的路径与方法；

（4）掌握不同类型设计的操作流程。

知识框架图

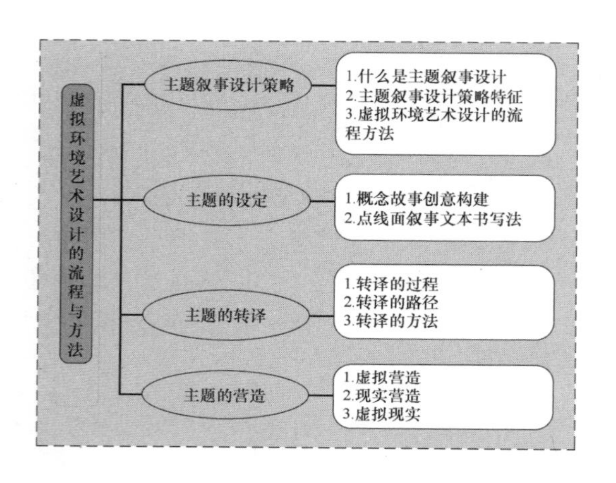

学习计划表

序号	内容	线下学时	网络课程学时
1	主题叙事设计策略		
2	主题的设定		
3	主题的转译		
4	主题的营造		

本章主要讲述在进行虚拟环境空间具体设计时的设计流程与设计方法，围绕设计的核心——设计的主题展开，以开展设计工作的流程为线索，导入“主题叙事设计”的策略，将虚拟环境艺术设计的流程分为主题的设定、主题的转译、主题的营造三个环节，对虚拟环境艺术设计的设计全流程以及各环节之间的设计重点、设计方法进行一一讲解。

3.1　“主题叙事设计”策略的导入

3.1.1　什么是主题叙事设计

“主题”这个词来源于音乐术语，它指的是音乐中最具特色和主导地位的旋律。后来这个词被广泛应用于一切文学艺术的创作之中。高尔基将主题定义为“它是从作者的经验中产生，由生活暗示给它的一种思想，并唤起一种欲望，最终赋予到一种形式上来。”

“叙事”是一项活动，是人与事之间的最直接、方便、有效的沟通方式。在文学领域中叙事通过语言、文字、图片、声音等因素将故事呈现出来，简单来说，若要完成叙事过程，主要解决两个问题“说什么”和“怎么说”。“说什么”的关键是“主题的确立”，而“怎么说”的关键则是围绕主题的叙事方法与技巧。

主题叙事设计是叙事设计的一种类型，不再只以现实事件为依托，而是强调以人的精神需求为中心，具有虚构性和幻想性的乌托邦特征，是虚拟环境艺术设计要掌握的主要设计策略（图3-1）。

3.1.2　“主题叙事设计”策略的特征

主题在概念上有四个特征，分别是客观性、主观性、观念性、时代性。

主题的来源具有客观性，因为它由生活而来，是创作者观察生活所得。主题也具有主观性，因为每个文学艺术品都带有创作者的主观感情色彩。主题是一种观念的产物，它会由感性最终上升到理性形式。主题富有时代性，因为每一个文学艺术作品都是属于它特定的历史时期的。

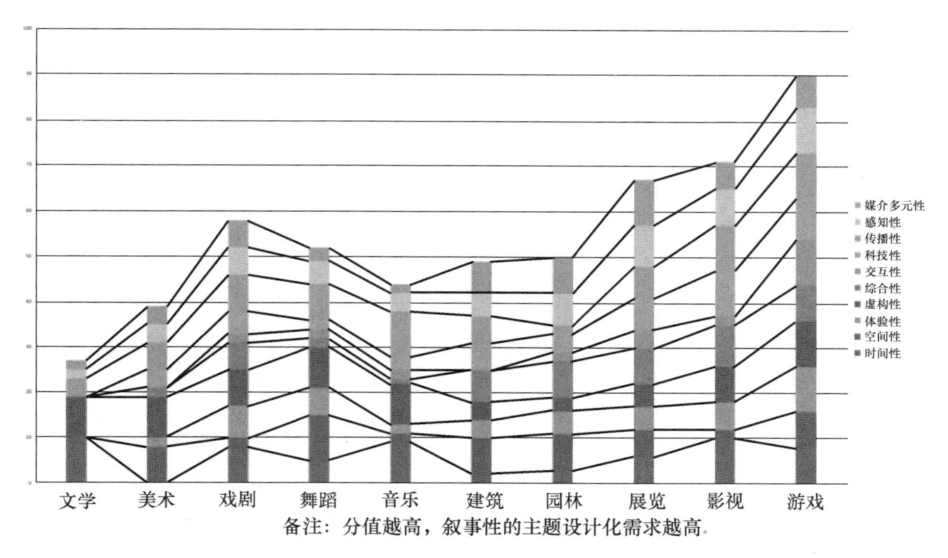

图 3-1　各类艺术形式主题叙事性设计要素可视化柱状图

（图表来源：编者自绘）

将主题的概念延展到空间中去，主题起初是一种文学创作的核心，但是这种形式的构成，在文学上是一个故事形态，在音乐上是一段主旋律，它在空间上就是空间的一种空间语言，一种带有主题的空间形式。这两种形式其实都是通过唤醒受众在生活中的感受，并让其处在一种场景化的氛围中，通过情节的塑造，激发受众的共鸣。以房屋和家的关系举例来说明主题空间的话，家是房屋的内容，而房屋是家的一种包装形式，家这个内容通过房屋的形式可以包装出不同的主题。故宫这样的包装形式，凸显了帝王家尊贵奢华的主题。埃及金字塔的包装形式，显现出死亡与永恒的主题。犯人的家，则需要用监狱这种形式来凸显刑罚的主题。神灵的家，用教堂或庙宇来彰显神圣的主题。可以发现主题空间需要形式和内容的统一整合，才能够对主题进行有力的烘托。主题通过吸收融合其他学科的特点，在空间中强化主题内容的形式化表达，是主题空间塑造的重要途径。

主题是设计的灵魂，统领环境设计的整体过程并贯穿始终，这在虚拟环境艺术设计中仍是如此。确立主题就如同构建文章的中心思想，是进行具体设计环节的前提和总体方针。任何环境艺术设计都需要先确定主题，围绕主题展开设计与创作。如果某件艺术作品或某个空间创作在整体上呈现出具有代表性的独特面貌，那么我们可以将其称为一种独特的艺术风格。例如，在中国古典园林建造中，有气魄宏大的皇家园林、韵味独具的文人园林，以及庄重清净的宗教园林，不同类型的园林因其主题不同而呈现出各具风格的空间环境面貌。由此可见，主题对环境艺术设计的重要性。此外，需要注意的是，相同主题下可能有多种不同的风格，不同的主题也能够用同一种风格来表现。

3.1.3　虚拟环境艺术设计的流程方法

尽管人的想象力是无限的，但通过对相关人文学科的分析研究，我们不难发现文学、影视、游戏等各类需要创造性思维的艺术创作方法是有规律可循的，因此，虚拟环境艺术设计的方法也是异曲同工的，可以从中提炼出一套相对统一的流程方法，然后可以针对艺术形式的不同，在这个设计流程模型上做相应的调整，从而实现人们从现实世界到虚拟世界，再到虚构世界的一条创造性的方法通路。

“你念给我听，我不会记住。你讲一个故事给我，我可以记住。你让我身临其境，我会印象深刻。”

将“主题叙事设计”策略导入到虚拟

环境艺术设计中，以“主题”为核心，以“叙事性设计”为方法，以环境空间为载体，构建一个全新的主题虚拟环境艺术设计方法。要知道所有的设计都是现实营造之前的虚拟设计行为，因此这个方法不只适用于虚拟环境的设计，以满足我们精神世界的需求，随着科技的发展，它还将成为精神变物质，虚拟变现实的有效路径。在更广义的层面来讲，“凡是所见，皆是虚妄”，现实与虚拟的界限没有我们想象的不可跨越（图 3-2）。

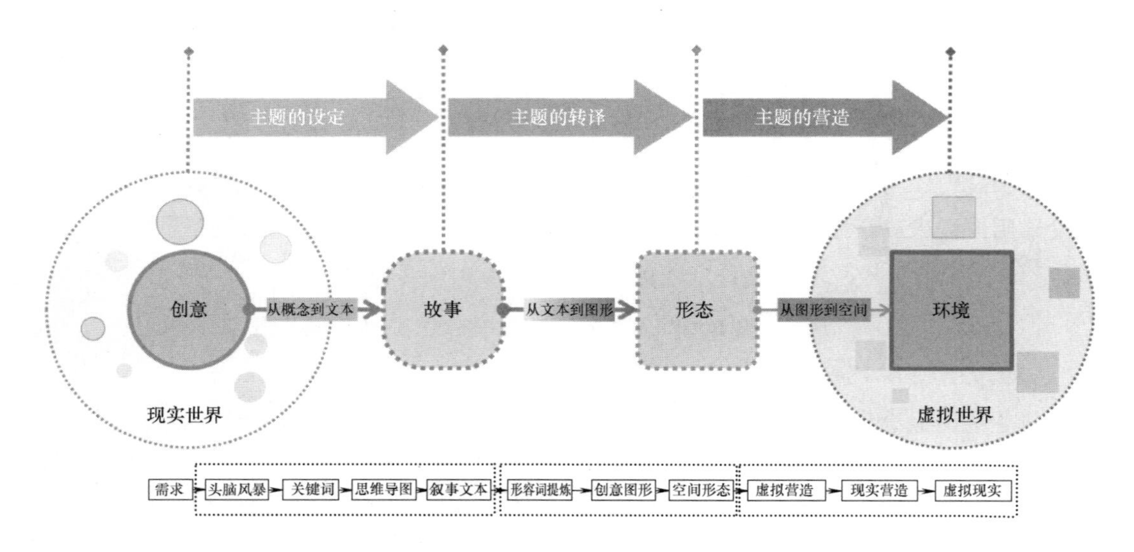

图 3-2　虚拟环境空间设计流程图
（图片来源：编者自绘）

3.2　主题的设定

3.2.1　概念故事创意构建

确立主题就如同构建文章的中心思想，是进行具体设计环节的前提和总体方针。任何虚拟环境艺术设计都需要先确定主题，而主题的设定则是围绕主题展开设计与创作。由于虚拟环境艺术设计部分或全部脱离现实世界的营造法则和技术限制，设计师在概念创意阶段的艺术创造力可以被无限放大；同时，用户是虚拟环境艺术设计的用户、使用者、评价者，用户需求是虚拟环境艺术设计时需要考虑的核心，因此具备良好的创意思维能力和用户需求分析能力成为主题设定的关键。

（1）信息整合与需求确认

虚拟环境艺术设计是一项具有方向性和明确设计结果的设计活动。不论是具有业主和委托方的设计项目或是自主开发设计的设计团队，确定设计需求和设计目标，是进行概念创意和主题设定的基础。设计需求和目标的明确需要建立在对设计对象的信息进行搜集、梳理和整合的基础之上。这一阶段的工作是高度密集的信息搜集、处理和提炼的过程，也是产生设计创意概念不可缺少的环节和工作方法。具体来说，信息整合阶段的工作主要分为三个步骤：第一，广泛搜集和掌握与设计内容相关的信息，包括时间信息、事件信息、环境信息、人物信息、技术信息等与设计对象直接或间接相关的设计信息。这一步是帮助我们全面了解设计对象的客观真实。第二，根据项目特点与设想的设计愿景，筛选与设计项目联系密切的有效信息，精简掉非必要的信息冗余，提炼出与设计创意相关的关键词。第三，构建信息的分类整合，对不同维度的信息进行再整理，将同一内容的多维信息整合在一起，建立起项目包含的所有重要环节的多维信息整合体。

除了对项目的信息进行搜集与整合外，

虚拟环境艺术设计以用户为核心的特点也要求设计师在设计前需要分析确认用户的使用需求。据此特点，本文在这一工作环节中引入“八角行为分析法”（图 3-3）。八角行为分析法是游戏设计师周裕凯提出的虚拟游戏场景分析方法，该方法旨在满足用户在虚拟场景中的需求，提高用户黏度，其本质是通过分析用户需求确定场景构建类型的工具。游戏场景构建属于虚拟环境艺术设计的一个重要应用范畴，因此八角行为分析法也普遍适用于虚拟环境艺术设计用户需求分析阶段的工作任务。八角行为分析法包含八个方面的行为驱动力，也即分析用户需求的八个参考项，分别为使命、成就、授权、拥有、社交、稀缺、未知、亏损。使命赋予了用户游戏行为背后的价值意义，能够唤起用户在游戏中的使命感；成就表示用户在游戏中通过任务获得的游戏等级、技能、经验等方面的数值成长；授权指通过成就的提升带来的游戏探索权利的增加；拥有指用户控制游戏技能、金钱等设定的能力；社交满足用户在虚拟世界中的社交需求与好奇心理；稀缺指游戏中设置的稀缺资源、装备、道具等稀有资源，需要付出更多时间或金钱的努力才能得到；未知指游戏中设置的隐藏关卡、任务、剧情、地图、道具等，这些未知事务需要用户花费一番周折才能够取得，使用户的好奇心理被充分激发；亏损指游戏当中设置的障碍，使用户想方设法主动避免或克服。八角行为分析法的八个方面组成了用户在虚拟世界中的现实需求和潜在心理预期，包含了各种虚拟环境艺术设计类型可能涉及的用户需求，在进行设计需求分析工作时，从这八个角度入手进行全面分析，能够帮助设计师在设计前期阶段作出更为充足的准备。需要注意的是，不同的虚拟环境类型，所需用到的参考项会有所不同，例如虚拟展陈设计中，使命、亏损等与展示类型不匹配的参考项就不需要被考虑进去。因此，依据虚拟环境艺术设计的类型，选择与之相匹配的参考项构成八角分析法的工具模型，是需要设计师在这一阶段灵活选择与运用的。

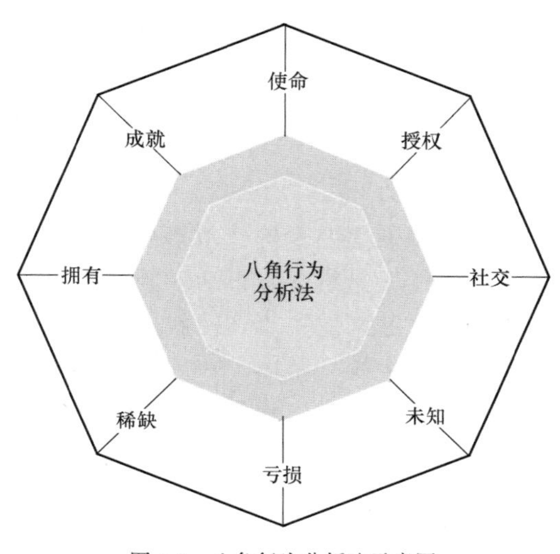

图 3-3　八角行为分析法示意图
（图片来源：编者自绘）

（2）关键词头脑风暴

在信息整合提炼出关键词后，对关键词进行头脑风暴是产生创意概念的关键。诺贝尔奖获得者莱纳斯·鲍林认为“想要收获一个好的概念，首先要拥有许多概念”。而想要获得更多概念，头脑风暴（Brain storming）便是能够最大限度发挥创造思维并准确有效提出创新创意的团队工作方法。头脑风暴的核心是“集思广益”：根据信息整合阶段提炼的关键词，创作团队可以展开想象，运用头脑风暴法对主题的关键词进行无限制的自由发散联想和讨论。在组织关键词头脑风暴时，应注意如下几个原则：

关键词聚焦原则　设计团队在头脑风暴开始前需要依据整合的项目前期信息，共同讨论并确定出项目主题的关键词，聚焦关键词展开发散和联想。

自由联想原则　虚拟环境艺术设计往往远离客观现实生活，在设计时需要天马行空的设计创意，因此在头脑风暴时应鼓励团队成员摆脱束缚大胆展开想象，从不同角度、不同视点、不同层面提出创造性的想法和元素。

禁止批评原则　虚拟环境艺术设计的创作没有绝对值和正误性，因此，对于头脑风暴时提出的一切观点，团队成员都不应作出批评和否定的评价，抑制创造性想法的产生和提出。

以量促质原则 头脑风暴的目的是集思广益，提出足够多的观点，最终选择更为合适的概念创意。因此，尽可能多的获得不同想法，是头脑风暴的首要任务。

延迟评价原则 在所有想法提出完毕后才能对提出的所有想法作出评价和判断。这样做一方面是防止评价约束思维创造力和想法的提出，另一方面能够从综合的角度在头脑风暴结束后作出总体判断。

（3）思维导图

思维导图（The Mind Map）由英国教授东尼·博赞创建，是一种有效表达发散性思维的图形工具。由于头脑风暴具有大量发散性联想，提出的想法之间往往不具备联系性。因此，想要在大量头脑风暴想法中理顺逻辑关系，将头脑风暴的成果高效准确地表达，就需要用到思维导图。思维导图是使用一个主题关键词以辐射线的形式分层连接所有相互隶属和关联想法的图解方式。思维导图的使用对应头脑风暴的关键词聚焦原则：关键词作为头脑风暴的思考中心，可以发散出众多与之相关的想法或概念，而每一个发散出的概念又可以成为新的思考中心，继续将概念不断深化地发散开来，最终呈现出一个放射状的，以关键词为核心和重点概念层层深入的放射性图解。这样的思维导图能够在概念创意阶段帮助设计师在创意想法和设计逻辑之间找到平衡，使概念逐渐变得清晰而丰富，最终确定主题的定位。

以常用的 SWOT 分析为例，我们在对某一问题进行分析时，可以分别从优势（Strengths）、劣势（Weaknesses）、机遇（Opportunities）、挑战（Threats）等四个角度出发进行延展，如在挑战方面，我们还可进一步思考具体有哪些薄弱环节，外部障碍都有什么以及市场变化和经济状况等（图 3-4）。

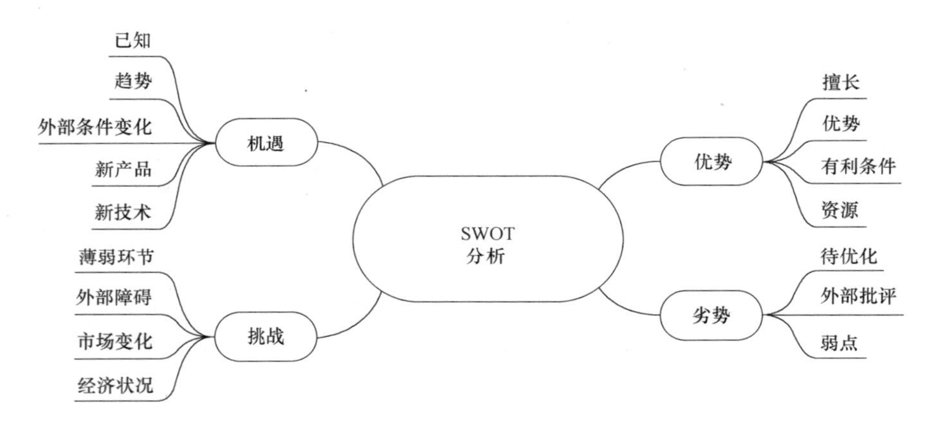

图 3-4 思维导图示意
（图片来源：编者自绘）

3.2.2 点线面叙事文本书写法

主题设计方法在主题设定阶段的任务就是确定主题关键词，并依据关键词编写叙事文本。叙事，本质上是人们用来传递信息、表达意愿和与人沟通的方式，同时也是解释与帮助重建人文、历史世界的一种有效的途径。通俗地讲，叙事就是“讲故事”，而完成叙事过程主要在于“说什么”和“怎么说”。对应到设计中，叙事性设计就是利用设计技巧在空间中“讲故事”。

（1）以叙事要素构建叙事线

叙事线索是贯穿叙事活动始终，将所有情节串联起来的主干，使叙事中的所有元素形成一个统一整体。在虚拟环境艺术设计的叙事设计中，建立起明确叙事线索的叙事文本，是进行叙事性设计的前提。

叙事线索由不同的叙事要素构成，在文学叙事中，叙事要素包括时间、地点、人物，事件的起因、经过、结果共 6 个要素，叙事作者处于叙事的主动地位，读者随着作者设定的叙事线引导层层深入。而在虚拟环境的叙事设计中，用户成为叙事设计的中心，用户既是叙事设计的成果用户，同时也是虚拟空间中行为的主动发起者，故而时间要素便不再成为虚拟环境的叙事要素，而叙事要素则可以归纳为人物的行为要素。因此，根据虚拟环境艺术设计的特点，人物、环境、人物的行为活动构成了构建虚拟环境艺术设计叙事线索的基本要素。在这三个基本要素中，人物可以看作是叙事线索的“点”元素，人物的行为活动作为叙事线索的“线”元素，“环境”构成叙事线索的“面”元素。叙事线索的建立由“点”“线”“面”三者共同组成，因此，本文将叙事文本的书写方法总结为“点线面叙事文本书写法”。

以“人物”为线索　在虚拟环境艺术设计当中，“人物”可以是用户本身，也可以是用户在虚拟场景中所扮演的“人物角色”。以人物作为虚拟环境艺术设计的叙事线索，人物本身就成为虚拟环境的核心，环境的建构和叙事的展开都围绕人物发生。例如虚拟游戏《模拟人生》，用户所创建的虚拟人物构成虚拟世界中的叙事主体线索，人物的性别、形象、打扮、性格特征都由用户决定。游戏的其他环节均由人物本身展开，用户可以建造房屋、布置家具、选择工作、开展社交和进行娱乐活动、与邻居聚会庆祝，使用户在虚拟世界按照自己的意愿选择生活方式，构成虚拟游戏的叙事线。在游戏中，虚拟的邻里、同事、好友构成了叙事线的关联人物要素；用户创建的房屋、工作的地点、生活的社区构成了环境要素；而用户的社交行为、娱乐活动、日常工作则构成人物的行为活动要素。在《模拟人生》中，设计者依据叙事核心——“人物”的需求，制定了叙事发展所需要的基本元素，使用户能够在叙事线中展开活动；同时，用户又能够根据个人的性格和需求，在游戏中建立属于自己的独特叙事线和体验模式（图3-5、图3-6）。

以“环境”为线索　以环境为线索进行叙事设计，是虚拟环境艺术设计的主要设计类型和叙事设计方法。环境或场景的选择需要对应主题和主题中的关键词，选择与主题和关键词紧密关联的环境场景作为线索。契合主题、尺度与范围明确、内容突出是环境叙事线索的三大要点。在叙事中，环境作为主要线索，围绕环境存在的空间、人物、物品等都成为环境的辅助要素。例如清华大学校庆110周年推出的虚拟环境App《水木非凡境》，就是以清华大学校园的环境场景作为叙事线索开发的体验游戏。分析其游戏特点，能够看到设计师选择了清华大学具有代表性的区域作为环境要素：分别为主楼区域、新清华学堂区域、大礼堂区域、图书馆区域。这些区域是清华大学校园文化和历史的典型，与游戏的校庆与校园文化主题保持一致。围绕这些环境，设计师构建了完全还原清华风貌的建筑和景观场景，并设置了与清华历史相关的虚拟人物和道具。用户作为游戏玩家，能够在虚拟世界中深度体验清华大学的真实校园风貌，并根据自己的需求开展社交、校园游览和庆祝校庆的活动（图3-7、图3-8）。

图3-5　虚拟游戏《模拟人生》
（图片来源：来源于网络）

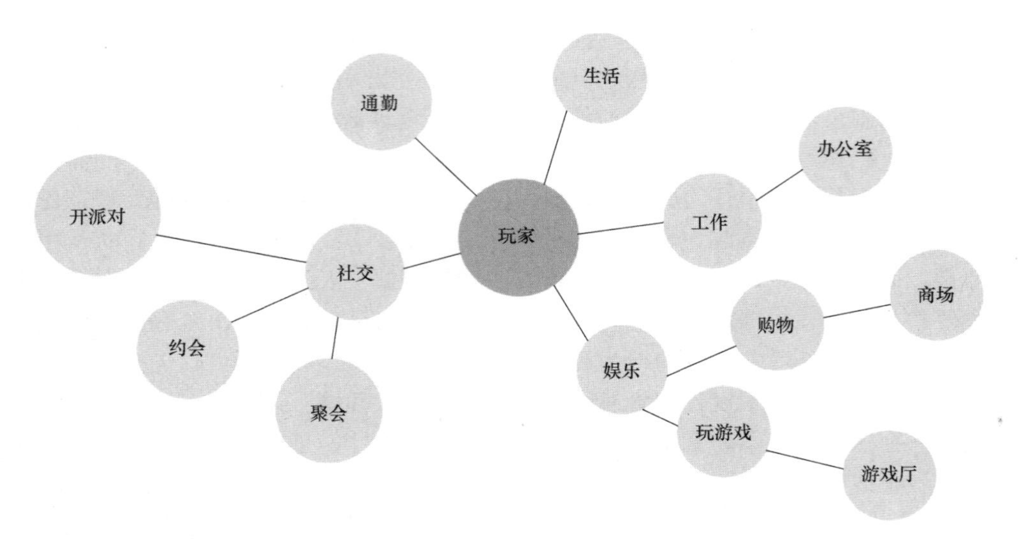

图 3-6　以“人物”为线索的虚拟游戏《模拟人生》的叙事拓扑图

（图片来源：编者自绘）

图 3-7　清华大学校庆虚拟 App《水木非凡境》

（图片来源：来源于网络）

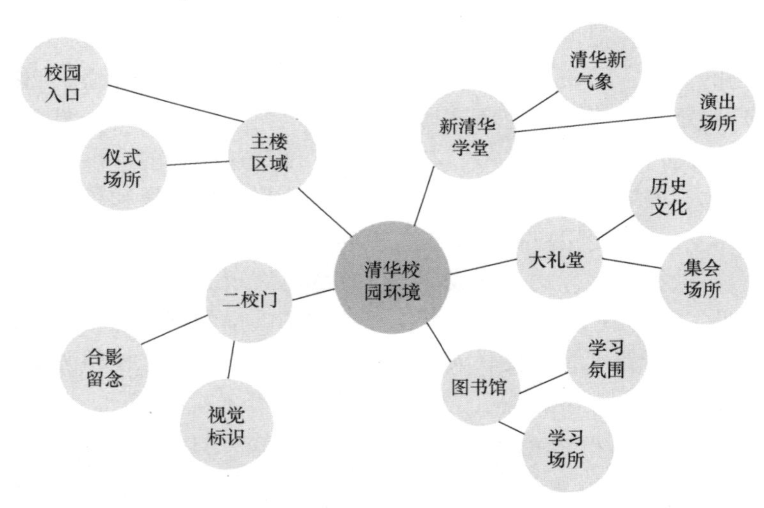

图 3-8　《水木非凡境》的叙事拓扑图

（图片来源：编者自绘）

以“行为”为线索　以人的行为作为叙事线索，适用于具有明确行为目标的虚拟环境艺术设计类型。在这一类型的叙事设计中，人的行为和行为的目标成为核心线索，场景中的其他要素为行为本身服务，用户体验感作为检验行为目标的评价标准，因而对行为本身的剖析是这一类型设计的重要工作。例如清华大学美术学院 2021 年线上毕业展的开发，用户的线上观展是展览的核心行为。因此，基于“线上观展”这一行为，清华大学美术学院的设计团队提出了“2.5D线上云长廊”的设计概念（图3-9、图3-10）。在这一概念中，“线上观展”行为是叙事的核心线索，围绕这一行为本身，设计团队摒弃了线下博物馆的环境与空间要素，着重于人与移动设备交互体验性的线上展览模式的创新。为了达到这一目标，设计团队将虚拟展览的空间作了平面处理和视错觉布局，将每一个系别和类型的作品以线性线索串联起来，形成一个展示长廊。用户在移动设备上只需通过简单的左右滑动就可以实现自由观展，使“线上观展”这一行为的体验感得到极大的提升。

图3-9 清华大学美术学院2.5D线上云长廊毕业展
（图片来源：来源于网络）

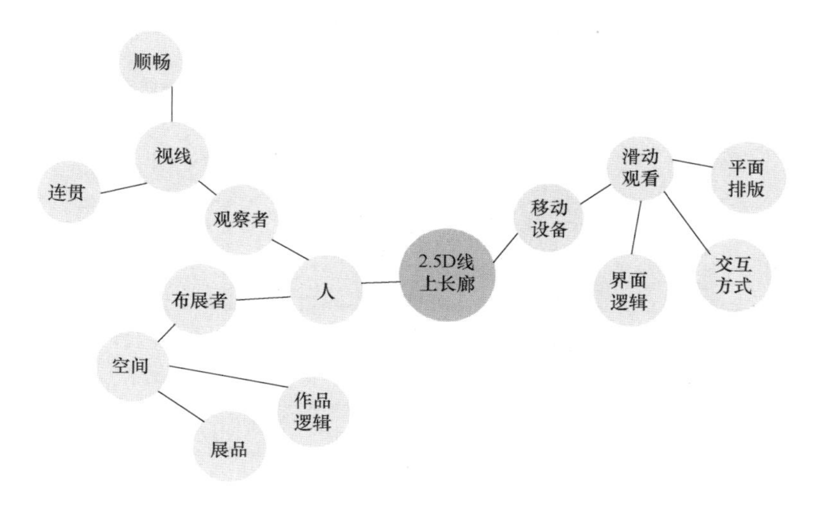

图3-10 2.5D线上云长廊毕业展的叙事拓扑图
（图片来源：编者自绘）

从上述介绍可以看出，在叙事文本的三要素中，以任一要素作为中心出发完成完整的叙事线时，其余要素作为辅助要素服务于中心要素，并产生相互影响。人物要素可以产生环境要素与行为要素、环境要素可以影响行为要素、行为要素能够决定环境要素与人物特征。在以叙事要素构建叙事线时，应厘清三者之间的关系，恰当运用诸要素之间的相互关联完成叙事（图3-11）。

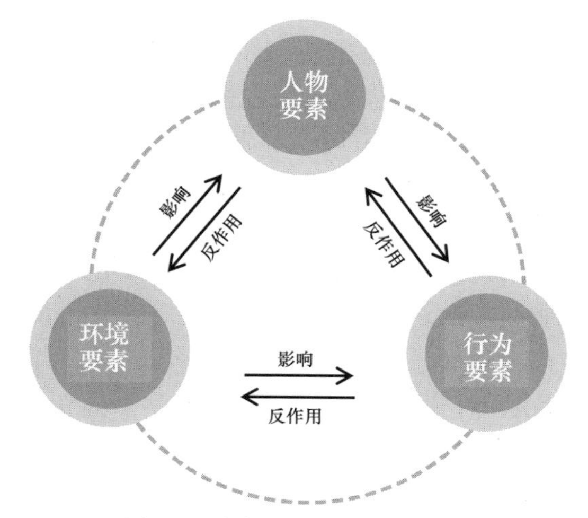

图3-11 叙事三要素间的关联性
（图片来源：编者自绘）

（2）叙事线构建的叙事方式

叙事由每一个叙事情节组成，要组建完整的主题叙事，就需要将主题的每一个叙事情节以恰当的方式连接起来，组成叙事线的逻辑关系。虚拟环境艺术设计的类型和需求不同，叙事方式选择也必然有所区别和侧重。叙事方式决定叙事内容的发展方向，依据不同的叙事发展，本文将叙事方式总结为平行叙事、交叉叙事、树状叙事与多点向心叙事四种不同方式。

平行叙事方式　平行叙事方式的每条叙事线索呈线性发展，叙事逻辑简洁清晰而易于理解。每条线索下的叙事要素具有同一性，且相互并列，每条叙事线也能够并列存在（图 3-12）。平行叙事方式十分直观，因而适用于虚拟展陈设计的应用。前文所述的清华大学美术学院线上展览的设计，正是典型的虚拟环境艺术设计中的平行叙事方式。

交叉叙事方式（图 3-13）　交叉叙事方式的叙事线在平行叙事的基础之上，不同的叙事线会在某一时刻或节点发生相交，从而产生叙事编排制造的“冲突”，推动复杂的叙事情节或故事发生。交叉叙事的方式制造了叙事节奏的起伏，能够满足用户对于趣味、探索、竞争和对抗等心理的需求。例如，《红色警戒》游戏中，每个玩家可以在前期处于平行叙事的安排下，独立建造和发展自己的阵地，当玩家的武器、装备、兵力达到一定水平时，便可以向对立方的其他玩家发动进攻，从而破坏、占领和消灭对方的阵地，取得游戏的胜利。这一类型的叙事设计，在游戏中能够将玩家的探索与竞争意识充分调动，获得极大的精神满足。

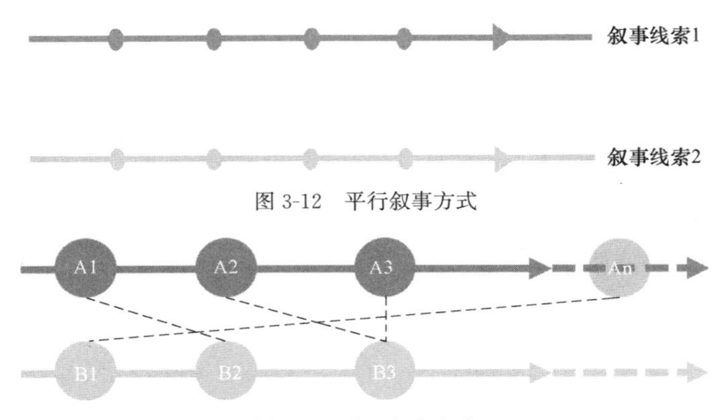

图 3-12　平行叙事方式

图 3-13　交叉叙事方式
（图片来源：编者自绘）

树状叙事方式（图 3-14）　树状式的叙事方式是以一个叙事要素作为核心展开多重叙事线，每个叙事线可以独立发展，也可以与其他故事线产生关联。这种叙事方式使叙事线索的发展脉络变得丰富多样，每一个分支的叙事线可以进行不断地延展，呈现裂变式的叙事分支增长。树状叙事方式的可创造性强，每一个叙事分支都可以进行不断地创新与设计，最终形成一个可以持续发展的系列故事。例如网络游戏《梦幻西游》的剧情设计，开发团队就使用了树状叙事这一叙事方式设计剧情：《梦幻西游》以经典神话名著《西游记》为故事背景，剧情叙事的核心要素是玩家选择的游戏角色，按照任务的性质和玩家的等级，剧情呈现了树状的发展模式，分别为主角剧情、称谓剧情、地图剧情、飞升剧情和新门派剧情。这些剧情在任务上分

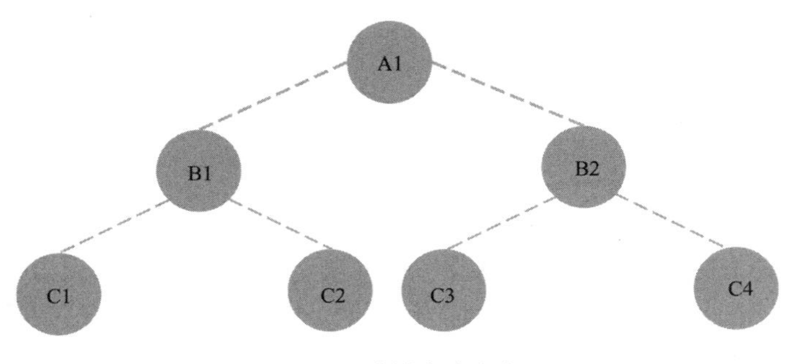

图 3-14　树状叙事方式
（图片来源：编者自绘）

别独立，但都与西游神话主题背景紧密关联，环环相扣，逐步深入。随着游戏的进行，玩家不仅可以获得游戏中打怪升级模式的虚拟成长体验，还能伴随剧情发展逐渐与游戏角色和故事情节产生共情，获得如阅读小说一般的情感释放和价值认同。

多点向心叙事方式（图 3-15） 多点向心的叙事方式是以某一目标为中心，叙事人物、人物行为等多要素不断向中心靠拢的叙事方式。在多点向心叙事中，核心行为是叙事的中心和最终目标，叙事描写的诸要素通过不同叙事线的努力，最终抵达最终目标。这类叙事的呈现面貌往往在起始阶段有复杂的事件和人物关系，这些事件和人物往往不全部具备关联，随着故事情节发展而逐渐走向叙事中心。例如灾难电影《后天》和《2012》的叙事方式就是多点向心的叙事方式，电影开端的角色众多，存在多组人物关系，并且场景转换迅速，镜头节奏快。随着故事推进，灾难的发生使各组人物产生不同的情节与遭遇，开始向共同的目标——救赎和逃亡的共同主题靠近。这类叙事方式应用在电影中，呈现出叙事节奏由快至慢、叙事内容由复杂至统一、叙事情感由多重到一致的风格，使观众从最初宏大的故事情节铺设慢慢走向情感的激发和共鸣。

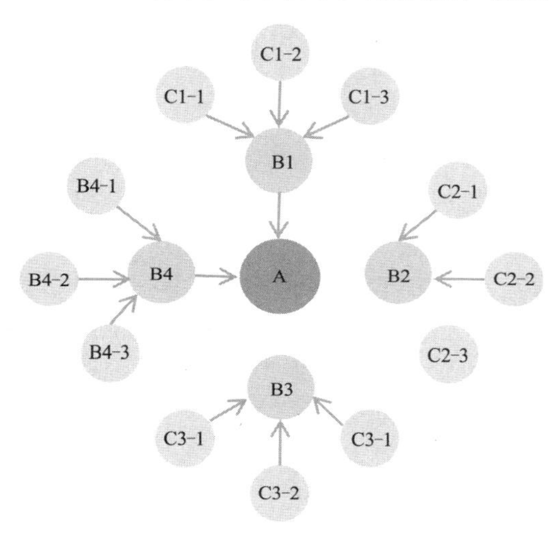

图 3-15 多点向心叙事方式
（图片来源：编者自绘）

通过上述叙事方式的介绍与分析，能够看到虽然叙事题材、叙事方式各不相同，但其内在的叙事逻辑与关键点都保持一致。即以某一叙事要素为叙事中心点，通过与其他要素建立联系，形成“点线面”统一在一起的叙事线。因此，在叙事文本书写阶段，确立叙事中心，以合适的叙事方式将叙事的辅助要素与叙事中心连接成为整体，是叙事文本的创作核心技巧。

（3）叙事场景构建

叙事场景构建的前提是叙事线的建立。前文分析的叙事要素与叙事方式是建立叙事线，完成叙事文本的方法。在虚拟环境艺术设计中，依据叙事线，叙事场景围绕叙事中心展开，具有多层次性。基于

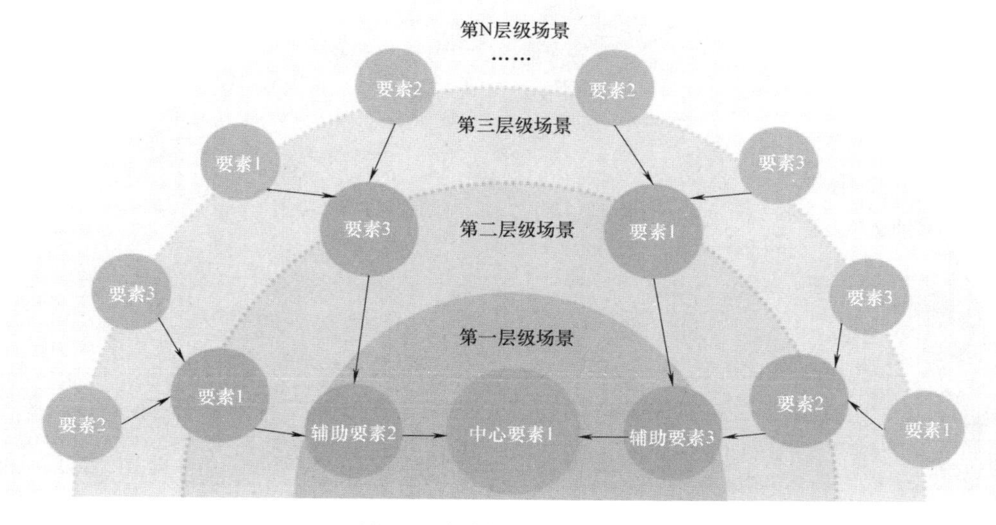

图 3-16 叙事场景层级模型
（图片来源：编者自绘）

叙事基本要素“人物”“环境”“行为”，在构建复杂多层级的叙事场景时，其基本原理大致如下：在选定叙事中心要素作为叙事线索后，其余要素作为影响要素围绕中心要素展开，构建叙事场景，成为叙事场景的第一层次；若继续进行更多层级的场景构建时，则以影响要素为中心要素，其余要素围绕新的中心要素构建场景，并以此类推。在多层级叙事场景构建时，不同层级的要素都会产生相互影响与关联，并同时服务最初的中心要素，形成中心明确，多层级紧密关联的裂变发展与聚变向心的叙事场景层级模型（图 3-16）。

叙事场景层级模型的构建是将叙事线逻辑应用在叙事场景构建中，为设计团队在操作具体虚拟环境艺术设计项目时提供场景构建的思维模型工具。

3.3 主题的转译

从上述“主题设定”环节完成的成果为一个主题叙事文本，它是一种时间性的媒介形式，接下来我们需要进入虚拟环境艺术设计的第二个环节——“主题的转译”，即如何将相对抽象的叙事文本转化成较为具象的环境叙事语言，我们也由此从文本叙事进入知觉叙事。环境叙事语言的叙事性同样包括叙事主体（设计师）、叙事文本（环境信息编码）、叙事接受（环境信息解码）三个方面。因此主题的转译也需要以此为依据展开工作。

3.3.1 转译的过程

文字转换为环境叙事的过程划分为转换、架构、解读三个环节：

（1）“转换”对应叙事的开端，是根据文字描述的时间模式选择最具表现力图像的阶段；

（2）“架构”对应叙事的发展，此阶段突出叙事主题表现图像的典型特征，形成视觉叙事的基本结构并获得叙事功能；

（3）“解读”对应叙事的结局，结局意味主题意义的呈现，包含了读者、观众对转换图像的解读。

从叙事主体的主观动机，到以空间性图像形式对应叙事基本结构，从而推动叙事的发展，在场者对形式转换效果和叙事意义的期待，又形成了新的形式转换的开始。三个环节形成了环境叙事转换的双重结构，强调了叙事接受者的反作用，是一种从主题描述到图像形式转换再到意义期待与表达的动态过程（图 3-17）。

信息传播应具备五个要素，即传播者、信息、媒介、受传者、效果。其传播过程表现为：首先由传播者对信息源进行

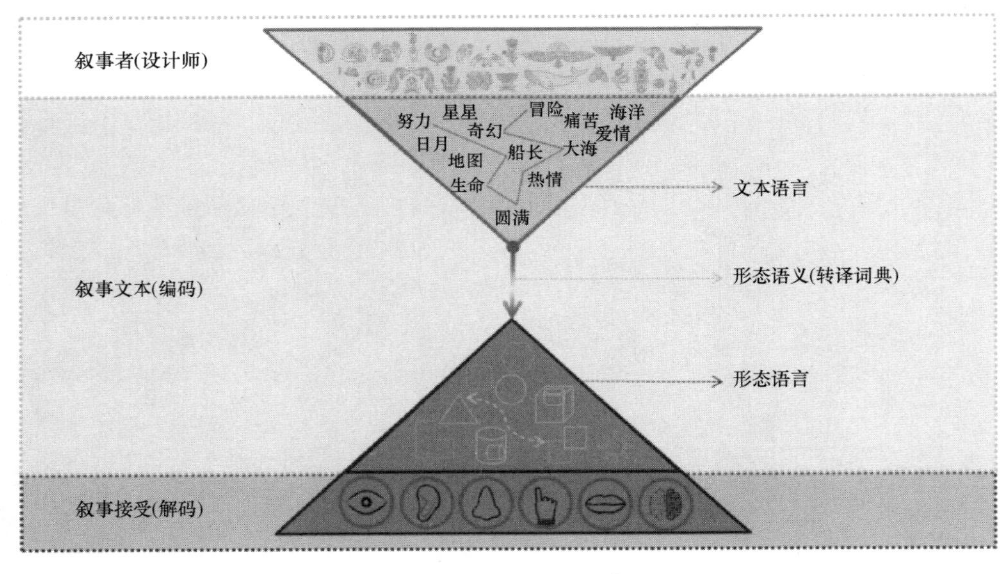

图 3-17 叙事转译流程示意图

（图片来源：编者自绘）

编码加工，形成信息编码（图形），通过媒介发送、传播，然后受传者解释编码，产生信息，最后是对信息传播效果的评估，产生反馈，形成一个循环性传播模式。在信息传播模式中存在编码和解码的环节，这两个环节对于图形的视觉传播来说，便是设计师设计图形和观赏者解读图形的过程，即意义表达和意义接受的过程，而图形便是用于意义表达和接受的代码符号。图形作为一种视觉传播的语言，其本质的功能应是传播信息。图形是否能有效而准确地传播信息的关键就在于意义的表达和理解。根据图形与意义的结合方式以及信息传播的原理，我们可以将意义形成的过程分为“表意”和“释意”两个阶段。“表意”是图形设计师希望图形表达的意义，是从传播者角度考虑的一种主动、积极行为。在此阶段应考虑这几方面的因素：

第一，分析理解信源。设计师在设计图形之前，要深入分析信源的本质含义，也就是弄明白要表达什么。

第二，合适的图形语言。寻找并运用最恰当的图形语言形态表现信源的本质含义。

第三，媒介因素。指的是各种媒介的特点以及媒介所处的环境，对图形在表现上的制约作用。

第四，受传者因素。主要指的是关于受传者的社会群体性质，如职业特性、兴趣爱好、文化修养、社会环境等。

“释意”是受传者看到图形后产生的理解和认识，是受传者在图形中获得的意义，这里的意义可能与传播者的本意一致，也可能部分或完全不一致。影响“表意”与“释意”在意义上是否达成一致的主要因素有：

第一，媒体环境。指的是受传者与媒体接触的情境，如能否接触到以及接触的态度等。

第二，解读能力。在视觉传播中体现为受传者的读图能力、文化背景等。

3.3.2 转译的路径

环境叙事以某种人的知觉形式为媒介，将文字所言之事可感知化，表现为图形、图像、影像、声音等。环境叙事中的要素不同于文字叙事要素的人物、场景、情节，而是表现为形态、材料、光影、材质、肌理、色彩、温度、声音、路径、界面、功能等。环境叙事语言不同于文字、言语基于时间条件下的展开叙述，而是形式要素与材料媒介在空间中的综合性构成，是艺术家、设计师表现事件主题、过程、意义并实现某种形式创造的工具，表现为一种空间性的媒介形式。通过虚拟环境艺术设计流程我们可以看到，形式语言存在于形态与色彩的视觉感知中，存在于空间转换的感性触摸中，存在于功能体验的使用价值中，同样具有叙事性与互动性。就环境叙事的语言系统而言，是由主题、语义、句法三部分组成的。

首先要确定空间的主题，它是整合空间氛围的灵魂。比如以“交流”为概念的通信产品展示等。其次是语义系统，其包括“能指”和“所指”两个层面的语义：一是指物质形态、功能、结构、活动事件等；二是指隐含的主题内容、象征意义等。再者，需要句法、语法系统，表现为一种逻辑性。比如空间的秩序，情节的关联等。

环境叙事语言的叙事性表现，是把基于时间条件下的文字叙事，转换成环境空间条件下的各知觉形式语言叙事，是一种空间的时间化过程。叙事主体从思维的观念形式转换为主题性的知觉形式表达，涉及一系列时空转换的问题，需要将原有叙事文本主题的叙事性特征在不同时空维度中进行延伸和转化，首先是形式语言本身能够体现与主题相对应的形式结构与表现性要素；其次是表现出符合一定语境的意义解释，具体体现在以下四个方面。

（1）修辞方法　形式语言自身的叙事语境一方面能够与社会语境相融合，另一方面还可以借鉴叙事性的修辞方法，如倒序、插叙、象征、隐喻等。

（2）叙事技巧　当代意识流、碎片与拼贴、戏仿与反讽、变形与魔幻、互文性与陌生化等一系列叙事性技巧，给了设计师们以极大的启示。

（3）表现手法　抽象、局部化、置换、挪用、镜像、同构、涂鸦、透明性、材料拼贴、数码拟像、互动影像等形式语言的表现手法，赋予叙事性设计以更为多样的创新策略和艺术感染力，强化了形式语境与叙事语境的融合，作为叙事主体的设计师与作为叙事接受者的观众、阅读者能够在主题语境下交流互动，最终实现叙事意义的有效传达。

（4）感知媒介　充分运用人的视觉、听觉、触觉、味觉、嗅觉等感知作为环境叙事的媒介，成为叙事接受者感知叙事主题和文本内容的主题，要充分利用和挖掘人的知觉特征，增加环境叙事的多种可能。

作为叙事主体的设计师，在通过不同视觉形式解决设计问题的同时，形式语言的叙事性有了多元表现。

城市设计的叙事性将城市看成一部集体记忆的故事书，以多样性的社会事件为线索，揭示城市故事与空间区域的多重关系，在不同时空维度的叙事要素形式转化中，突出自然环境与人工环境的共生结合（图 3-18）。

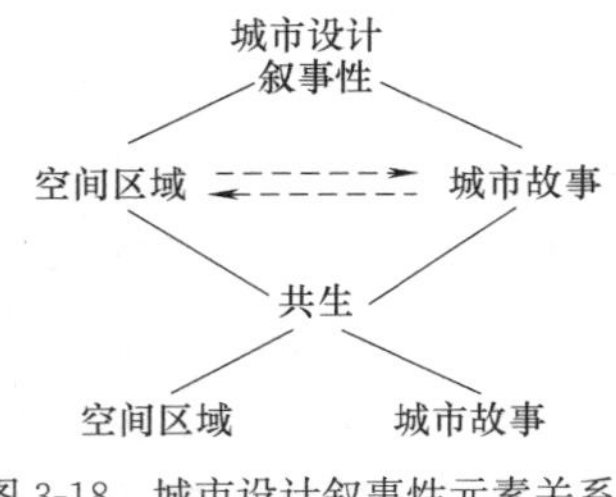

图 3-18　城市设计叙事性元素关系图
（图片来源：编者自绘）

景观叙事性设计强调地域环境与历史文脉主题的表达。设计师通过编码、序列、倒叙、插叙等手法，将叙事情节与场所空间相互叠化、编织、融合，在地形塑造与形态组织中，加强景观叙事载体的符号化处理，以“情境代入”与“主题述说”的方式，使景观空间的用户共同参与对叙事主题的意义诠释，提升场所空间的文化品质（图 3-19）。

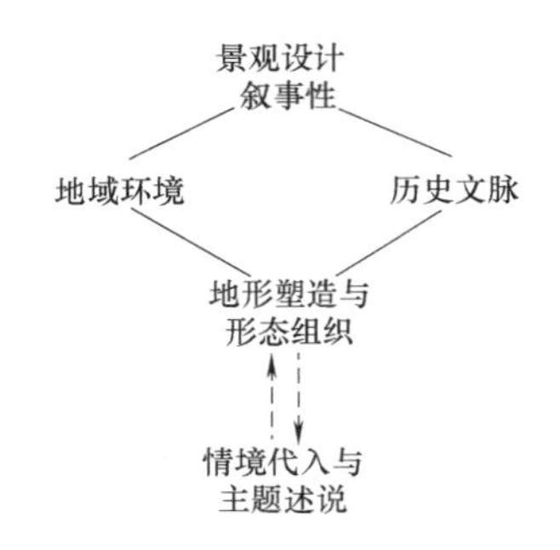

图 3-19　景观设计叙事性元素关系图
（图片来源：编者自绘）

公共艺术叙事性设计以多元形态、开放空间、互动事件为特征，寻求社会公共语境下叙事意义传播的最大化。叙事主题既有纪念性的宏大历史事件，也有表现地域性的个人观念与公众事件等。整体性的媒介转换与公共空间设计，在彰显城市精神与地域风貌的同时，增强了更多“阅读者”参与空间体验的互动性（图 3-20）。

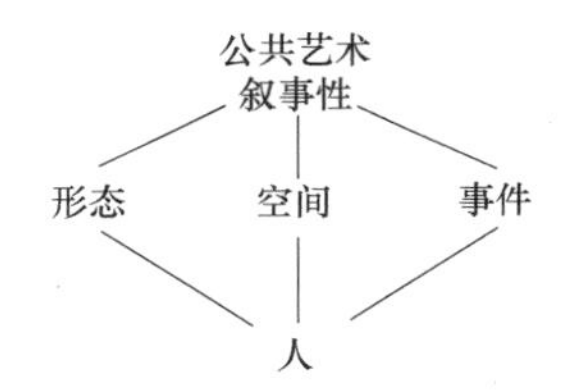

图 3-20　公共艺术叙事性元素关系图
（图片来源：编者自绘）

视觉传达设计的叙事性集中表现了视觉叙事的典型特征，相关概念信息作为叙事主题转化为字体、图形、图表、图像、交互影像等设计形式，信息接受者多元的解读再现了新媒介跨界交叉的体验性模式（图 3-21）。

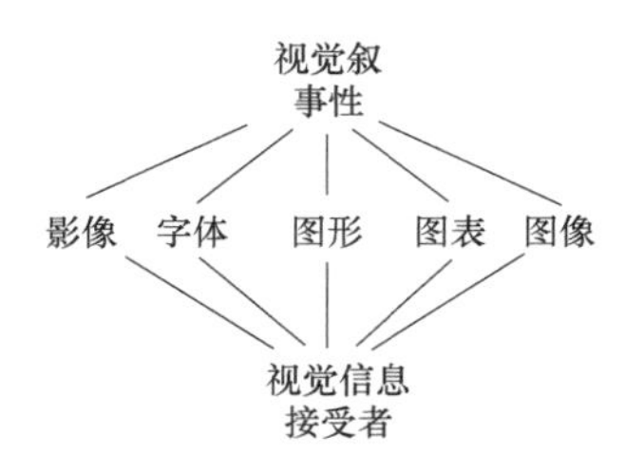

图 3-21　视觉叙事性元素关系图
（图片来源：编者自绘）

3.3.3 转译的方法

（1）关键词转译

当文字线索以一种有意义的状态进入到虚拟环境艺术设计系统中时，必然要经历一个转换的过程，而且这种转换不仅限于由书本到图形等形式之间的转换，还涉及意识、概念、思想的转换。因此，这个转换的过程是普通叙事性文字融入一个图像系统的再生过程。其中，由于涉及的关系不同，因而具体的设计转换要点也不同，应该因事而异，采用不同设计手法。

首先，普通叙事性文字可以被分为两个意义层次：外延和内涵。最易于被人们理解和接受的层次是外延层次。这个层次主要是由文字信息所传达的一些显性因素组成，如可以直接传递具象信息的文字描述，包含物品面貌的描摹、空间形象的叙述等。人们在解读这一层次的意义时，通过对文字直接的视觉概况和转化就可以很好的呈现文本内容。比如，周先慎先生在《明清小说》中将《红楼梦》的语言风格归纳为“朴素自然、明快流畅、含蓄深厚”，认为作者很少用夸张的语言，华丽的辞藻，却能在普通中寓深刻，于平淡中见神奇。那令人如闻其声的人物对话、有如见其人其景的工笔细描，以及如临其境般的时空叙述，都是雪芹先生之所以能颠倒世人认知的高明之处。后人也能够从文本细节的描述中进行直接提取，创作出精彩的图像绘本（图 3-22）。

图 3-22　红楼梦小说的场景绘本

（图片来源：来源于网络）

文本叙事性的另一个层次是内涵层次，与外延层次相比，内涵是一种间接的深层的联想，是从文字信息中提取其表达的哲学思想、自然观、文化审美意识、价值观等抽象的理念。要将这些没有具象形式支撑的，需要靠体验、顿悟、联想来完成解读过程的抽象概念表达出来时，就必须借助更多的象征形态、图形画面来进行表达。比如，传统的自然观可以源于老子关于万事万物的解释：“道生一，一生二，二生三，三生万物。”从自然观的产生开始，它对中国人的意识形态就产生了极大的影响。天人合一的思想对于中国人来说不仅是一种意识形态，更是一种生存状态，达到天人合一的境界需要心无旁骛达到与自然环境相融合的忘我境界。世上万物都有着潜移默化的联系，我们应该站在一个宏观的角度看待问题，用一种更宏观的视角去看待事物的发展。传统的自然观能帮助我们深入的理解人与自然在古代的关系，可以更好地分析环境设计的形式与空间布局隐含的意义。就如中国传统园林艺术通过对时间和空间整体辩证的把握，将空间时间化，形成空间意境、空间意象和空间变化，超越时间的屏障而进入深邃的境界，追求传动思想中道法自然的思想，追求“虽由人作，宛自天开”的自然观念（图 3-23、表 3-1）。

图 3-23　苏州园林代表：网师园

（图片来源：来源于网络）

叙事性文字的层次　　表 3-1

传统原型层次	原型内容	转换形式	理解途径	转换途径	设计方法
外延层次	具有特定表征的具象文化符号，如传统的建筑符号、装饰纹样等	物-物	以视觉为主	具象形式	引用、重构、简化、装饰等
内涵层次	传统文化中的哲学思想、审美意识、自然观等	思想-物	体验、联想、参悟等多种感受结合	抽象象征	隐喻、指代等

（2）修辞转译

对文本的转译实质是一种“文以载道”的创作过程，也是“以形表意”的过程。在这个过程中，设计者的目标是明确的，是用一种设计手法向特定目标转化的过程。在这个过程中，设计者的概念思考都被溶解于抽象的形式符号或者具象的图形画面之中，欣赏者对设计信息的解读首先是建立在直觉感知的基础上，而后再由直觉感知经验引发联想、想象，从而上升到概念思考。一般来讲，直接、模拟、抽象、隐喻、象征是最常见的图形转化表达方法。这些图形艺术手法在转译过程中可以正确诠释环境主题的内涵，并且对主题文化的精髓加以凝练和提升。

直接是指那些没有经过任何艺术处理，不需要任何媒介，直观清晰地呈现给用户的一种表达方式。例如在叙述历史事件、民间节日习俗和地方传统时，往往采用直接叙述手法，以客观直接的图像呈现主题，或者呈现出能够表明主题的相关元素，从而构成空间的主角。如腾讯游戏王者荣耀在七夕节推出的七夕活动海报中就直接用“金风玉露，锦绣七夕”点明主题，并配合其新推出的虚拟皮肤产品进行推广（图 3-24）。

图 3-24　王者荣耀七夕宣传图
（图片来源：来源于网络）

模拟是用形象的方式展现客观现实的状态，与原始事物的联系非常直接。例如在展陈场地设计中，对于出土文物的模拟、历史场景的再现、著名图画的动态表达等往往都采取这一表现形式实现（图 3-25）。另外，模拟现实类的游戏也大受追捧，例如 Mojang AB 公司于 2009 年出品的游戏《我的世界》（Minecraft）（图 3-26），该游戏最大的特色在于它是一款开放式的沙盒类游戏，其中没有既定的游戏目标，玩家可以在高度自由的三维虚拟世界中通过创造和破坏方块的方式，打造精美的建筑物，制造使用品和艺术品，创造属于自己的小小世界，并形成自己专属的游戏玩法。该游戏以方块的形式对现实世界中的生物、环境、材质等方面进行像素化的模拟，为玩家创造出一个新奇又富有想象力的虚拟世界。

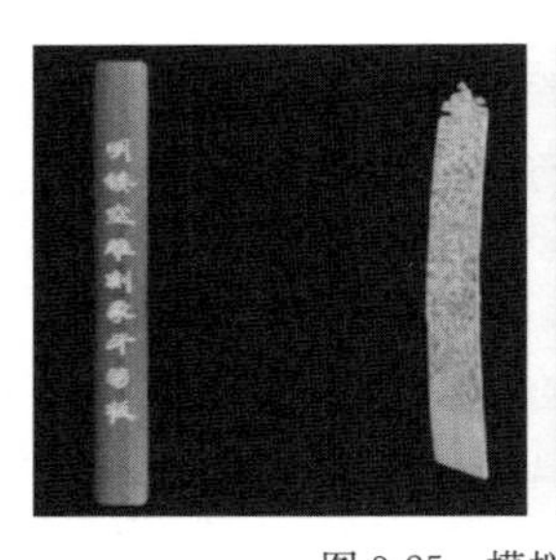

图 3-25　模拟文物参考图
（图片来源：来源于网络）

图 3-26　游戏《我的世界》
（图片来源：来源于网络）

抽象是将事物最本质的部分提炼加工，形成各种符号或片段，以表达主题意境的一种艺术形式。文字经过图形的抽象处理后，可以使深刻、复杂的东西变得更加生动简洁，易于理解。例如，电影《星际穿越》中对于五维空间这一超越人类时空普遍认知的概念，就运用了抽象化的办法进行了图像化的表现（图 3-27）。

图 3-27　电影《星际穿越》中五维空间示意图
（图片来源：来源于网络）

隐喻通常借助某种情感语言的物质属性，或人们赋予物质的不同文化场所的精神内容和特征，使想表达的概念有直观的效果，从而使人们能够与场所的精神进行对话，达成共鸣。在实现方式上，常借助材质、空间体量、色彩、光线序列等“虚体”来表现某一主题。例如，在基督教的教堂建造中，对于空间高度的追求，隐喻着宗教的神圣性和人们对于神的向往与神性的追求。在封建宫室的营建中，狭长而高耸的甬道、遮挡人们视线的高墙则隐喻着权力的秩序感（图 3-28）。

这种隐喻的方式在丹尼尔·里伯斯金设计的柏林犹太人博物馆中体现得淋漓尽致。其设计符号叙事性强烈，各种符号与主题性的指称对象密切关联：博物馆的入口要深入地下部分方可进入，如同一种规约符的隐喻作用，指向犹太人与德国历史深厚复杂的联系。从博物馆平面不规则的折线走向，到嵌刻在建筑体上断裂破碎的线型窗户，都如同像似符的作用指涉犹太教的传统标志图形，时刻揭示着这个空间语境的属性（图 3-29）。大屠杀纪念塔高达 27m，里面伸手不见五指。唯一的光线从顶上一道裂缝渗透进来，显现地面上的纪念性艺术装置。纪念馆外“逃亡花园”里 49 根高大的混凝土方柱矩阵，安置于倾斜的地面上，且仅供一人通过。对于设计师精心设置的这些叙事性设计符号，身临其境的观众在参观解读中，共同完成了设计符号叙事意义的传播：馆内曲折回旋的线路斗折蛇行、忽明忽暗，处处是层次与空间的对比，参观的心情也随之此起彼伏。顺着墙上具有导向性的斜窗往往会走入没有出口的闭合空间，只能折向返回，一种内向性空间的压迫力始终伴随（图 3-30）。空无一物的虚空间里，可以思考、伤感、哭泣，暂时隔绝其他空间的纷扰又往往瞬间转逝（图 3-31）。进入馆外的混凝土矩阵，狭小的柱间使视听受限，柱顶的植物可望而不可即，只能感受到有迷失感的十字形错位空间，倾斜的地面仿佛催促着逃生的方向。在如此众多精心构筑的符号语境中，互相指涉与关联叠加的叙事性意义强烈，犹太人苦难历史事件的深刻主题被不断地诉说（图 3-32）。

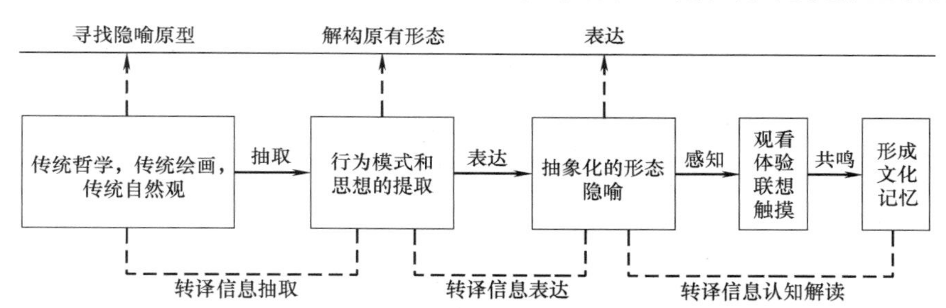

图 3-28　概念隐喻转移过程示意图
（图片来源：来源于网络）

象征是指通过对事物的外在特征或内在含义的概括总结，转化为形象具体的图

图 3-29　柏林犹太人纪念馆简化平面图
（图片来源：来源于网络）

图 3-30　柏林犹太人纪念馆
（图片来源：来源于网络）

图 3-31　柏林犹太人纪念馆
（图片来源：来源于网络）

像或空间的表现手法。象征手法可以使抽象的概念具体化、形象化，使复杂深刻的事物简单化、大众化，还可以延伸内涵，创造出一种独特的艺术意境，激发人们的想象力，拓展想象空间，增强作品的表现力、冲击力和艺术效果。例如，人类早期文明中，原始人类为祈求家族兴旺所绘制的

图 3-32　柏林犹太人博物馆
（图片来源：来源于网络）

图腾，乃至当今世界各个国家国旗形象的创作、不同企业标识的设计等，大多都运用了象征的表现方式，对丰富多义的内涵进行了恰当而准确的简洁表达（图 3-33）。

修辞译是事态语义学的具体运用方法之一，上述五种方法仅为示意说明，详见本章附录。

图 3-33　楚文化图腾
（图片来源：来源于网络）

（3）材质转译

在谈论具体的图像化呈现时，避不开形、色、质的体现。任何事物的发展与演变都脱离不开时间和空间的影响，材料也

是如此。从某种程度来说，时间和空间是人与材料之间的媒介。从时间的角度出发，任何一个历史时期，都有与之社会经济相适应的材料出现。如中国古代长期以木材作为建筑结构的主要材料，而发展到现代，建筑的主体材料都已经被钢筋混凝土替代，因而材料是具有时间性的。同时，材料本身在经历过时间的洗礼之后，也会散发出一种天然的古朴之感，这种古朴的气质也是一种时间性的体现。如饱经风霜后的历史建筑，散发出一种历史的气息，这种历史气息不仅是形式本身，也包括材料外表所承载的岁月的印痕。

建筑师王澍充分利用了材料的这一特性，2006 年在威尼斯双年展中，通过收集而来的 6 万片旧瓦营造出了一个具有中国文化古韵的“瓦园”，这个作品形式语言具有现代性，但其中却传递出了具有中国古典韵味和营造氛围的精神。作品中散发的人文特质如果没有这些具有历史痕迹的瓦片润色，想必会大打折扣。这个作品之后，王澍又在宁波博物馆的设计中再次发挥了材料的人文特质，建筑的外墙以宁波旧城改造所遗留下来的青砖、瓦片、缸片等为材料，通过“瓦爿墙”的形式构建，这些带有历史印记的建筑材料变为了文化的载体，诉说着宁波的历史。另外在“瓦园”的设计中，他建造的这个占地 $800m^2$ 且浮在地面之上的构筑物，基本是以平面的形式铺展于地面之上，稍有曲折高低的变化，表皮以灰瓦铺成，人可以沿着竹桥在上面行走，整体的空间形式也是一种对五代董源《溪岸图》中“水意”的隐喻表达（图 3-34）。

从材料的空间性来说，因地制宜，就地取材是设计工作中奉行已久的传统；特殊的材料出现在特殊的区域，材料的这种物质属性决定了其对场所记忆的唤起，这种记忆的唤起有着深深的人文色彩。传统的地域建筑中，材料多以源于自然的竹、草、木、石、土和人工烧制的砖、瓦为主，这些材料与形式一同构成了空间内的人文特质。很多当代的设计师充分的利用材料的地方性，反映地域特色和传统。李晓东所设计的玉湖完小被美国环境设计研究会评为 2004 年最佳设计，这一作品通过当地材料与传统院落式布局的有机结合，完美地融入了周围的环境之中（图 3-35）。上述的材质转译尽管发生在现实营造之中，在虚拟的环境艺术设计中也是可以同样应用的。

图 3-34　瓦园
（图片来源：来源于网络）

“玉湖完小获评审团的青睐是因其精美的设计运用当代建筑实践巧妙地诠释了传统建筑环境。其对地方材料的大胆运用及极富创意的演绎乡土建造技术不仅创造出一个具有震撼力的形式，也把可持续建造设计推进了一步。”（UNESCO 联合国教科文组织亚太地区文化遗产奖评审团评语）

图 3-35　玉湖完小
（图片来源：来源于网络）

（4）色彩转译

色彩是我们对事物的第一视觉印象，是空间的重要特征之一。色彩的使用会对人产生不同的影响，这些影响首先来自视觉。色彩是富有感情特征的，不同的色彩倾向对人产生的生理或心理上的影响程度也亦不同。色彩的美学价值有目共睹，它不仅可以唤起人们的各种心理变化：包括热烈、喜悦、高贵、典雅、华丽、沉着、冷静、悲伤等，还能够引起人们对大小、前后、轻重、冷暖的心理影响。完美的配色能够打动人心，与人们的情绪产生共鸣。

如地中海的建筑色彩以白色为主，给人以清凉的感受，这种感受与当地的气候有着直接的联系；同样，中国南方的民居也大多都以白色调为主，也是出于地理原因所产生的。在面对这种源于环境而产生的空间色彩时，人们不会有奇异感，审美体验是舒适的，解读起来也很容易。而文化属性是人类长期积累的基础上所产生的异于自然的特有属性，因而在此基础上所产生的空间色彩必须具备特定的文化背景才能理解。中国古代《礼记》中所记："楹，天子丹，诸侯黝，大夫黄主。"以此为据，后来的皇家建筑都以黄色琉璃瓦作为屋顶，以示皇权。而在北京天坛的祈年殿和黄穹宇的屋顶修建中，使用的是蓝色琉璃瓦，因为建筑的性质是用来祭天的，所以通过蓝色来象征天。影响这些空间色彩产生的本源并不都是自然环境，也有出于文化的象征性。因而我们在空间色彩的转译中可以从这两个方面入手，来达到突破。南京南站在色彩的设计中，以皇室文化中以"黄"为尊的文化作为审美信息，与现代材料相结合，从而确定了以香槟金为主色调的色彩方案。从文化的角度诠释了南京地区在历史上的重要地位。而在苏州火车站的色彩设计中，设计者以苏州民居为切入点，从白墙灰瓦的传统民居意向中提炼出白色与灰色两种色彩审美信息，外加代表木构的栗色。将白色、灰色、栗色作为苏州火车站的主要色调，从而准确的传递出了地域性审美信息，达到了与苏州传统城市肌理相融合的效果（图 3-36）。

图 3-36　苏州火车站
（图片来源：来源于网络）

色彩转译主要从两方面进行，一是作为叙述视角的色彩转译，主要是立足于叙事主题，利用色彩知觉心理及象征意义，选取某种切合于该主题的色彩作为隐性叙述视角来进行叙事转译。二是作为时空要素的色彩转译，利用色彩的心理知觉来进行叙事时空结构的改变设计，这里所说的叙事时空结构的改变主要是存在于色彩心理上的改变。在文本转译为图像和空间的过程中，对色彩的选择和设计是非常关键的部分。需要注意的是，色彩的搭配不是公式，没有固定的格式或规律，它是前人的经验总结，因此在应用时需要综合考虑，切忌生硬模仿和套用。

（5）符号转译

俞孔坚教授认为，"景观中的基本名词是石头、水、植物、动物和人工构筑物，它们的形态、颜色、线条和质地是形容词和状语，这些元素在空间上的不同组合，便构成了句子、文章和充满意味的书，一本关于自然的书，关于这个地方的书，以及关于景观中的人的书。"类比景观设计，虚拟环境艺术设计中"词"亦为最小的单位符号，其由"词形"（形式）和"词义"（意义）两部分构成。在虚拟环境艺术设计过程中，载体是图形符号向空间形式转译的基础，由文本转化形成的图形符号需要借助如水、树木、石头、人造构筑物等各种实体作为其空间载体，构成一定的空间形式，从而传达出相应的主题意义。

在虚拟环境艺术设计中，具象性图形符号与抽象性图形符号在空间中的转译可以采取不同表达方式。对于具象性的图形符号来说，包括图形符号的引用、图形符号的解构与重组等空间转译方式。而对抽象性符号来说则包含图形符号的立体几何化抽象、图形符号的重复与组合，以及图形符号的加减法处理等空间转译方式。

图形符号的引用 一方面可以对现实中或历史上的具象事物（如建筑局部或空间元素等）进行形式上的加工创造从而形成新的形态，另一方面也可以从其他的艺术形式中提取相应的形态，如自然形式、生物形式、人的行为活动等。例如，在北京前门大街的景观设计中，路灯被鸟笼形态替换，表达着北京的传统生活情境（图3-37）。这就是在空间中对具象图形符号的直接引用。当然需要指出的是这种引用并不是对形式的直接复制，而是要按照设计的需求在空间中对造型、比例、尺度、色彩、材质等进行重新的诠释。

图 3-37 北京前门大街路灯设计
（图片来源：来源于网络）

图形符号的解构与重组 对于部分具象图形符号来说，除了直接引用之外，还可以通过对具象图形符号进行解构与重构的方式进行图像符号与空间形式的转译。解构指的是对传统的或已有的形式提出异议，它并不是单纯地破坏或摧毁，而是以一种更为复杂的建构作为基本前提，然后从已经存在的结构中解放出来，建立一种更为自由的组合模式。换句话说，解构的过程其实就是打破秩序进行重新建构。

应用在虚拟环境艺术设计的过程中，首先把一个完整的图形或空间分解成若干部分，然后分别对每个部分进行提炼与变形，最终再将这些部分进行重新组合。这种方法能够令设计师从不同的角度来分析与观察事物，从而抓住其内部特征，令他们能够从原有形态里重新提取元素，并重新组合成新的形态。值得注意的是，在提炼环节中，应从打散后的各个部分里选择既具有原型特点又具有美感的形态作为基本元素；而在最后的重构阶段，按照美学的相关法则重新组合出的新形态，应尽量保留原始图形或事物中的关键性特征。弗兰克·盖里被誉为“解构主义建筑之父”，一生中的标志性建筑设计不胜枚举，他的代表性作品脑部康复中心就是一个很好的解构例证（图 3-38）。

图 3-38 脑部康复中心，拉斯维加斯，2010
（图片来源：来源于网络）

图形符号的立体几何化抽象 苏珊格朗认为，符号之所以可以将意义表达出来并且易于被接受，在于其形式总是简单易懂的，相比较于生活的复杂性，艺术总是抽象于生活。抽象是通过对客观物象的提炼、简化、加工，形成比原有物象更加概括、凝缩、典型的新形态。图形符号作为抽象之后的形态，其本身就具有多元的含义。而在空间转译的过程中，图形符号以立体化、几何化的方式在空间中完成了进一步的抽象，从而令主题概念在空间中得以呈现。例如，建筑师李兴钢在他早期的两个装置艺术“乐高 1 号”和“乐高 2 号”中，通过对中国传统园林太湖石“瘦、皱、漏、透”的审美评判进行几何化的表达，将之转换为建筑空间形态，并以“瘦漏透皱”命名，展现了对传统的一种新的探索（图 3-39）。

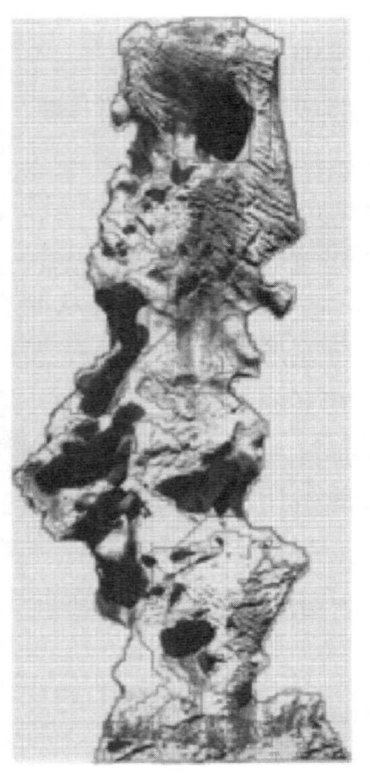

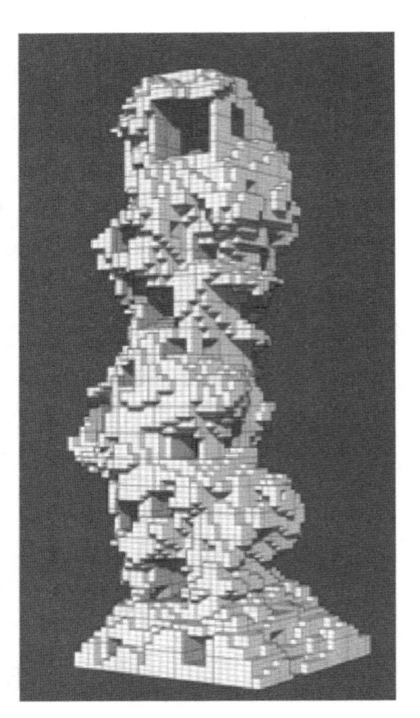

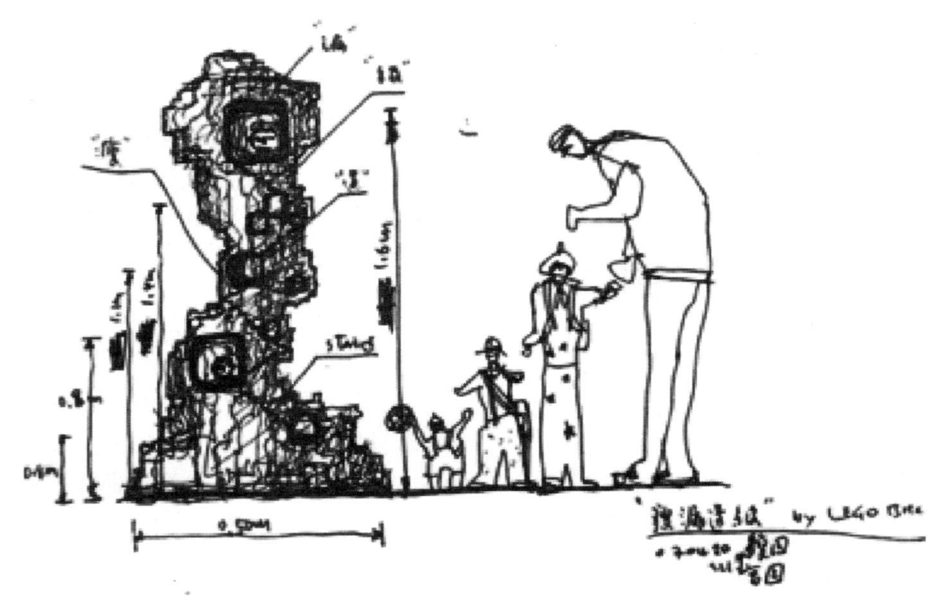

图 3-39　乐高 1 号装置原型分析

（图片来源：来源于网络）

图形符号的重复叠加　确定设计主题以及故事脚本之后，设计师可以提炼出如正方形、三角形、圆形等基本图形，作为表达虚拟环境艺术设计主题的形式母体，并对它们进行立体化表现，形成立方体、锥体、圆柱体、球体等基本几何形体。同时，通过重复利用这些基本图形的立体化形式，实现对于虚拟环境艺术设计主题的诠释。另外，还可以通过疏密对比、元素组合等方式，对虚拟环境中的图形符号或其立体化形式进行重新编排与组合，产生出富有规律性、节奏感的空间视觉效果。例如，在北京奥林匹克公园的下沉花园景观设计中，以鼓和钟作为基本的图形符号，在景观中形成两个构筑物以传达“礼乐重门”的空间主题（图 3-40）。

图形符号的加减法处理　通过对图形

图 3-40　奥林匹克下沉广场鼓景观
（图片来源：来源于网络）

符号做加法或减法的方式是图形符号向空间形体转译过程中进一步深化的过程。加法是指在基本图形符号或其立体化表现的基础上增加某个部分以构成新的形体，需要注意的是增加的部分属于附属部分，因此其体量不宜过大，数量不宜过多，否则会失去加法原则的意义。减法与加法相对应，指的是在原有图形符号或其立体化表现的基础上进行切除或删减，从而使原来的形态更加富有美感。一般这种方法常用于虚拟环境艺术设计中图形符号立体化表现的细部处理上，从而令局部和细节富有变化，并实现更为深层的表意。

（6）声音等知觉转译

一部法国广告片表现了如下一段内容：一只酒杯在一个中性的背景前，自己倒空了里面的酒，此时人们听到的是一些片断的对话，例如“你在离开前再喝一杯吧”——接着是一辆小车快速启动时车轮摩擦地面的音响——最后是一阵可怕的车祸撞击声。这就要求观众在两个故事之间建立一种因果联系，一个是酒杯倒空的简洁演示，另一个完全是由词语和声音暗示出来的悲剧结果。声音（及对话）在电影叙事中可以对视觉陈述的模糊性进行补充，因此声音也被称为双重叙事。

人类通过视觉来获得大部分信息，但是，就如微量元素对于生命的重要性一样，其余通过听觉、嗅觉、触觉等感官获得的信息也同样不可或缺。传统的环境设计通常只注重视觉要素的收集而欠缺对声音环境的考虑，因此把声音概念引入设计是一种丰富景观的设计方法，声音的融入对景观空间的叙事也是一种补充。

“声景观”的概念是相对于“视觉景观”而言的，也就是“听觉的景观”，它开辟了一个新的研究领域。从声音的分类上讲，景观中的声音主要包括自然声音、人类活动声音、人为制造的声音。自然声音主要有风声、雨声、水声、植物的声音等，如树叶被风吹的沙沙声，昆虫等动物的鸣叫声。人类活动声音包括人与人交流的声音以及人在展开活动时所发出的各种声音。人为制造的声音包括一切以电子或人工的手段发出的声音（图 3-41）。

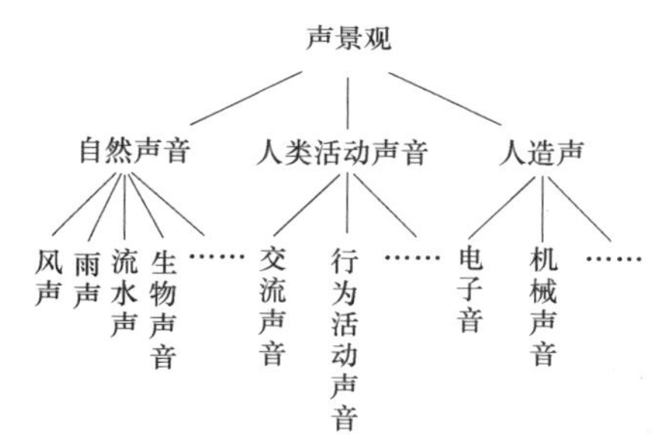

图 3-41　声景观设计方法过程图
（图片来源：编者自绘）

声景观设计手法有正、负、零三种。第一，正设计是在原有的声景观中添加新的声音要素。第二，负设计是去除声景观中与环境不协调的、不必要的、不希望听到的声音要素。第三，零设计要求声景观按原状保护和保存，不做任何更改。不同的环境需要采用不同的声景观设计方法。在自然景观占比例较大的景观空间中，为了突出自然，可采用正设计的方法添加自然声音，同时采用负设计的方法消除不协调的人为制造出声音，从而使空间氛围更加统一。在人文景观所占比例较大的景观空间中，可以采用正设计的方法添加人为制造的声音，如符合环境氛围的音乐与解说，减少不必要的噪声。在街道闹市中即可采用零设计的方法保留声音的现状，在一些具有代表性的声景观名胜处也可以采用零设计的方法（图 3-42）。

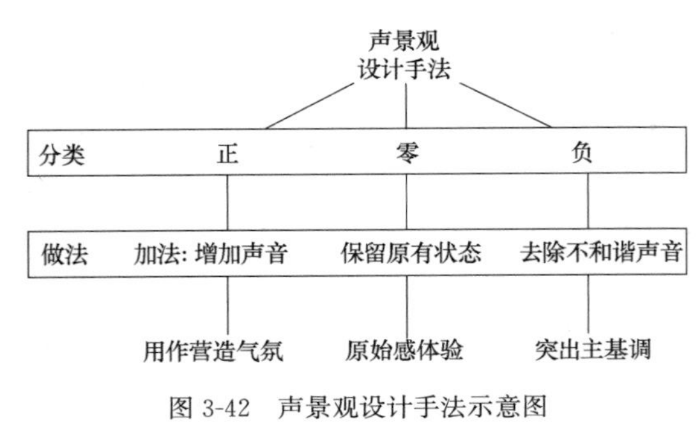

图 3-42　声景观设计手法示意图
（图片来源：编者自绘）

环境中对于听觉设计的诉求并没有像电影中那么必不可少，在缺失声音的前提下依然可以让游园行为顺利进行，但我们很难想象在一个完全寂静的景观中欣赏景物。声音无处不在，风声、水流声、踩踏草坪的沙沙声、鸟叫声、熙熙攘攘的说话声……这些声音也对景观的视觉叙事起到不同程度的补充作用。但声音的作用不能喧宾夺主，作为一种信息的传递方式，同样需要人脑进行主观处理，倘若声音过于繁杂，往往会使大脑在处理信息时疲于应对，从而减少对于视觉信息的处理量，影响观景的效果。而在虚拟环境艺术设计中，听觉却变得远比现实要重要，甚至比电影更重要，所以声音知觉的转译将成为虚拟环境艺术设计的一个突破口。

3.4　主 题 营 造

主题营造是虚拟环境艺术设计的制作与实现阶段。在该阶段中，设计者将前面章节中所涉及的主题设定、主题转译的成果融入方案的设计与实施过程中，从而令基于主题衍生出虚拟环境艺术设计以数字化或物质实体的方式呈现。主题营造的方式主要有三类：虚拟营造、现实营造、虚拟现实。

3.4.1　虚拟营造

虚拟营造主要是以数字化方式呈现虚拟环境的创造过程，其主要营造过程分为四个阶段：设计草图、空间建模、氛围营造（渲染）、设计演示。

（1）设计草图

设计草图是将设计思维视觉化呈现的重要方式，其能够推动设计方案完善与发展，并促进不同设计思想间的沟通交流。设计草图大致可分为场景概念图和分镜设计图两大类。

场景概念图涵盖室内与室外两大空间领域，通常需要表现场景平面图与立面图、场景效果图、鸟瞰图以及细部结构图等。设计方法上，首先需要设计师理解虚拟环境艺术设计中概念策划的意图，并收集与主题相关的图像素材和文本资料，通过变形、解构、重组等方式归纳提炼出设计所需的元素。而后通过不同类型的图稿，以线稿或彩色的方式对虚拟环境中的空间构成、元素造型、环境氛围等方面进行构想，从而以视觉形象的方式展现虚拟环境中所特有的历史时间、地理环境、文化背景、风土人情等环境特征。例如，在动画电影《千与千寻》的创作前期，日本漫画家宫崎骏一方面通过不同类型的设计草图对电影中主要的建筑空间“汤屋”澡堂的空间布局、竖向分布等空间特征进行整体设计；另一方面，通过对“汤屋”小镇中建筑造型、色彩、细节装饰，以及不同时间段的景象变换，呈现出一个不同于现实生活的奇妙世界（图 3-43、图 3-44）。

分镜头设计图是以分帧镜头的方式模拟用户在虚拟环境中随着动态体验过程而产生的视野景物的变化。分镜头设计图的绘制需要以主题故事的情节为依据，跟随故事剧情的发展而转换场景，以此从整体到局部、多方位、多角度的展示虚拟环境。另外，还需要通过分镜头设计图考虑用户与虚拟环境之间的关系，例如用户与虚拟环境中各要素的比例关系、用户视野范围内的景物内容，以及用户在虚拟环境中的运动方式及其相应的景物变化等，从而令用户融入虚拟环境的动态变化中，使它们成为不可分割的整体。例如，动画电影《千与千寻》的分镜头设计图中，建筑在镜头画面中由上到下的移动，模拟了主角在电影场景中观看的动态过程，从而令观者也能通过主角的视角置身于电影场景中（图 3-45）。

综上所述，场景概念图主要营造虚拟环境的整体视觉效果，并为分镜头设计图提供参考依据。而分镜头设计图则融入“人”的因素，呈现设计主题的情节发展。

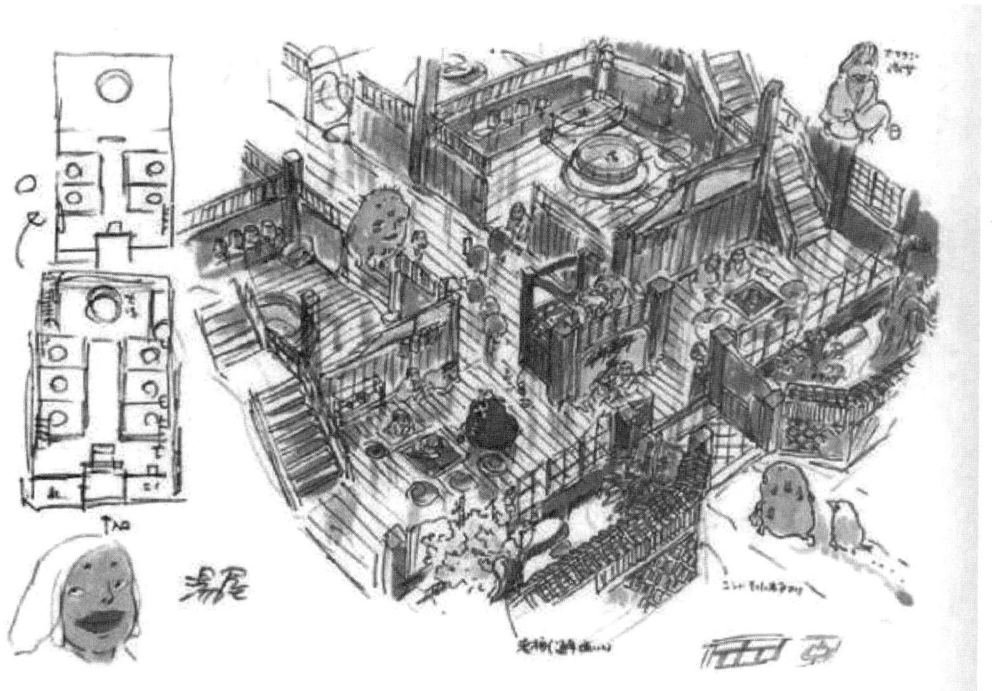

图 3-43　动画电影《千与千寻》中“汤屋”澡堂的设计草图
（图片来源：https：//www. acfun. cn/a/ac1994224？ from＝video）

图 3-44 动画电影《千与千寻》中“汤屋”小镇的场景概念图

（图片来源：https：//www. acfun. cn/a/ac1994224？from＝video）

（2）空间建模

在确定了虚拟环境艺术设计的整体构思和设计草图之后，就进入到空间建模阶段。该阶段是虚拟环境艺术设计从二维平面形式的设计草图向三维立体空间转化的过程。在实现转化的过程中，所需的技术支持包括计算机系统中的三维建模软件，例如 Sketch Up、3DMAX、Rhino 等，它们在空间建模阶段具有重要的作用。

一般来说，空间建模阶段包含以下流

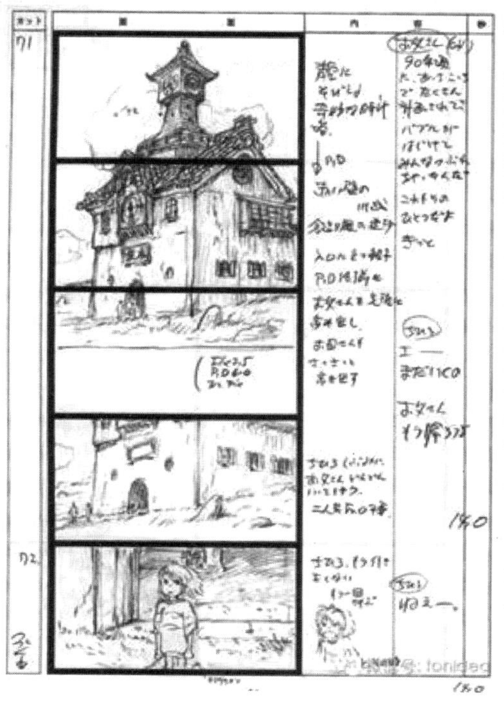

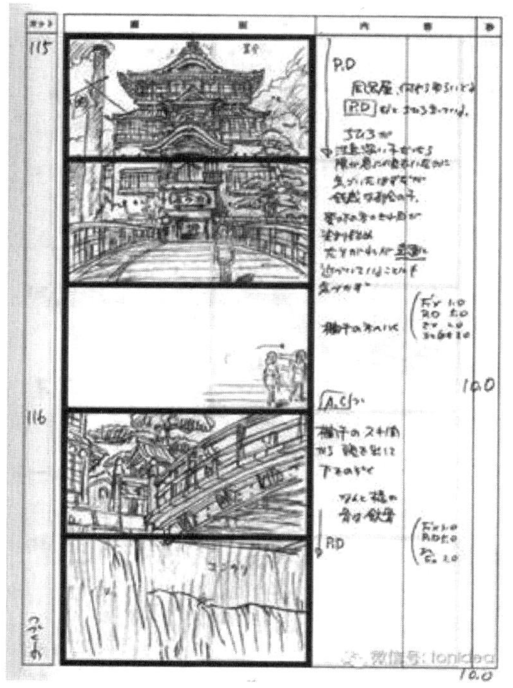

图 3-45　动画电影《千与千寻》分镜头设计图
（图片来源：来源于网络）

程：第一，将所需建模的 CAD 平面图纸导入三维建模软件中，经过推拉形成基础的体块模型；第二，根据设计草图阶段确立的风格及提取的元素对基本模型进行细化，以达到预期要求；第三，为模型赋予特定材质贴图，增强其真实性；第四，利用沙盒工具制作地形，或者先以几何形体建立地形的结构关系，再配合 Zbrush 等数字雕刻软件对地形模型进行细化；第五，插入场景所需的配件完善环境的氛围，并增强其尺度感。

需要注意的是，不论是地形还是单体的建模，都应遵循从整体到局部的建模原则，即先以几何体构成大致的形体和体块关系，而后对其细部特征进行细化。同时还应根据人在其中的行为流线，对模型的细化进行分层次处理，即靠近人的模型强化其局部的细节和清晰的结构，而远离人的模型则可以仅建立物体的基本形态，以保证操作和体验过程的流畅度。

例如，由腾讯天美工作室制作的游戏《斗破苍穹》的场景建模中，建筑或地形都先通过立方体、圆柱体等基本几何体构建起模型的基本形态和各部分间的结构关系，而后根据古风玄幻的主题设定，在建筑屋顶、立面分割、装饰图案、材质色彩等方面进行了模型的细化（图 3-46）。

（3）氛围营造（渲染）

氛围营造是在空间模型的基础上，通过材质、光色、声音等方面的营造，增强虚拟环境艺术设计整体效果的真实感，从而令用户获得更为逼真的体验。在技术支持方面，通过 Lumion、Unity3D、虚幻 Unreal Engine 等渲染类软件对空间属性的要素进行营造，通过 Audition、Vegas、Nuendo 等音频编辑软件对声音进行营造。

虚拟环境艺术设计的氛围营造通常需要关注以下 6 个方面。

第一，地形地貌维度的营造。通过添加草木花石、河流湖泊等自然元素，丰富场景地形地貌的层次。

第二，时间与气象维度的营造。通过改变季节和时间对全局光进行调节，还可以置入天空贴图来改变天空景象和天气氛围，以此确定虚拟环境的整体基调。例如，“抬起的屋顶的故事”古建筑科普展示设计中，通过表现松树的布置和浓雾、雪花粒子等天气效果，营造出冬日严寒的环境基调（图 3-47）。

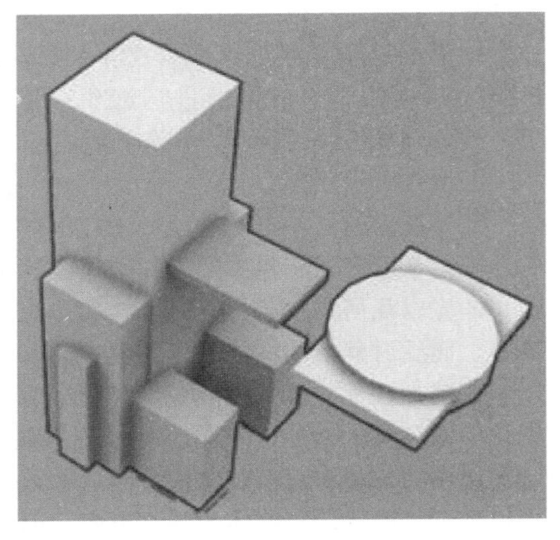

图 3-46　游戏《斗破苍穹》中的空间建模
（图片来源：J. R. R. 托尔金笔下的中土世界与《斗破苍穹》项目实践——从世界观解构入手场景设计，腾讯游戏学院 .）

图 3-47　构木为巢虚拟现实场景
（图片来源：张学斌 . 主题空间设计中故事性原理的应用［D］. 北京工业大学，2018.）

第三，材质维度的营造。通过添加PDR等材质贴图等方式调节材质的颜色、反射率、粗糙程度以及纹理等方面内容，从而完善材质的质感和肌理感，令整体环境更为逼真。

第四，光影维度的营造。根据场景需要，设置不同类型、效果点光源、面光源、体积光等，调节光线的色彩、冷暖、软硬等属性，以增强特定场景的氛围要求。例如，“抬起的屋顶的故事”古建筑科普展示设计中，通过对于洞穴岩石的质感与肌理的强化、火焰光线亮度、色彩、冷暖和所产生的光影关系的设置，向观众营造出远古时期横穴式居住空间的虚拟环境视觉效果，同时配以火焰燃烧的音效，令观众沉浸于古代人所居住的环境氛围中（图 3-48）。

图 3-48　横穴虚拟现实场景
（图片来源：张学斌. 主题空间设计中故事性原理的应用［D］. 北京工业大学，2018.）

第五，色彩维度的营造。对于整体环境或局部要素在色相、明度、饱和度方面进行色彩调节，强化整体环境的调性，实现预期的视觉效果。

第六，声音维度的营造。在视觉效果的基础上、结合人在其中的行为活动和不同环境的特征，通过拟音或选择音频素材、音频编辑合成、后期处理等操作，渲染环境声音或行为音效，从而进一步增进虚拟环境的真实感和氛围感。例如，“抬起的屋顶的故事”古建筑科普展示设计中，通过土地和天空、远山的色彩对比，以及前后色彩饱和度的差异变化，令整体环境统一于黄紫调中，同时配以远处飞鸟的叫声强化出秋冬时节的环境氛围（图 3-49）。

图 3-49 直壁半穴虚拟现实场景
（图片来源：张学斌. 主题空间设计中故事性原理的应用［D］. 北京工业大学，2018.）

（4）设计演示

数字化信息技术的发展令设计演示的方式也发生了变化，改变了以往以纸质文本进行演示的传统方式。现阶段，依据演示效果的不同，可以将设计演示分为两种类型：以 Power Point 软件为代表的多媒体演示形式、以虚拟现实技术为代表的沉浸式演示形式。

多媒体演示是将文字、图片、音频、视频等媒介进行集成展示的演示形式。目前来说，该演示形式以 Power Point 软件为承载载体，它能够整合不同软件（如 Photoshop、3Ds Max、Sketch Up 等）制作的图纸、模型或视频素材，并通过内置的图形和文字编辑系统对内容素材进行进一步处理，以最终实现演示的目的（图 3-50）。

图 3-50 多媒体演示形式流程图
（图片来源：编者自制）

以虚拟现实技术为代表的沉浸式演示形式是随着虚拟现实技术的发展和广泛应用而逐渐兴起的设计演示形式。它能够为观者提供多维度的感官体验，弥补传统动画演示所缺乏的临场体验感（图 3-51）。目前一些渲染软件或建模软件的插件，如渲染软件 Enscape 或 3DsMAX 中 VR-Platform 插件等，即可实现对 VR 漫游动画的制作，通常在建模、渲染完成后，通过在其中添加行走、飞行、旋转等多个相机，令使用者实现在虚拟环境中的漫游。

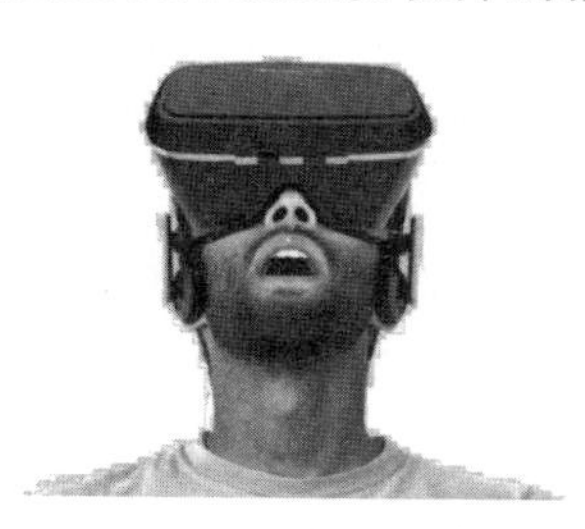

图 3-51 虚拟现实演示示意图
（图片来源：张学斌. 主题空间设计中故事性原理的应用［D］. 北京工业大学，2018.）

3.4.2 现实营造

现实营造主要是数字化的虚拟环境艺术设计在现实世界和虚拟世界中进行制作的过程，其主要包含三种营造方式：交互现实、工程现实、艺术现实。

（1）交互现实

交互现实是在数字化的虚拟环境中融入“人”的因素，以此实现人与虚拟环境间的互动，从而令数字化的虚拟环境更为生动与鲜活。按照人与虚拟环境的关系，交互现实可以分为两类：交互体验置入，外部测试迭代。

交互体验置入 它指的人作为用户进入虚拟环境中与之产生互动。因此需要对虚拟环境中“人”的行为以及虚拟环境要素产生的回应进行编程，以此实现“人”

与虚拟环境间的互动。在技术支撑上，所需的编程工具包括虚幻游戏引擎（Unreal Engine）中的蓝图编辑器（Blueprint）、Unity3D 中的 C++语言脚本等。这里将以虚幻游戏引擎中的蓝图编辑器为例，对实现人与虚拟环境交互中需要注意的要点进行介绍。

蓝图编辑器是一个可视化的编程系统，其将编程语言转化成为可视化的功能模块节点，在使用过程中通过连接不同模块节点并对其中的参数进行调节，实现相应的变化效果，如图 3-52 所示。

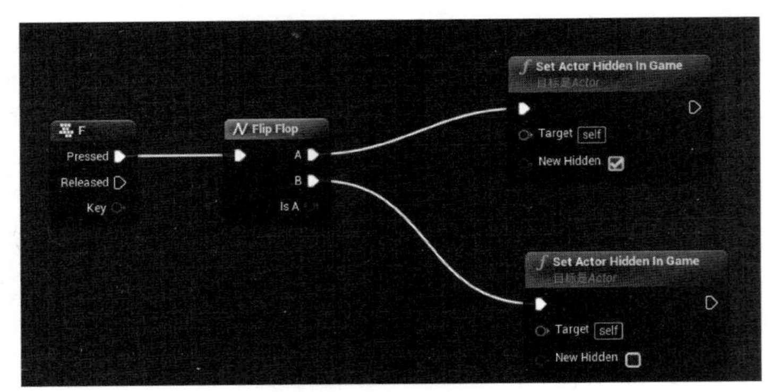

图 3-52 蓝图编辑器模块节点运行示意图
（图片来源：来源于网络）

由于相较于其他的编程工具来说，蓝图编辑器在操作上方便快捷，因此，在具体应用过程中，使用者（设计师）更多的是需要理清“人”与虚拟环境交互中的逻辑关系。一般来说，使用蓝图编辑器进行编程的思考逻辑为：首先考虑期望得到的交互结果（WHAT），然后倒推产生该交互结果的触发机制（WHY），最后思考如何实现交互结果，以及该过程中所需的功能模块节点（HOW）（图 3-53），从而形成由“触发器节点——过程功能节点——输出效果节点”构成的编程逻辑链条（图 3-54）。

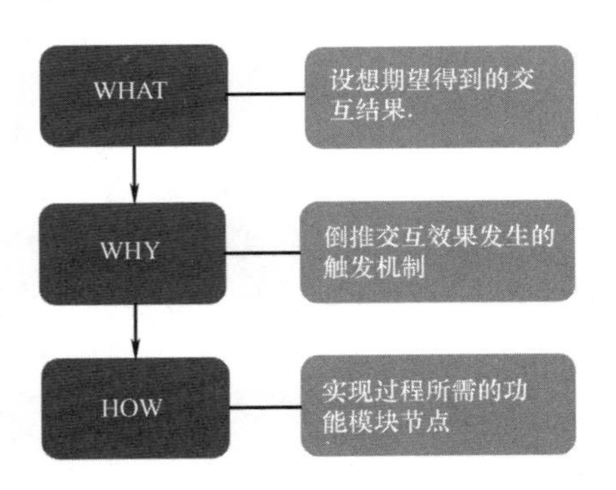

图 3-53 蓝图编辑器进行编程的思考逻辑顺序图
（图片来源：编者自绘）

例如，在虚拟环境中实现建筑大门随“人”的靠近而自动开启的交互过程中，

图 3-54 蓝图编辑器编程逻辑链条
（图片来源：编者自绘）

交互结果（WHAT）是建筑大门自动开启，触发机制（WHY）是“人”在虚拟环境中靠近建筑大门并触碰到预先设置的触发器，而实现过程中所需的功能节点（HOW）有两个：门的旋转和“人”触碰到触发器的时间。在厘清该过程的逻辑关系后（图 3-55），则可以在蓝图编辑器中以模块节点的形式相互连接，生成交互效果（图 3-56）。

外部测试迭代 交互现实的另一个方面表现在对虚拟环境艺术设计的测试与迭代。数字化技术的不断介入，令虚拟环境艺术设计具有极大的可修改性，因此它能依据用户的测试反馈进行更新迭代，从而不断完善发展。

对虚拟环境艺术设计的测试需要注意以下要点：

第一，确定测试群体，获取广泛的测试样本。测试群体可分为设计团队内部、相关专业人员（如建筑师、软件工程人员、游戏开发者等）、亲朋好友、普通大

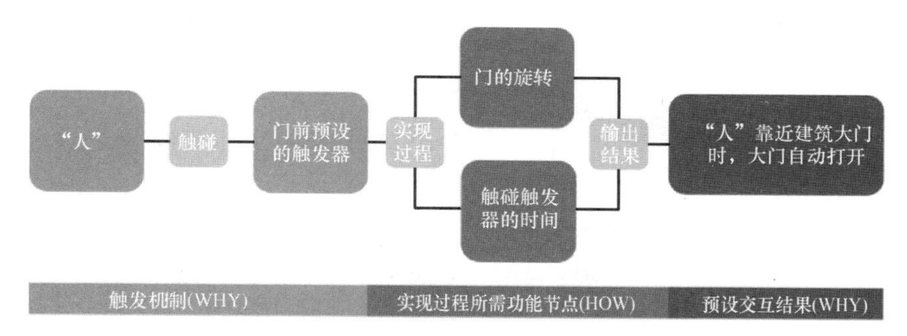

图 3-55　自动开门交互实现的逻辑关系过程图

（图片来源：编者自绘）

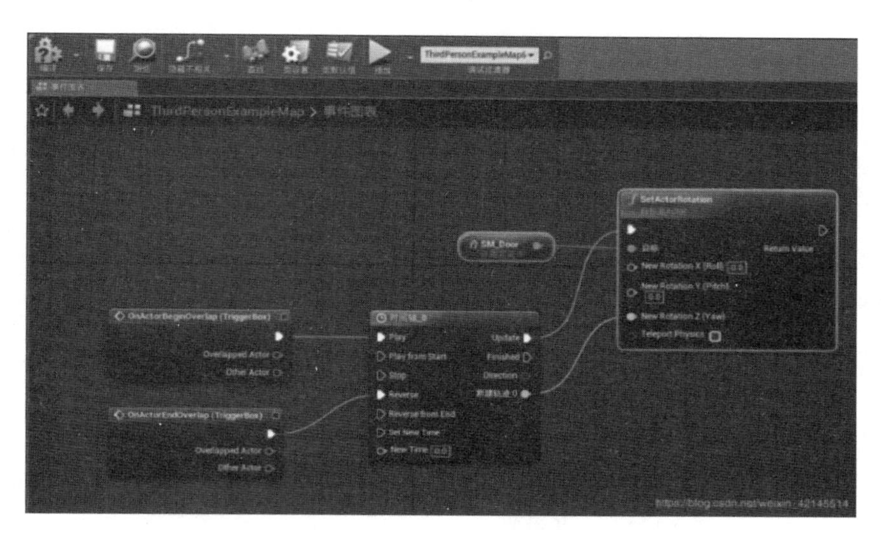

图 3-56　图片展示了用蓝图编辑器实现自动开门的编程过程

（图片来源：来源于网络）

众等（图 3-57）。

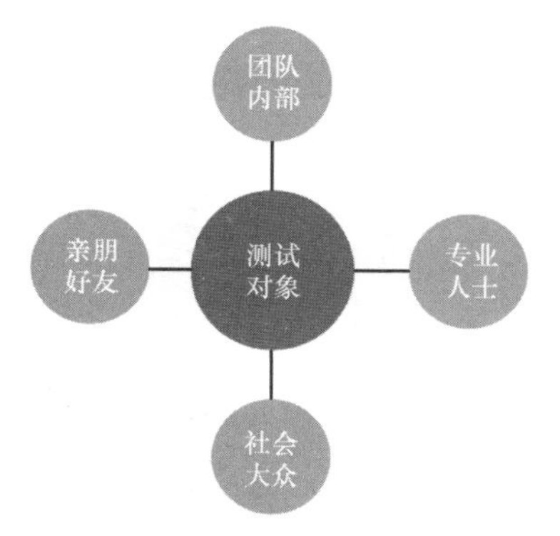

图 3-57　确定测试对象

（图片来源：编者自绘）

第二，确认测试时间与地点，并对所需获取的信息要点进行梳理和列举。

第三，介绍情况。测试前须先向被试者介绍所设计的虚拟环境的大致情况，令他们了解将要体验什么，以及应该评价什么。

第四，观察与倾听，记录反馈信息。测试过程中应注意观察被试者的肢体语言以及其在虚拟环境中的行为，倾听他们在体验过程中的交谈内容和对虚拟环境的即时评价，并通过文字、录像、录音等方式对这些反馈进行记录。另外，还应注意的是，测试过程中，即使在被试者遇到困难的情况下，也应尽量避免与其互动或进行干预，从而真实地反映出虚拟环境艺术设计中所存在的问题（图 3-58）。

第五，讨论。在被试者结束体验后，安排与他们的讨论时间（图 3-59）。在讨论的过程中，应提一些开放性问题，如“对于虚拟环境的体验，你的感觉如何？”，而避免一些是非判断题或“体验有趣吗？”等具有特定倾向性的问题。从而获取被试者对虚拟环境艺术设计的反映，而非向他

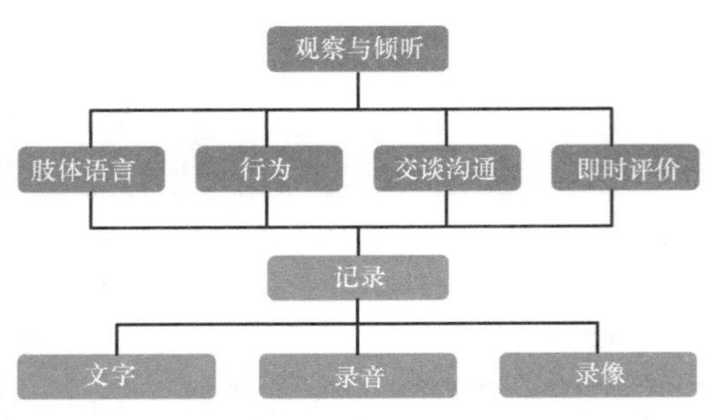

图 3-58　观察与倾听示意图
（图片来源：编者自绘）

们灌输思想。

图 3-59　测试后讨论示意图
（图片来源：来源于网络）

第六，分析问题、修改与迭代。整个测试结束后，对测试记录进行分析，列出所发现的问题，并对现有虚拟环境艺术设计进行修改，实现设计的迭代。

（2）工程现实

工程现实针对的是如迪士尼主题公园等虚拟环境艺术设计类型，其通过工程手段将虚构的世界在现实中真实地建造与呈现。工程现实通常包含施工图设计和施工制作两个环节。

施工图设计　施工图为虚拟环境艺术设计的现实营造提供施工的依据，是设计与施工制作之间的衔接过程，也是虚拟环境艺术设计意图的完整体现，其目的是指导施工。施工图包含图纸目录、施工图设计说明、工程做法、与总图相关的各类图纸（如总平面布置图、竖向设计图、种植平面布置图、消防扑救场地即平面布置图等）、与建筑相关的各类图纸（如平面图、立面图、剖面图、局部空间放大平面图、各类节点大样图等），还包括结构、给水排水、电气等专业的设计图纸。

施工图设计中需要注意以下流程和要点：第一，仔细分析方案，对照相关国家规范，注意检查是否存在违反规范的地方，并记录下施工图设计过程中对于规范需要注意的地方。第二，确定基础性内容，包括推敲平面图、立面图、剖面图，确定尺寸以及相互之间的对应关系；绘制节点结构草图；统一具体的专业做法，确定选材及出图方式。第三，对施工图进行深入设计，并开始节点详图设计，同时向各专业进行第一次提图；第四，根据各专业的反馈对原先的平面、立面、剖面进行修改与细化，并提供给其他专业相应的修改图；第五，整理工程做法表，并对节点详图进行细化，并将详细的建筑平面图、立面图、剖面图、局部放大平面图，以及节点详图等终提供给其他专业；第六，整合各专业提供的图纸并最终出图（图 3-60）。

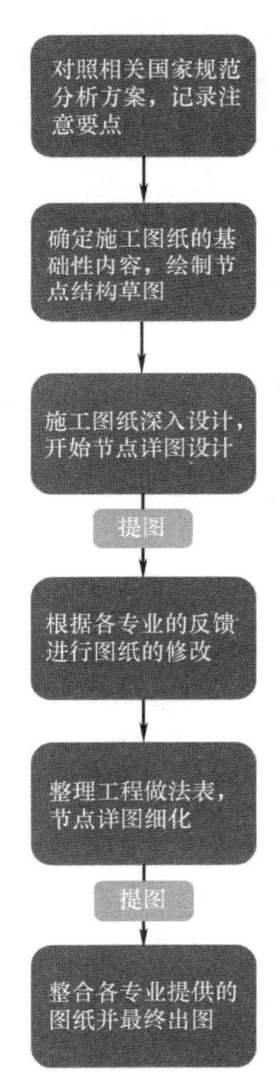

图 3-60　施工图设计流程图
（图片来源：编者自绘）

施工制作　这是工程现实的实施阶

段，经过方案设计、施工图设计后，将相关的技术图纸交由不同的施工团队进行虚拟环境的现实搭建，以此在现实生活中得以呈现。

施工制作中需要注意以下要点：第一，注意施工与设计间的紧密联系。设计配合是施工的辅助手段。一方面设计人员需将设计意图、预期效果传达给施工人员，令其了解施工的目标和方法，便于推进施工的进程。另一方面，设计人员需对于施工中出现的问题给予即时的解答与回复，以便实现设计的预期效果（图 3-61）。

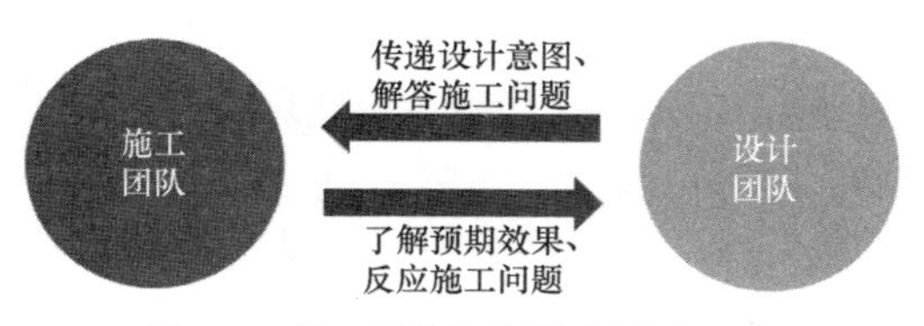

图 3-61　施工团队与设计团队密切配合
（图片来源：编者自绘）

第二，不同专业施工团队间的协同合作。虚拟环境艺术设计的现实营造过程中涉及建筑、景观、水电、灯光、音响以及游乐设备等不同领域的内容，这令施工过程中会有机械、建筑、园林、多媒体等施工团队的参与，因此，良好的合作意识、各专业、各团队间的相互协调能够促进施工制作的顺利进行（图 3-62）。

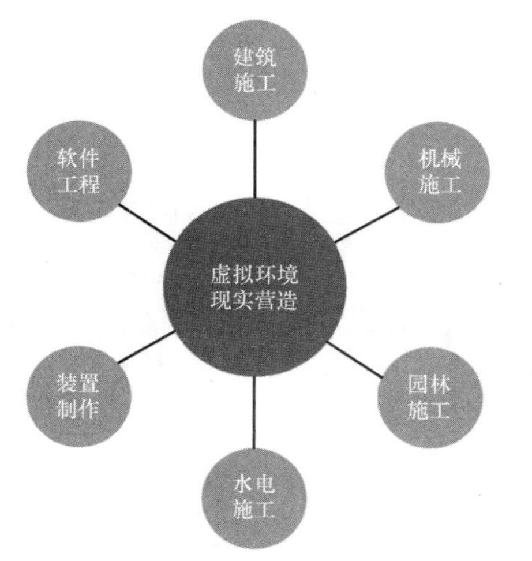

图 3-62　多专业施工团队协同合作
（图片来源：编者自绘）

（3）艺术现实

艺术现实主要指的是对于虚拟环境及其现实营造中的装饰性艺术品、大型艺术性构筑以及场景细部氛围营造的实现过程。通过材料、立体造型等空间元素的营造，在突出视觉效果的同时，更形象地呈现虚拟环境所叙述的主题故事。在营造流程上，首先通过手工雕刻或利用 Zbrush 等数字雕刻软件进行模型小稿的制作。在此基础上，通过人工放大或三维扫描等方式对小稿进行放样并构建形体骨架，而后通过向形体骨架上涂抹砂浆生成形体或利用 3D 打印等方式生成形体的局部模块，最后通过雕刻、打磨、喷漆涂绘等艺术化处理，使其达到预设效果。

艺术现实在营造方法上具有两种方式：

第一，通过在虚拟环境中设置一些艺术性物体、艺术装置以及背景性元素（如屋顶瓦片、立面及地面铺装等）来营造主题所需的现场氛围，令置身其中的用户很自然地感受到环境及场景的主题内涵。例如，美国奥兰多阿凡达主题公园中不仅营造了莫阿拉山谷中的“悬浮山”等主题元素，同时还在其中设置了大量潘多拉星球所特有的造型各异的动植物，以及人类探险者所遗留的房屋和机甲装备等，以此令游客能够切实的感受到潘多拉星球的环境氛围（图 3-63～图 3-65）。

图 3-63　阿凡达主题乐园中的“悬浮山”
（图片来源：来源于网络）

第二，通过色彩、图案等具有视觉符号特征的要素来烘托出虚拟环境艺术设计中所营造的主题氛围，引导用户感受其中所传达的时代、地域、文化等多样内涵。

图 3-64　阿凡达主题乐园中的人类探索者遗留的机甲
（图片来源：来源于网络）

图 3-65　阿凡达主题乐园中的潘多拉星植物
（图片来源：来源于网络）

例如，“道可道-老子与《道德经》”主题展览中以黄色和棕色为主要色彩基调，并配合展陈手段在展览中融入道德经的水纹图案，以此令观众感受到展览所传递出的“上善若水”的主题理念（图 3-66）。

图 3-66　“道可道-老子与《道德经》”
主题中水纹图案的运用
（图片来源：张学斌．主题空间设计中故事性
原理的应用［D］．北京工业大学，2018.）

3.4.3　虚拟现实

虚拟现实是对现实的模拟与再现，并通过虚拟环境对现实世界的发展的进行可能性的预测和评估，从而对现实世界产生影响。目前，随着科学技术的发展，数字孪生和 BIM 技术在实现虚拟与现实环境联动中具有重要作用。

（1）基于数字孪生的虚拟环境艺术设计

数字孪生（Digital Twin）是在信息化平台内，通过集成物理反馈数据，利用人工智能、机器学习和软件分析等技术，创建出对于物理实体的数字化模拟。若应用于虚拟环境艺术设计领域，能够令虚拟环境实时地呈现物质实体在现实环境中的真实状态，并能够令其根据反馈的数据，随现实环境的变化而自动形成相应的改变。同时在虚拟环境中通过对现实物理数据的管理、监测、分析、评估，为现实环境中的决策提供参考借鉴（图 3-67、图 3-68）。

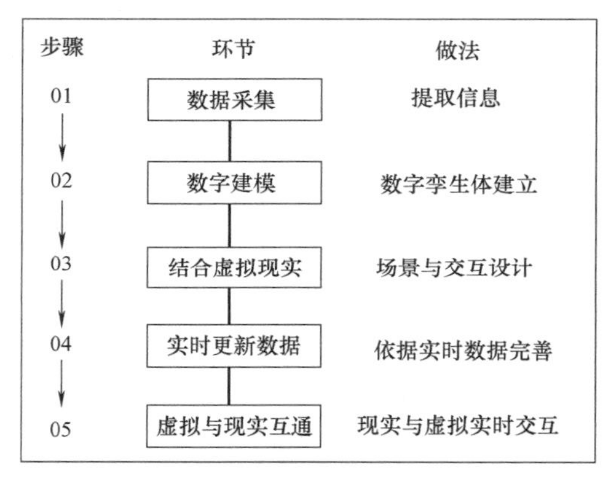

图 3-67　数字孪生虚拟空间设计过程图
（图片来源：编者自绘）

图 3-68　数字孪生示意图
（图片来源：来源于网络）

基于数字孪生的虚拟环境艺术设计的流程与方法如下：

第一，通过高性能传感器进行数据采集、高速数据传输，并对全寿命周期数据进行管理，从海量且复杂的数据中提取出构建现实物理环境特征的信息数据。

第二，在获取现实物理环境的原始信息数据后，利用数据驱动方法和基于数学模型的方法，对现实物理环境进行空间建模，使其形成能与现实物理环境相匹配且实时同步的数字孪生体。

第三，利用虚拟现实技术，生成人机交互良好的使用环境，令用户能够获得身临其境般的体验，并能够通过语音、肢体动作等方式便捷地访问其中的信息，获得对现实物理环境进行分析和决策的信息支持。

第四，在虚拟环境模型搭建的基础上，对现实物理环境及虚拟环境的相关数据信息进行实时获取，并建立相应的信息获取机制、渠道与平台等，从而支撑后期的管理与相关服务的执行。

第五，基于上一阶段的数据采集以及数据的实时高效传输，并配合人工智能和机器学习技术，令虚拟环境与现实物理环境之间建立动态实时交互连接，从而令虚拟环境能实时地对现实物理环境的状态进行评估、优化、预测，并随现实物理环境的变化而发生相应的改变，实现两者共同成长。

（2）基于 BIM 技术的虚拟环境艺术设计

建筑信息模型（Building Information Modeling，BIM）技术是利用信息技术对营建设施进行数字化处理后，将其中的各类信息集成到三维模型中，以便于协助项目工程不同阶段工作的一种先进技术。虚拟环境艺术设计能够借助 BIM 技术来真实且动态地反映现实物理环境（图 3-69）。

BIM 技术在虚拟环境艺术设计中的操作需要注意以下要点：

第一，多专业协同设计　BIM 技术能够构建设计信息交换平台，令工程项目中的各个专业能够在该平台上共享设计信息，并且能够随时在信息交换平台上调取最新的模型信息，以此形成多专业协同设计。

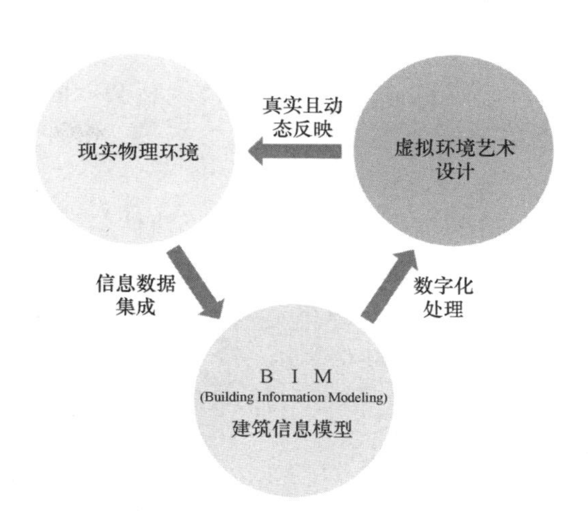

图 3-69　基于 BIM 技术的虚拟环境艺术设计流程图
（图片来源：编者自绘）

第二，参数化建模　基于 BIM 技术的虚拟环境艺术设计过程是一个参数化设计过程，其模型中的每个构件都具有三维信息参数。通过对参数的修改来实现对模型构建的修改。同时，构件的参数是具有关联性的，当对某个构件的参数进行修改时，基于 BIM 技术构建的虚拟环境模型会自动更新与此相关的模型参数，并呈现在最终成果中。

第三，虚拟现实呈观　基于 BIM 技术的虚拟环境艺术设计可以通过虚拟现实的方式展示真实空间，显示模型中各构件的材质及其属性，从而为设计人员提供逼真的视觉、听觉感受。同时，设计人员还能够随时查看虚拟环境中所有构件的信息资料，令设计人员对相应的现实物理环境具有比较完整的了解。

本章作业

1. 三本世界观读本（三个读书笔记）。

实现上位学科的经典阅读，提升设计视野。

参考书目：《三体》《博尔赫斯小说集》《人类简史》。

2. 看电影做空间。

电影中的环境设计，从时空到空间。

参考目录：《星际穿越》《盗梦空间》《黑客帝国》。

3. 玩游戏做空间。

虚拟世界的社会空间与心流体验。

参考目录：《和风物语》《凯撒三千》《英雄无敌》《超级玛里奥》。

4. 看小说做空间。

从文本转译到空间的训练。

参考书目：《海底两万里》《时间分叉的花园》《看不见的城市》《三体》。

5. “未来的一天”设计课题。

系统串联的虚拟环境设计课题。

6. 科幻小说写作（文本）。

7. 主题设计转译（手绘分镜）。

8. 虚拟环境营造（电脑制作）。

9. 现实营造（模型制作）。

本章附录

附录 1：文本信息可感化转译图表

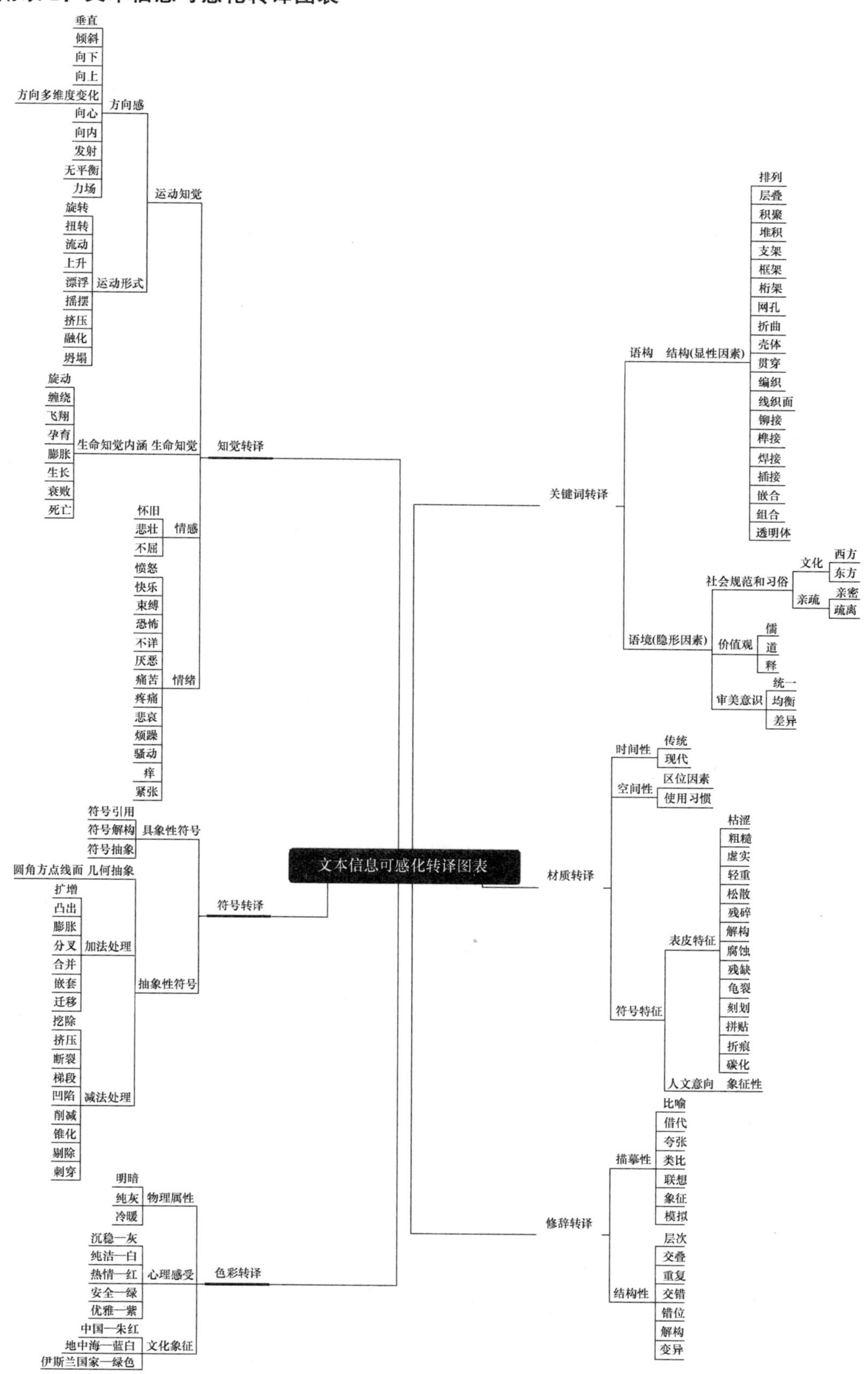

备注：本图表为转译示意，仅供参考。

附录 2：关键词转译

关键词转译

结构性				
堆积	支架	框架	网孔	积聚
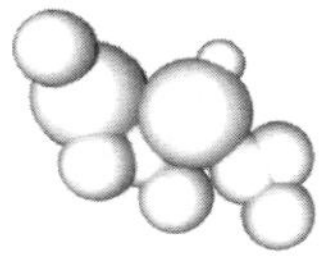	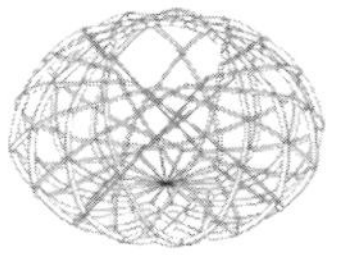	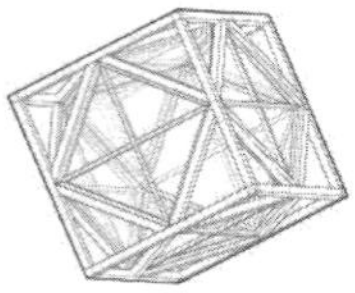	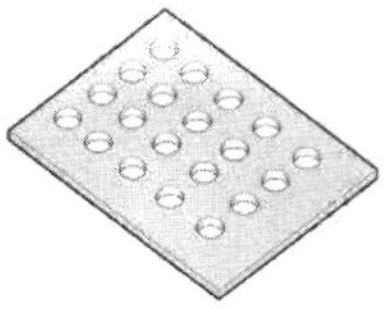	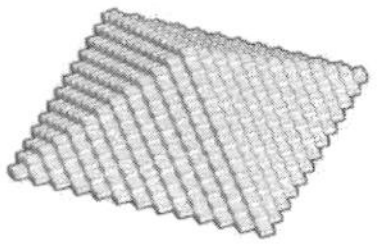
桁架	曲折	壳体	贯穿	层叠
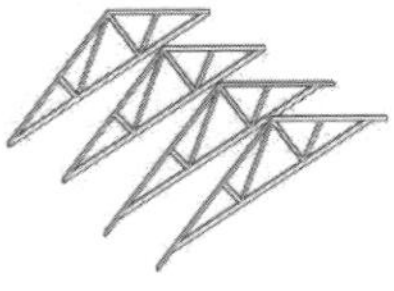	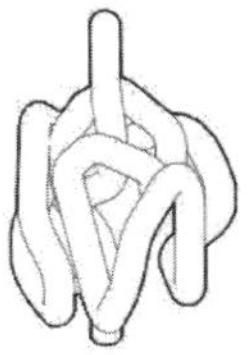		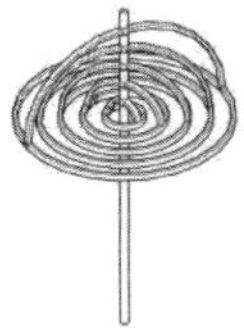	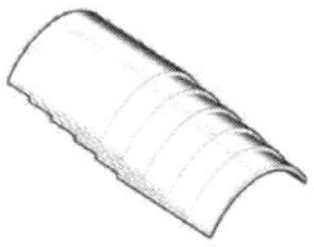
编织	线积面	铆接	榫接	排列
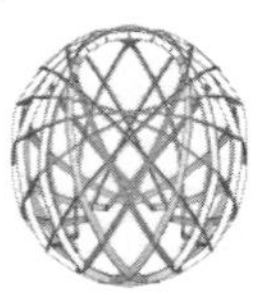	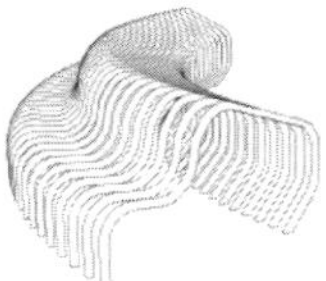	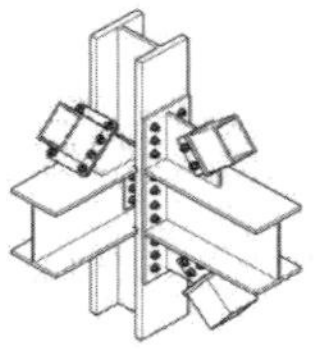	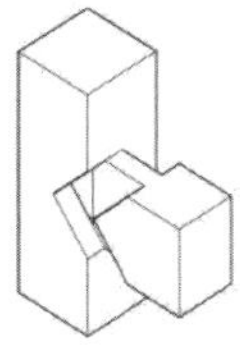	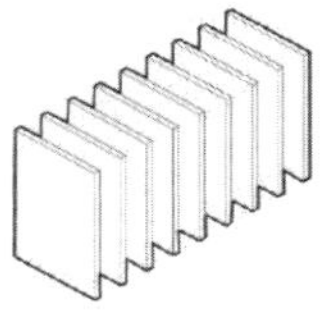
插接	嵌合	组合	审美意识	
			差异	统一
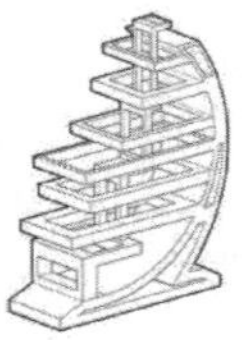			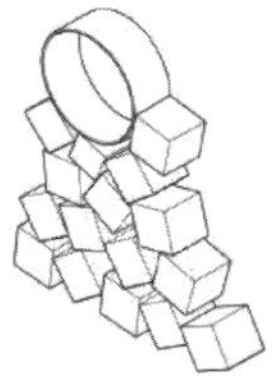	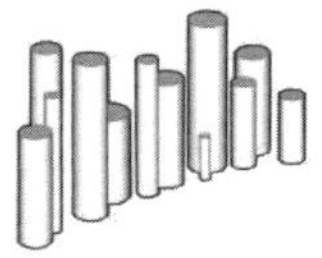

附录 3：修辞转译

修辞转译

描摹性			结构性	
类比	联想	象征	层次	错位
			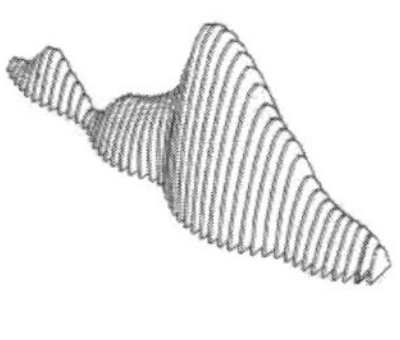	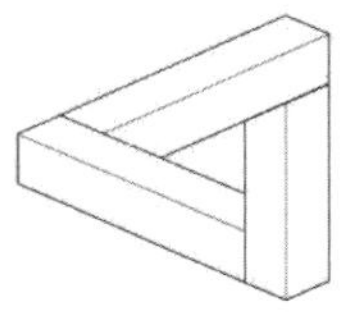

附录 4：色彩转译

色彩转译

物理属性			心理感受	
明暗	纯灰	冷暖	沉稳——灰	热情——红

附录 5：符号转译

符号转译

加法处理				
扩增	凸出	膨胀	分叉	合并
嵌套	迁移	减法处理		
		挖除	挤压	断裂
梯段	凹陷	削减	锥化	剔除

附录 6：知觉转译

知觉转译

运动知觉				
方向感				
重复	向上	向心	向内	发射

续表

无平衡	力场	运动知觉		
		运动形式		
		旋转	扭转	流动
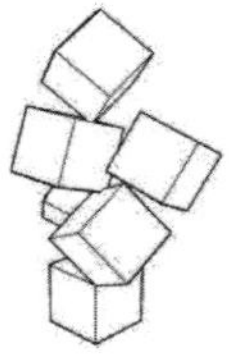				
		生命知觉		
上升	曲线	生命知觉内涵		
		生长	缠绕	飞翔
	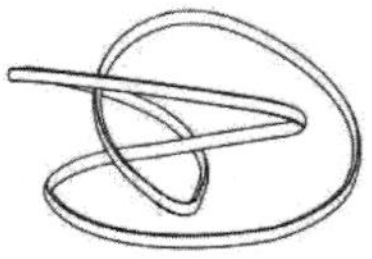			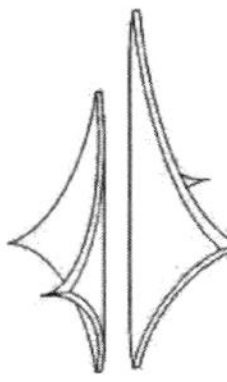

第4章　虚拟环境艺术设计的作品解析

本章导学

学习目标

（1）理解虚拟营造作品的设计方法与步骤；

（2）理解现实营造作品的设计方法与步骤；

（3）理解虚拟现实共生作品的设计方法与步骤。

知识框架图

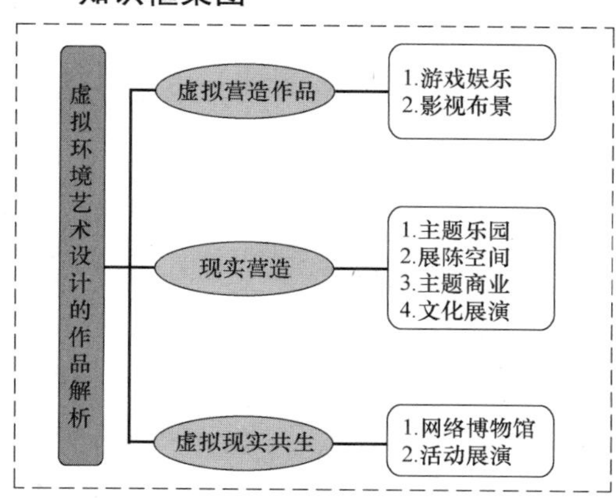

学习计划表

序号	内容	线下学时	网络课程学时
1	虚拟营造作品		
2	现实营造		
3	虚拟现实共生		

数字虚拟环境设计是以虚拟平台为载体进行创作呈现的艺术形式。其中，动画、电影、游戏等艺术均属于这一形式。随着技术发展和掌上移动时代的到来，虚拟环境设计也逐渐应用在一些传统形式的事务或空间形式上，例如一些展陈空间以及商业场所，数字虚拟现实的到来从根本上解决了人们观赏的时空限制。

4.1　虚拟营造

数字空间的虚拟营造是当下常见的一种展现方式，最具有代表性的就是游戏中的虚拟大陆以及电影场景中的虚拟世界，这两者的共同特性就是叙事者的创造普遍是脱离现实生活的轨迹的，具有强烈的主观意识。因此，对于虚拟环境空间的解析将从主题的设定、主题的转译以及主题的营造这三个方面切入，有逻辑地还原虚拟空间的营造过程。

4.1.1　游戏娱乐——游戏《控制》

《控制》（Control）是一款由芬兰游戏制作公司绿美迪娱乐（Remedy）于2019年制作的第三人称动作冒险游戏（图4-1）。

图4-1 《控制》游戏封面
（图片来源：来源于网络）

该游戏自推出以来广受市场与业界好评，荣获了IGN年度游戏大奖和被誉为游戏界奥斯卡的TGA游戏大奖2019年度的八项大奖提名，并以其绝佳的场景设计获得最佳艺术指导奖。游戏故事情节颇具未来科幻色彩，玩家需要探索发生在美国联邦控制局（Federal Bureau of Control）一座庞大且可以不断变换形态的建筑太古屋（The Oldest House）中发生的奇异事件。

（1）主题的设定

游戏的设定核心在“神秘”这一主题上。在这一主题下，游戏策划团队的创作的叙事背景是：游戏中的人类生存的世界存在不同位面，不同位面相互独立而存在，这与平行世界的概念类似。而故事的主要发生场景联邦控制局“太古屋”即是通往不同位面的交换站，被一个叫作“星界”（Astral Plane）的位面控制。星界中的“委员会”能够对太古屋内的人做出非自然力量的干预，并对人类生存的现实世界产生扰动，因此，在太古屋内发生了一系列神秘事件。玩家作为研究平行位面扰动现实世界的专门机构——联邦控制局的成员，将前往太古屋调查事情的真相。

从故事背景看，《控制》的文本设定并不复杂，但足够将“神秘”这一主题充分化。人们对未知世界的好奇和敬畏、封闭且巨大空间内的心理排斥、非人类生物的“阴谋”，三个设定元素将这款游戏的“神秘”极致放大（图 4-2）。玩家作为故事的主角，将以一己之力在这样一个庞大而复杂的空间进行解谜，更是在故事开始就将体验者的胃口吊足。

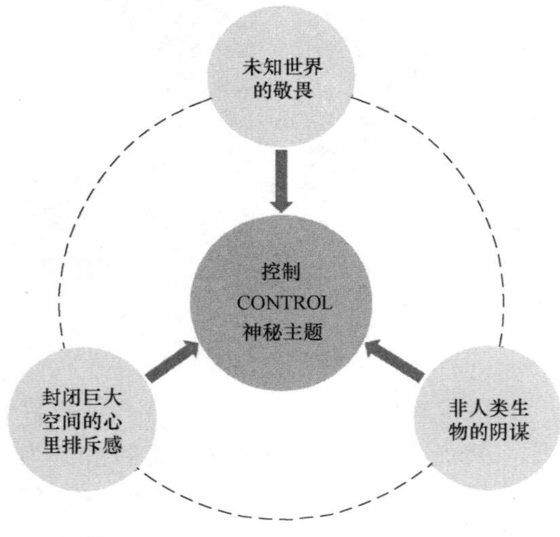

图 4-2　游戏《控制》神秘主题的三大设定元素
（图片来源：编者自绘）

《控制》的故事发展以“环境”为线索展开叙事，游戏中所有行为事件和人物关系围绕太古屋发生，随着空间探索的逐步深入，玩家所得到的“碎片化”故事信息才逐渐拼合完整，这正是“主题叙事设计”策略中“点线面叙事文本书写法”的以环境为线索的叙事方式。因此，如何结合故事的“神秘”主题，营造与主题相符的太古屋空间氛围，是主题设定阶段的主要任务。通过游戏最终呈现的太古屋空间场景，我们能够分析出概念团队在最初勾勒场景时设定的关键词——巨大、坚硬、神秘感、肃穆、理性、非自然等（图 4-3）。叙事方式与关键词奠定了《控制》的主题设定基调。

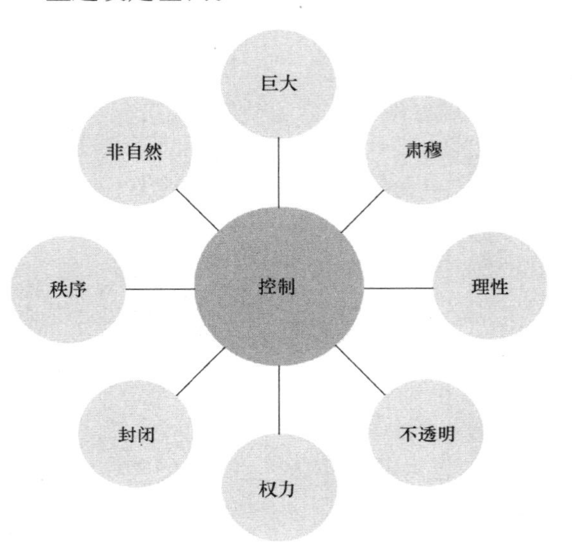

图 4-3　游戏《控制》主题设定阶段关键词
（图片来源：编者自绘）

（2）主题的转译

1）关键词的空间形态转译

主题的转译是将抽象叙事文本关键词转化为具象的视觉和空间符号的过程。从《控制》的场景设定呈现中，可以逐一分析游戏场景设计团队在转译阶段的工作。

巨大与神秘感：

由于游戏故事的展开集中在封闭的太古屋中，内部场景种类繁多，空间的丰富性要求太古屋必须有足够大的建筑体量。同时，故事的非自然背景要求太古屋需要在建筑的整体视觉上体现神秘感。因此，在设计转译阶段，需要对“巨大”与“神秘感”这两个关键词展开进一步的解码，并将解码出的元素与具体的空间形态与视觉语言对接。由此，我们可以看到在设计转译阶段，是一个对关键词不断分解、找到更为明确而具体的词汇，并逐步将其具象化和清晰化的过程（图 4-4）。而游戏团队在这一阶段正是通过对概念关键词的精准解码，最终使太古屋造型得以准确、清晰地确立起来。在将关键词解码分析后，太古屋的最终造型设计参考了美国电话电报公司（AT&T）总部——长线大厦（图 4-5）。这座大厦位于纽约曼哈顿，建造于 1974 年，是一栋由清水混凝土建造的高度近两百米的摩天大楼。而与一般摩天楼多窗的立面不同的是，长线大厦外是一幢立面除巨大通风口以外没有任何窗户的粗野主义建筑。也正是由于长线大厦庞大的体量、笔直的立面造型和不透明的视觉效果展现出的神秘感，使人无法从建筑的外部看到空间内部的信息，这使民众一度怀疑大厦内部从事着美国国家安全局的情报监听行动，有关这座大厦的各种传言也一直层出不穷。以长线大厦作为原型参考，无疑符合了创作团队对太古屋设计关键词解码后的全部创作需求，因而成为诠释太古屋“巨大”与“神秘感”的绝佳转译参考对象。

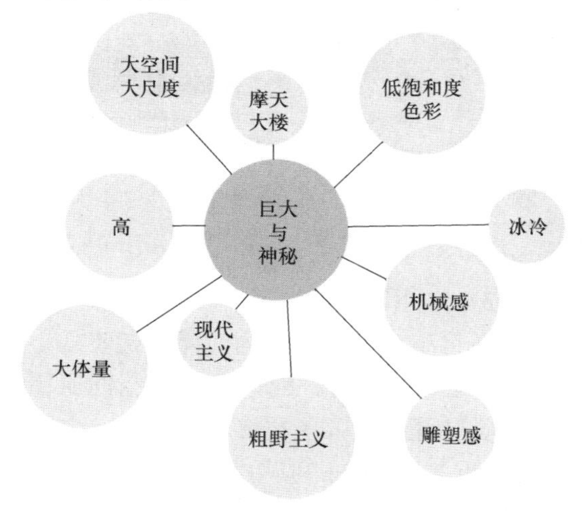

图 4-4 “巨大”与“神秘”的关键词解析
（图片来源：编者自绘）

图 4-5 “太古屋”概念手稿与长线大厦
（图片来源：来源于网络）

理性与肃穆：

在《控制》的剧本中，联邦控制局是一个从事秘密研究的政府机构，非公开、隐秘、权力感是这样一个机构的特征。因此，在太古屋内部的空间设计中，游戏团队希望将太古屋、联邦控制局这一充满权力和控制色彩的空间极致化。关键词“理性”与“肃穆”，体现着太古屋作为权力场所的崇高与不容置疑。在游戏场景设计的转译中，清水混凝土材质的冰冷与坚硬质感和阵列式石柱、灯光被用来阐释绝对的理性；现代主义建筑营造出的大尺度、高净空、向心型的空间则传递出一种教堂般的肃穆气质（图 4-6）。设计团队参考了同样属于“粗野主义”建筑类型，被认为是“世界上最缺乏人气”建筑的波士顿市政大厅的空间设计类型（图 4-7）。

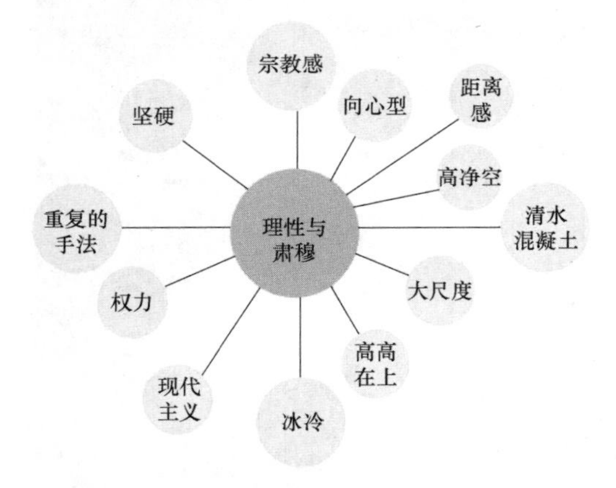

图 4-6 “理性”与“肃穆”的关键词解析
（图片来源：编者自绘）

非自然：

《控制》的故事情节以平行于现实世界的“位面”作为剧情的冲突设置点，因此，在空间转译上，太古屋应当与现实世界的空间设计有所不同，体现“非自然”观感。在一些场景中，设计团队参考了意大利著名建筑设计师卡罗斯卡帕的空间设计细节和日本建筑大师安藤忠雄的空间设计手法——重复的平面交接体块关系和视线集中的空间流线引导（图 4-8）。这些空间意向在现实的空间场景设计中都是不同寻常的空间形象，它们使玩家获得与现实世界常见空间完全不同的非自然感受。除了使用不同于一般空间形态的设计手法外，设计团队在创作太古屋内的一些场景时甚至完全将现实空间尺度抛开，营造远超实际空间尺度感的虚幻空间，将玩家带入到完全虚拟的场景中去。

图 4-7 太古屋空间内景与参考案例波士顿市政厅
（图片来源：来源于网络）

2）空间氛围的转译

在将游戏主题关键词转译为初步的空间类型后，《控制》创作团队在空间氛围的视觉转译上投入了更多精力。

“重复”手法的应用：

《控制》场景概念团队在转译设计上大量使用了“重复”手法——不断重复的封闭空间、不断重复的建筑装饰、不断重复的立方体体块造型、不断重复的顶棚造型等（图 4-9），这些空间形态的重复运用不断传递着太古屋强烈的权力控制感和封

图 4-8　上图两张：太古屋空间内景与斯卡帕作品；
下图两张：太古屋空间内景与安藤忠雄作品
（图片来源：来源于网络）

闭空间带来的压抑感，当玩家在空间游走的过程中时，这种重复空间带来的“被控制”感受会不断加深，从而完全获得概念团队想表达的主题。

“对比”手法的应用：

在空间场景转换上，设计团队突出了“对比”手法在产生戏剧性和冲突性效果中的作用。例如，狭长走廊与走廊尽头豁然开朗的大尺度空间的对比；大尺度空间与渺小的玩家角色的对比；规整空间与空间内超现实“变异内容”和破败景象的对比；立方体造型与尖锐形态造型的对比等（图 4-10）。这些对比手法的应用塑造了空间场景的强烈反差，给玩家在游戏体验中带来不断分泌的肾上腺素刺激，使体验者的注意力始终沉浸

图 4-9　太古屋空间设计中“重复”手法的应用
（图片来源：来源于网络）

在游戏营造的场所氛围里。

图 4-10　太古屋空间设计中“对比”手法的应用
（图片来源：来源于网络）

“隐喻”手法的应用：

游戏创作团队参考了大量与太古屋设计主题相符合的现实空间，包括前文提及的粗野主义建筑、现代与后现代主义空间等，这些参考案例中的大量设计元素构成了设计团队在太古屋场景设计里的空间隐喻。

控制局大厅入口区域的顶棚是由无数圆形面状灯构成一个统一的平面，秩序感极强，强烈的灯光照射着大厅内部的一切，显示着这幢大楼令人窒息的理性和自上而下的控制欲望。在设计时，团队参考了匈牙利建筑师马塞尔·布劳耶设计的纽约画廊并将它巧妙地与大厅的高净空空间结合起来（图 4-11）。

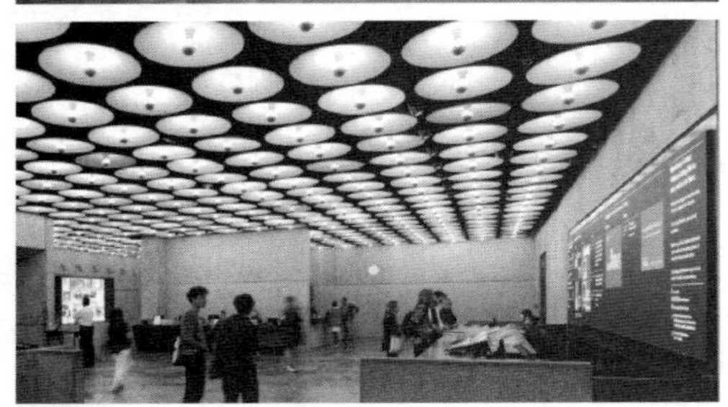

图 4-11　太古屋入口顶棚与纽约画廊顶棚
（图片来源：来源于网络）

在建筑内部，抬头可见、无处不在的是像网格一样的顶棚，这同样源于粗野主义建筑的结构做法——华夫格式顶棚(Walf Checks)。当玩家抬头望向顶棚时，尺度、形制、做法、材料、质感一致的华夫格顶棚无时无刻不在隐喻着建筑内部遭受的无形控制。《控制》游戏世界设计总监斯图亚特·麦克唐纳（Stuart Macdonald）表示这样的设计参考了多伦多大学士嘉堡分校的安德鲁斯大楼的建筑做法(图 4-12)。

图 4-12　多伦多大学安德鲁斯大楼的华夫格建筑结构
（图片来源：来源于网络）

太古屋办公室在场景设计时参考了建筑师路易斯·康（Louis. I. Kahn）设计的耶鲁大学英国艺术中心的室内装饰手法和建筑师凯文·罗奇（Kevin Roche）的约翰迪尔总部大楼的办公空间布置：清水混凝土与木饰板的内部立面材质搭配是无数严格分割工位的办公空间，宛如一个现代办公工厂（图 4-13）。在此工作的员工日复一日地从事着琐碎却并不知道目的为何的工作，隐喻着太古屋内部权力体制下的极度控制做法。这种乍看和谐的办公空间，当玩家在其中走过时会产生空间方向感的迷失，进而体会到被空间支配的心理感受。

图 4-13　约翰迪尔总部大楼中的办公空间
与太古屋中的办公空间
（图片来源：来源于网络）

空间色调与光感的营造：

为了渲染太古屋的神秘感，设计团队在空间的色调上大量使用以蓝、绿、紫为主的冷色作为环境主色调，画面环境色呈现低饱和度、低明度、强对比度的视觉观感，给玩家以阴冷、神秘的空间感受（图 4-14）。例如太古屋内的“控制点”是建筑内部的能量交汇处，设计团队在控制点的设计中同样参考了英国艺术中心的空间设计，而与英国艺术中心呈现的柔和空间光感不同的是，设计团队在控制点的空间氛围营造上采取了向心汇聚式的空间样式和蓝紫色的色调，给玩家一种极强的心理压迫感（图 4-15）。

图 4-14　太古屋中的冷色调场景画面
（图片来源：来源于网络）

而在光感营造上，场景设计中大量运用了建筑空间内部自上而下的顶光源，渲染神秘与未知的控制氛围（图 4-16）。同时设计师还较多使用了与玩家视角产生直接碰撞的对向光源，这种设计与夜晚远光灯会车时的感受类似：从光感上强化未知空间的神秘性和可能即将发生的冲突，使玩家对强光产生危机感与逃避感，无法第一时间看清对面空间的具体信息（图 4-17）。在场景内发光光源的色彩上，概念

图 4-15　太古屋内景与参考对象英国艺术中心的色调区别
（图片来源：来源于网络）

图 4-16　太古屋建筑空间中的顶光运用
（图片来源：来源于网络）

设计师参考了电影《霓虹恶魔》与《阴风阵阵》，大量使用视觉刺激性和警示语义强烈的鲜红色光源，与其他冷灰的场景色调形成鲜明对比，强化了空间的诡异与神秘（图 4-18）。《控制》的设计总监在谈场景观感的创作体验时说到，在发光光源的

设计上希望具备“燃烧感”的视觉感受。在室内光上以冷白色的光源为主，在氛围营造上与画面整体的冷色调相得益彰（图 4-19）。

图 4-17　太古屋建筑空间中的对向打光
（图片来源：来源于网络）

图 4-19　太古屋中的冷白色室内环境光
（图片来源：来源于网络）

图 4-18　上两图：电影《霓虹恶魔》与《阴风阵阵》；下三图：太古屋中的红色光源场景氛围
（图片来源：来源于网络）

（3）主题的营造

主题的营造是在主题概念和空间形象明确后的概念实现与设计制作环节。营造不仅是针对主题设定和转译环节产生的空间类型的细化和具体设计过程，更是对设定主题的贯彻和再确认。

在游戏制作环节，设计团队的工作分为预制作、设计确认、实际制作、后期制作几个不同的部分。

预制作环节是概念设计的空间简易化实现，强调简单灵活的工作方法。《控制》的概念设计师 Leonardo 在接收访谈时表示，在创作游戏的概念场景时，他会先使用草图将概念的初步意向勾勒出来，然后使用 3D 软件做简单实现，通过 3D 模型与概念草图的不断对比，最终确定场景设计的最终造型。

在实际制作环节，设计团队使用 3D coat 软件进行正式的场景设计；在场景设计完成后，设计师会将场景内容拖入游戏引擎中做进一步的细节丰富和精细化设计。完成场景精细模型后，灯光设计团队、模型渲染师、音效团队会共同配合，完成游戏视听效果的最终结合。

4.1.2　游戏娱乐——游戏《英雄联盟》

《英雄联盟》是美国拳头公司 Riot Games 设计开发的一款英雄对战的 MOBA 竞技网游。自 2010 年在我国推广以来，因其真实的游戏体验以及丰富多样的竞技英雄受到众多游戏爱好者的追捧。游戏所描摹的宏大宇宙观体现了创作者的精巧设计和缜密逻辑，所有故事环环相扣，是一款极其有趣耐玩的热门游戏。

（1）主题的设定

《英雄联盟》从无到有地创造了脱离于现实社会的另一个虚拟世界，里面牵扯到的频发的战争以及种族的矛盾多少都可以与美国的国家历史结合起来，这或许就是公司从现实生活中获取的灵感来源；而英雄联盟的设定，目的就是解决虚拟宇宙中各部族之间的长期纷争。

英雄联盟的游戏宇宙来源于远古时期坐落在瓦洛兰大陆上的城邦传说：这是一个散发着符文魔法能量的世界，因此又可以称之为“符文大陆”（图 4-20）。英雄联盟是位于其中的战争学院，它规定所有的政治争论都必须通过竞技场来处理，这也就是我们熟知的“LOL 游戏”。符文大陆上国家及部落的设定往往伴随着数不清的矛盾和战争，例如：德玛西亚、巨神峰、恕瑞玛、弗雷尔卓德等，一共 13 个地区，每个国家都有自己独特的剧情设定及矛盾，这些故事设定架构起了英雄联盟的世界观（图 4-21）。

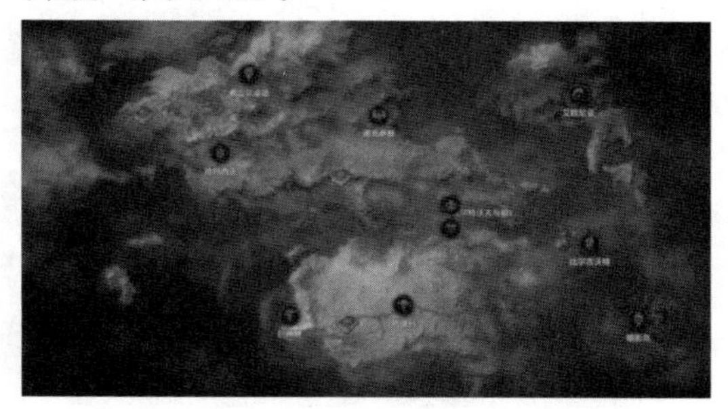

图 4-20　英雄联盟宇宙“符文大陆”的设定

（图片来源：“英雄联盟”宇宙官网）

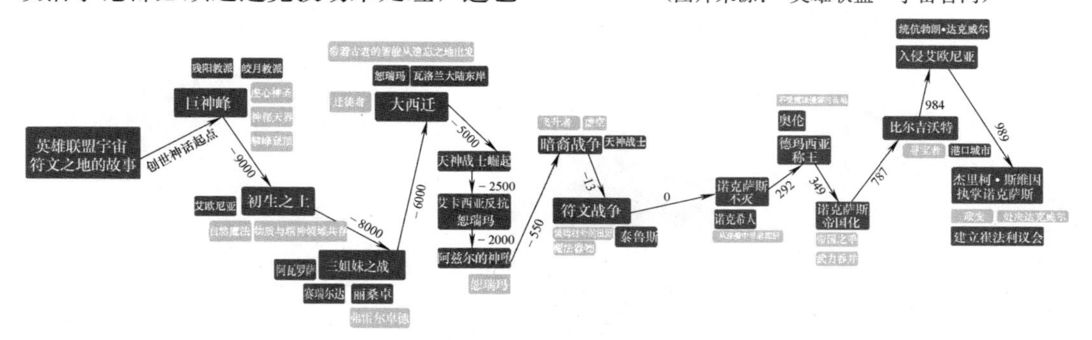

图 4-21　英雄联盟宇宙“符文大陆”故事线拓扑图

（图片来源：编者自绘）

德玛西亚是一个法理至上的强大王国，战争实力久负盛名。起初它是为躲避符文战争流亡的人们建立的庇护所，以当地独产的抑制魔法的白色岩石为材料筑起城邦的城堡，免遭魔法的侵害。因此，这是一个禁魔的国度；而城邦内法师们由于遭受歧视和压迫产生的反抗，则是国家内乱的源头（图 4-22、图 4-23）。

图 4-22　德玛西亚王国的主题关键词

（图片来源：编者自绘）

巨神峰位于恕瑞玛大陆之上，是符文之地的世界之巅。这座高耸入云的山峰完全是由坚硬的山石构成，终年沐浴着烈日阳光；因其坐落于远离文明的无人之地，所以只有意志最坚决的追寻者有幸一睹尊容（图 4-24）。巨神峰上存在着一个传说，凡是能够登顶巨神峰的人都能够获得神的认可、获得神的力量；而生活在这里的种族——星灵族，就是拥有这超凡力量的种族。

恕瑞玛是上古时期统治着整个瓦洛兰大陆的沙漠帝国，曾经是一个繁荣昌盛的文明（图 4-24）；太阳圆盘使其源源不断地获取着龙王的力量，打造了无数无敌的天神战士，但末代皇帝飞升失败使其化为废墟。响彻整个国家的一句话，“恕瑞玛，你的皇帝回来了！”激起了许多部落重现昔日盛景的梦想，也是新时代故事剧情展开的源头（图 4-25）。

图 4-23　德玛西亚城邦的场景概念设定
（图片来源：“英雄联盟”宇宙官网）

图 4-24　恕瑞玛城邦的场景概念设定
（图片来源：“英雄联盟”宇宙官网）

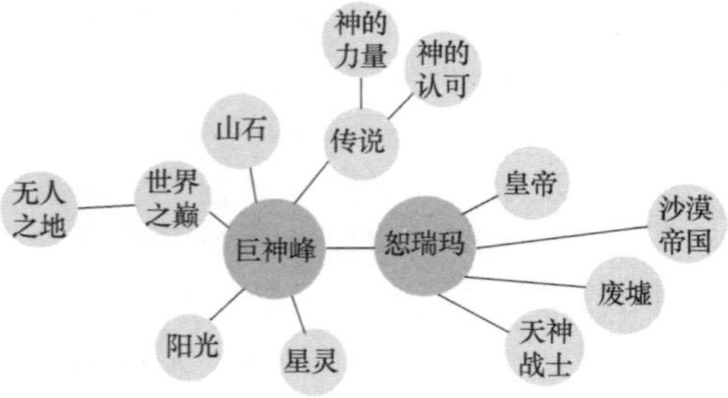

图 4-25　巨神峰与恕瑞玛大陆的主题关键词
（图片来源：来源于网络）

这些城邦主题设定和故事编排作为整个游戏的叙事文本，收获了无数玩家的认可和喜爱；随着故事的不断完善，英雄人物华丽登场，一个庞大的虚拟世界就这样构成了。除了游戏官方给予的“联盟宇宙”的介绍、辅助剧情理解的 CG 动画之外，还有网友创造的同人小说、漫画为此添砖加瓦。英雄联盟的这些故事可能比游戏本身更加吸引人，他们就像是被赋予灵魂的有血有肉的虚拟国家和人物，为其后的 IP 开发和设计提供了的大量的素材基础（图 4-26）。

（2）主题的转译

通过英雄联盟虚拟世界框架的设定，可以发现所有的故事都是围绕几个关键词

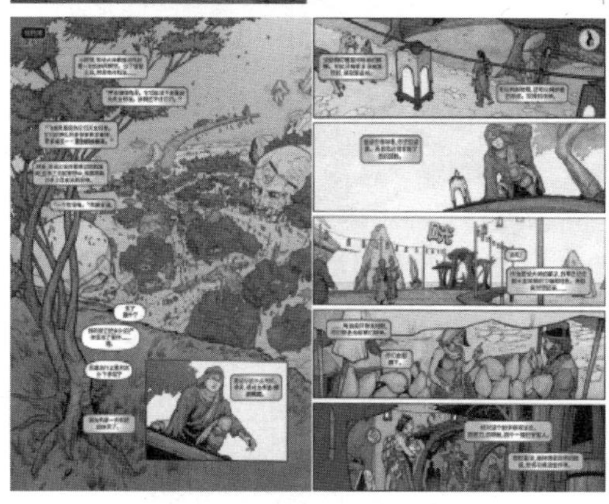

图 4-26　英雄联盟主题漫画：《劫》
（图片来源：“英雄联盟”宇宙官网）

展开的，例如：战争与和平、种族与国家、魔法、信仰……在此基础上，每一个地区甚至是每一个英雄也有自己的代名词，这些重复率极高的“口头禅”作为语言符号成为游戏传播的文化载体，同时也使故事文本无形地转译为图形生动地在我们脑海中浮现（图 4-27）。

美国传播学者詹姆斯·凯瑞认为：“符号既是现实的表征，又为现实提供表征”[1]。英雄联盟的虚拟世界通过特定的符号空间建构：情景符号、语言符号、精神符号三者结合共同实现了创造特定符号意义、共享符号价值的作用。以蓝焰群岛边缘的港城比尔吉沃特为例，从情景、语言、精神三个角度切入，分析其形态语义的转译。

情景符号　比尔吉沃特的环境场景、故事争斗、人物性格特征、行为导向都有迹可循，可以从文本概念中逐一提取。

从比尔吉沃特的历史背景设定可以发现，这个独一无二的港口充斥着海蛇猎人、码头帮派和走私偷运者，他们生活的环境与赖以为生的大海之间没有明确的分界线，因此众多的弯绕暗河使居住的环境变成迷宫一般的存在（图 4-28）。在崇尚名利、逃避法律、充满危机的社会基因下，富可敌国或是家破人亡都只是转瞬之间，这不仅是同行的竞争，是否遭到海兽袭击也是风险之一；危险、机遇、金钱、赌注都是这里司空见惯的存在。由于缺少建筑用的自然资源，大多材料都是人们艰辛找来或偷盗而来的，既有石刻作品也有报废渔船；城外的居住建筑大多是依靠古老的寺庙所建，这些古老的文明也被无形中保留了下来。从故事设定中，可以总结出比尔吉沃特城邦的关键词，这些关键词是具体场景设计转译的重要文本基础（图 4-29）。

蓝焰群岛的原生种族为芭茹人，在他们的印象当中这里始终都是蟒行群岛。比尔吉沃特是蓝焰岛上的扩展建筑，一直到 80 年前才发现的。它位于三个岛最大的一座，拥有一个宽广且易守难攻的天然港口，面向东部海岸。

这里的人们都知道讨生活最好的技能就是老方法，因此这些巧妙的陷阱和狠毒的倒钩全都来自蟒行群岛的传统工艺，每一样都专门用来吸引和击杀特定的一种海兽，而这些工具和用法都是世代传承的。这些古老的海洋生物图腾也如标志一般，出现在比尔吉沃特日常生活的方方面面，这些都是对于比尔吉沃特海洋环境的回应（图 4-30）。

[1] ［美］詹姆斯·凯瑞．作为文化的传播：“媒介与社会”［M］．丁未译．北京：华夏出版社，2005，第 17 页

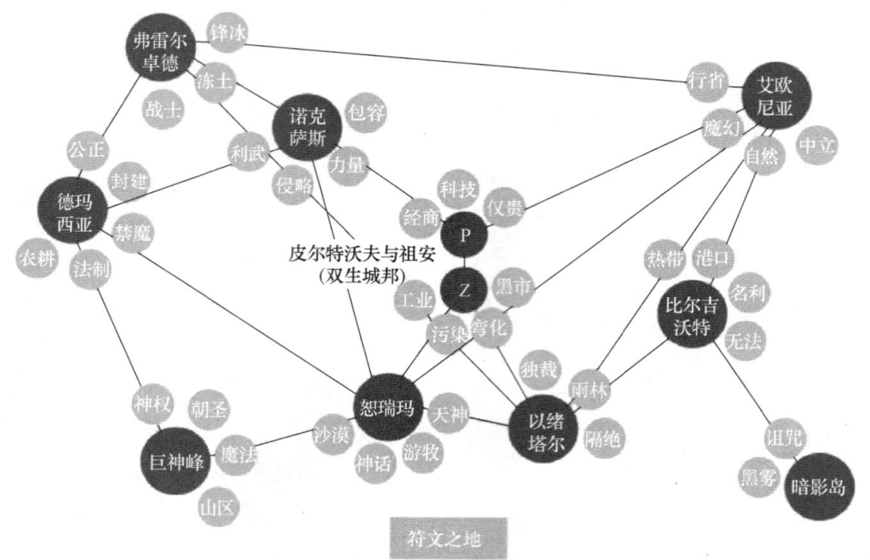

图 4-27　英雄联盟各城邦文化符号关键词
（图片来源："英雄联盟"宇宙官网）

图 4-28　比尔吉沃特的概念设定
（图片来源："英雄联盟"官网）

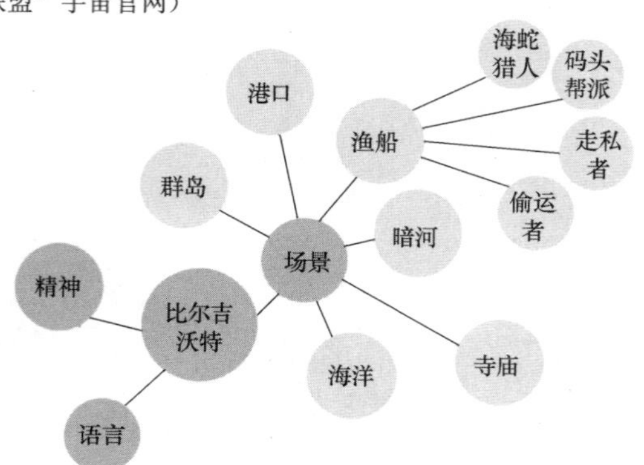

图 4-29　比尔吉沃特的场景转译元素
（图片来源：编者自绘）

图 4-30　比尔吉沃特的场景概念手绘
（图片来源："英雄联盟"宇宙官网）

比尔吉沃特场景中的自然环境促使了许多利润丰厚的行业产生，最具威望的应该是当地的海猎，因此活跃在这里的大多是船长船员、鱼叉手，屠宰码头更是地标性的场所；同时赌徒也是远近可见，毕竟这是最快让你赚得盆满钵满的方式。因此，“财富及荣耀”就是当地人的价值理念，在比尔吉沃特的故事中随处可见，例如：《赌徒的悲叹》《长蛇号》《翻倍下注》等；也从英雄厄运小姐的漫画《好运临头》和娜美的漫画《深潜》中得以体现（图 4-31）。

图 4-31　厄运小姐漫画《好运临头》
（图片来源：“英雄联盟”宇宙官网）

在这部分的游戏场景中，对于海洋元素的转译非常典型。生活在这里的人们使用的船只是巨型鱼骨的形态，桅杆顶端也是鱼类形态，部落的旗帜也采用了章鱼形象……再把视角转向单独的人物形象，这一特殊环境所带来的元素无处不在，人们身上佩戴的海洋生物骨制饰品、常备的工具制作方式、服装制作所使用的材料和方法……各个场景都在全力回应对于独特的自然环境及不同情景，使各个故事环环相扣，紧密相连（图 4-32）。

图 4-32　比尔吉沃特的人物形象设计
（图片来源：“英雄联盟”宇宙官网）

语言符号　就像每个地区都有自己的方言一样，比尔吉沃特也有专属于自己的说话方式，这与生活在这里的人、环境的渗透都有关联。而一些关键性的语句往往被作为记忆点烙印在脑海，这也是比尔吉沃特独特的魅力。

比如，游戏公司在比尔吉沃特领地上推出了一款大乱斗新地图，名为“屠夫之桥”，在用户进行游戏体验的时候，背景音及对话内容也紧紧围绕比尔吉沃特的设定。例如：船长语音有：

在敌方对手被击败时：“团灭，那是他们最后的团圆!”；在友方队友被击杀时：“你有两个伙计被扔下船了!”；当触发不同的对战现状时，会出现不同内容的语音提示，如：“给屠宰码头的一份礼物!”“只剩下一个水手孤零零地站着了!”“砍掉了海蛇的头，它就会长出更多脑袋”“请交出所有武器，这是谈判的规矩”“我的追求召唤着我”。这些描述性的语言丰满了人物的形象，在环境氛围可信度的确立上也发挥重要作用。除语言以外，游戏音效也在呼应比尔吉沃特的主题。

精神符号 每个地区都有自己的历史底蕴和文化涵养，它无形地滋养着生活在这里的人民，塑造着他们的世界观。游戏设计团队在场景设计中也将比尔吉沃特的精神符号具象为了建筑空间（图 4-33）。

图 4-33 比尔吉沃特的精神符号：芭茹神庙
（图片来源："英雄联盟"宇宙官网）

比尔吉沃特的当地文化中处处都有海中巨兽的烙印，而原始生活在这里的芭茹人的文化中心就是一个硕大的海怪——娜伽卡波洛丝，它代表着生命、生长和永恒地运动。因此这里到处都充斥着野生气息，无论是贪婪金钱的利欲熏心、法外狂徒的强横无比还是征服海怪的乘风破浪都是人类最为粗犷的本真，但掩藏于这些外表下的义气、独树一帜的坚韧以及深藏在心的信仰也是不可磨灭的精神痕迹（图 4-34）。

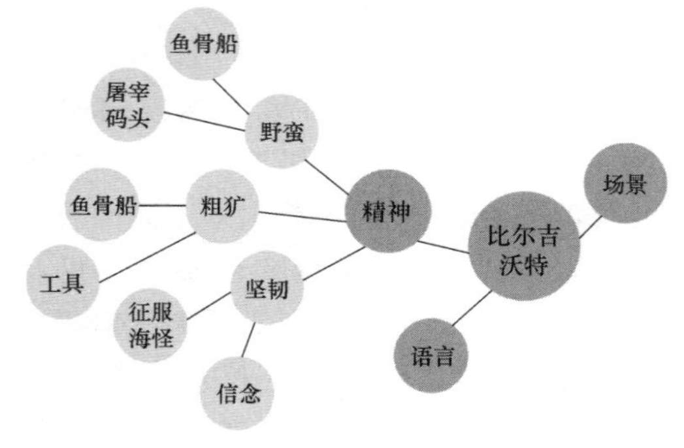

图 4-34 比尔吉沃特精神符号转译元素示意
（图片来源：编者自绘）

（3）主题的营造

在叙事文本和图形符号的基础上，下一步是对空间形态的具体设计，宏观到整个符文之地的世界设计，微观到每个种族的生活细节，都是空间元素需要营造的内容。

充满白色禁魔岩石的德玛西亚，是由嘉文四世在位统领的帝国，随处可见的白色元素以及巍峨的城堡无不体现着贵族王权的正统以及对正义的崇尚。而同为封建帝国的诺克萨斯，则是一个威名震天的"强盗"王国，它拥兵自重、血腥野蛮，以入侵和扩张领土为荣，因持续处于争斗的状态使得诺克萨斯的建筑城墙格外坚固、整个城邦的建筑拱卫中心象征绝对权力的高耸城堡。街道狭窄幽闭，笼罩在黑暗的气息之中。他们的城邦强调帝国的力量和绝对掌控，隐喻着森严的等级和封闭的国家体系——任何想靠武力占领某座诺克萨斯城市的敌人都将面对顽强抵抗。作为对比，两个城邦的空间营造也呈现出迥异的风格。在空间形制上，德玛西亚的建筑呈现出一派古典优雅的气息和十分规整的空间平面，主要的城邦建筑——黎明城堡、英勇之厅、光明使者圣殿、宏伟广场，处处反映着这个民族的自矜与深厚底蕴；而诺克萨斯则与之完全相反，作为靠暴力与血腥建立统治的帝国，它的城邦空间充斥着无序与压迫感，空间色调阴暗，隐喻着随时可能出现的危机和斗争（图 4-35）。

同样位于符文之地北部的弗雷尔卓德和艾欧尼亚也面临着截然不同的生活环境。弗雷尔卓德是一片环境恶劣、残酷无情的冻土，常年遭受风雪的侵害，因此这里的人们天生就是战士为生存谋出路。寒冷的气候造就独属于其的建筑，例如冰牢。严寒的天气也使其防御工事相对简陋。在夏季抢劫掠夺的月份里，凛冬之爪的战士们在北地纵横驰骋，掠夺一切有价值的东西并为己所用；随着风雪的来临，他们会建立临时居所，准备在等待中熬过漫长寒冷的冬夜，直到冰雪再次消融。而被凶险海域围绕的艾欧尼亚气候相对温和，这片"初生之土"的庞大群岛因变化

图 4-35　德玛西亚与诺克萨斯的“白黑”城邦场景氛围差异
（图片来源：“英雄联盟”宇宙官网）

图 4-36　弗雷尔卓德与艾欧尼亚的“自然”城邦差异
（图片来源：“英雄联盟”宇宙官网）

莫测的自然魔力而显得危险且神奇，这里是“万物归一”“取法自然”的栖息地，神奇的动植物和谐共生，居住的环境充满自然的飘逸和优雅，充盈着这片土地的轻灵之美，广阔的开放空间让身处其中的人始终都能体会到勃然的生机（图 4-36）。

除了虚拟空间营造的冲击力，动画及音乐的辅助、技术的衬托使得英雄联盟的游戏体验格外酷炫极致，制作精良的符文之地和英雄人物模型，从场景、剧情到音效，从服装、样貌到动作，他们塑造的物理世界、精神世界都堪称完美。我们可以从各个方面感受虚拟世界党派纷争的紧张刺激，英雄彼此的爱恨情仇，这些虚构得令人神往的内容，无一不令人跃跃欲试。

4.1.3　影视布景——电影《头号玩家》

2018 年，由史蒂文·斯皮尔伯格执导的未来科幻电影《头号玩家》在全球掀起了一股观影热潮。电影以游戏世界为背景的剧情设定、未来社会为基础的时间引擎、冒险闯关为推力的虚拟体验吸引了国内外众多影迷追捧，使之成为当下国际电影市场的一部现象级电影，再次将“电子游戏”和“电影”的互动推向高潮，造就了一个具有丰富文化意味跨媒介实践的审美趋势。

（1）主题的设定

电影发生在 2045 年美国的俄亥俄州，以现实世界游戏文化蒸蒸日上的社会现象为基础，讨论了未来社会虚拟生活方式的可能性。

叙事者在故事文本中设定了未来世界的生活状态——人类生活在破败的叠楼区，只能依靠高科技的 VR 穿戴设备寄托精神需求（图 4-37）。这样颇为极端且开

图 4-37 《头号玩家》叙事文本的主题设定

（图片来源：来源于网络）

门见山式的“硬科幻”设定可以很快将观众代入角色中。随后，故事设定了“THE OASLS”——“绿洲”这个游戏文本的虚拟世界，它类似于国内的斗罗大陆或者王者峡谷，吸引玩家在虚拟世界中冒险和消费。绿洲虚拟世界作为承载事件和科幻元素的平台，为后期大量出现的虚拟游戏场景、画面、声音以及其他各类让观众叹为观止的视听元素做出了重要铺垫。当观众随着人物视角与之一同进入 VR 虚拟游戏世界绿洲后，会发现现实中的人纷纷变成了虚拟世界中存在的游戏玩家。在虚拟世界中，玩家通过 VR 技术操纵着游戏中的化身，此时此刻，观众仿佛是在电影银幕上观看一场“游戏直播”（图 4-38）。

图 4-38 《头号玩家》参与者的 VR 体验引擎

（图片来源：头号玩家影片）

这种状态是一种“元电影”的审美形态，亦可称之为“元游戏电影”，即观众可以在电影中对他人玩游戏的场景画面进行直接的观看体验。而在电影中，作为被看者的主角们，也可以随着自己的独特审美创造一个“理想中完美的自己”，这与当下游戏文本的二次角色设定相同，使观众在观看时可以很轻松地将自己代入其中。

文化学者阿瑟斯在研究游戏文化的专著《虚拟文本》一书中，借用戏剧理论中的“情境”一词来代替传统意义上的“故事”或“叙述”，强调作为虚拟文本的游戏，提供给玩家的“并非叙事情节，而是制造出一系列动荡不安的活动，由使用者让其生效……（‘情境’）指的是一种隐秘的情节”。因此，《头号玩家》的叙事结构中延续了冒险类游戏闯关的密钥关卡机制，每一个关卡都设计了惊险刺激的游戏体验，并随着对游戏设计者的深入剖析获得游戏最终的“彩蛋”，观众在文本情节的推动下乐此不疲地寻找着生活中自己熟悉的娱乐元素和游戏符号，实现“文本盗猎者”般的巨大快感（图 4-39）。

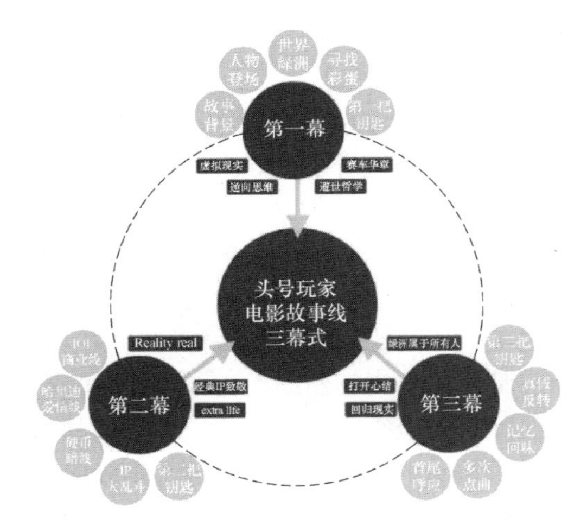

图 4-39 《头号玩家》故事线拓扑图

（图片来源：编者自绘）

（2）主题的转译

《头号玩家》并非一般意义上的游戏改编电影，它不再纠缠于对某一部游戏进行改编，而是将“游戏”这一超文本以全新的方式纳入电影叙事系统中。其中与电子游戏密切相关的图形符号随处可见，撩拨着游戏玩家的回忆，给予其非同寻常的情感体验。

同时，叙事者又很好地利用了 VR 游戏世界自带的视听审美上的“假定性”优势，在影片中植入了大量的经典 IP 元素，其中总共约有一百五十多个 IP 符号形象与致敬经典的桥段，这些形象与桥段或显而易见或被导演精心隐藏了起来，暗喻着惊喜也引诱着观众自己去探寻，在影片中命名为——“Easter Egg”寻找彩蛋的游戏，赋予了整个观影的行为一种奇妙的游戏性，这些“彩蛋”是由大量的经典动画、经典游戏、经典电影、流行音乐、流行玩具、流行小说等多种媒介、不同艺术领域中的 IP 符号来共同组成的，比如“金刚”“霸王龙”“异形”“街头霸王”“守望先锋”“机动战士高达”“忍者神龟”“哥斯拉”“超人”“闪灵”“终结者”“魔兽争霸”“Thriller”等，与传统的 IP 改编电影不一样，本片只是将众多 IP 的符号形象进行了直接地搬用以充当配角，这既符合影片所建构的游戏电影的审美特征，又没有刻板注入的突兀感（图 4-40）。

而在文学叙事与场景叙事之间，是众所周知的人物叙事，他们除了是故事的主体之外，还是情节的推动和关联者、关键性行为的发起人，男主角 Wade Watts 可以根据自己的想法以及喜好的风格变换各种形象，这是与现实生活中的模样完全区分开来的，也是目前游戏给予游玩者的诱惑之一，在这里你可以摒弃你所有的坏习惯、不完美，成为“明星”成为任何一个你想要成为的人（图 4-41）。

而电影中具有代表性的地点图形元素，也是和游戏文化有着密切关联的，例如：第一关卡的极速飞车，不仅出现了“金刚”“霸王龙”“阿基拉”摩托，也隐藏着“龙珠”中物品的召唤方式、美国的城市标志性建筑物“自由女神像”（图 4-42），以及对于《回到未来》的致敬，还有 20 世纪初飞车游戏的狂野飙车，且“倒退得尽可能地快”也打破了传统一直向前的方向感，以逆向思维的方法破解了

图 4-40 《头号玩家》部分角色及经典影视的 IP 形象（图片来源：头号玩家影片）

图 4-41 《头号玩家》男主角自主定义的帕西法尔的 IP 形象
（图片来源：头号玩家影片）

图 4-42 《头号玩家》中的自由女神像
（图片来源："英雄联盟"宇宙官网）

任务的谜题；这么多图形标志符号解剖重组拼凑，带观众快速地进入"THE OASLS"这个极致刺激的虚拟世界。第二关卡的电影《闪灵》，极致地还原遥望旅馆的布景，以及电影结束时的最后一帧照片、"237"房间等都被真实地还原，这些图片符号瞬间将观众拉回到恐怖电影的气氛当中。第三关卡是历经种种磨难后的历史上第一个电子游戏彩蛋——由雅达利出品的《冒险》游戏，这种类似方块代码的形式带观众穿梭到童年的红白游戏机当中，也有着预示我们放下贪念珍惜当下的意义（图 4-43）。

（3）主题的营造

《头号玩家》想营造给观众的不是传统意义上的游戏电影，将游戏世界的文本直接嵌入进来；而是一种对于未来社会生活的设定，在这里你可以看见随处飞行的无人机"外卖员"，机械感工业化十足的汽车房以及发展迅猛的游戏社交软件。《头号玩家》最终想呈现的也不仅仅是

图 4-43 《头号玩家》三个游戏关卡
（图片来源：头号玩家影片）

CG 技术带来的虚拟环境的发展可能性以及未来前景，更是真实社会的"自救指南"；叙事者真正想表达，人类最需要珍存的应该是现实的美好，不是利欲熏心的利益也不是虚拟的拥有，用前沿的虚拟世界反讽真实社会的悲惨遭遇也可以理解是有意而为了。

故事的最开始将镜头拉到 2045 年美国的一个小镇，映入眼帘的是废弃的钢铁叠楼区，人们活动在机械堆砌起来的"垃圾"集装箱里面，没有一点温馨的未来生活环境与当下的社会大相径庭，这是叙事者创造的"第一世界"——未来的现实（图 4-44）。在这里，人们醒来的第一件事不是日常现实生活的洗漱工作，而是第一时间带上 VR 眼镜、穿上定制版的紧身衣在 VR 跑步机上加速奔跑进入到"THE OASLS"的虚拟世界当中；无所寄托的精神境界，破败落后的社会生活，都不断地引导着观众们得以深思：我们的未来会是怎么样的？会成为虚拟世界完全替代现实社会的悲观情境吗？

而《头号玩家》在一开始就营造的"THE OASLS"——绿洲，则是叙事者创造的"第二世界"——未来的游戏，这也

图 4-44 《头号玩家》2045 年俄亥俄州集装箱街区——“第一世界”
（图片来源：头号玩家影片）

是虚拟环境艺术设计必须关注的重点，在科技的协助下人类可能创造的虚拟现实（图 4-45）。在这个庞大的世界里，你可以看到《我的世界》、LUDUS 星球、死亡星球，也可以和蜘蛛侠一起登顶珠穆朗玛峰，在飓风山巅滑翔、冲击夏威夷 15m 的海浪、去埃及的金字塔，这是一个类似于地球的存在，所有的游戏都在这里发生，你想做的但却未能在现实中如愿的行为也可以在这里实现，同时这也是一个令人流连忘返的交友的地方。其中的档案馆也是很重要的一个营造空间，这里是剧情的导火索也是游戏叙事者 James Holiday 储存记忆的地方，与传统档案馆不同的是，这里可以以 VR 的效果重映旧时光的所有片刻，使每一分每一秒的时光都成为一种可以被留存的片段，“不被吝啬的想象力”也是《头号玩家》主题想要呈现给观众的方面之一。

体验性、真实性、沉浸性是游戏最显要的特征，而“互动”——游戏本质上是一种互动娱乐的形式。在叙事的文本“骨骼”以及符号图形“肌肉”罗列完成之

图 4-45 《头号玩家》“THE OASLS”绿洲——“第二世界”
（图片来源：头号玩家影片）

后，其场景的营造和催生仿佛一种覆盖的“表皮”，将一切都笼罩其中。在两重世界的交织进行的背景下，在一种“戏中戏”的场景框架之中，游戏玩家与游戏文本催生出电影观众与电影文本的互动，以一种相对自由的方式引导着观众寻找着自己的视像，也起到了改变观众认知观念的变革性力量。在《头号玩家》中更多的是对于电影、游戏、艺术交错复杂的叙述，像是一个“网”建构了虚拟与现实交汇的空间，在这个游戏中人类自身将与外部世界隔离开来，两部分处在不同的环境，但是也会涉及虚拟世界对于真实生活的影响，需要参与者自主辨别哪些只是真实世界的幻象（图 4-46）。

图 4-46 《头号玩家》虚拟现实场景
（图片来源：头号玩家影片）

《头号玩家》的游戏影视化布景，极

具含混的代表性，它里面既存在物质现实的复原也冗杂着游戏人生的梦幻，“似真性幻觉”已经成为虚拟现实融合时代的主流创作方向，而交互体验与参与式叙事也日渐转变为推动其成为备受瞩目的其中文化生产方式。

4.2　现实营造

虚拟环境在现实生活中出现得也很多面，大多与现实的场景相结合，采用特殊的空间构造方式，带来极致的观赏体验，这种将数字技术灵巧运用于现实叙事的手法汇聚出专属于主题的传播记忆。案例将从主题乐园、展陈空间、主题商业、文化展演四个方面解读虚拟环境的现实营造，探索数字艺术的魅力。

4.2.1　主题乐园——迪士尼阿凡达主题乐园

2009 年导演卡梅隆指导的一部 3D 电影《阿凡达》在国内外引起了巨大的轰动，随之于 5 年之后在美国奥兰多迪士尼世界园区动工阿凡达主题公园，占地 12 英亩，造价 5 亿美元，卡梅隆和《阿凡达》的幕后制作团队都参与了园区的设计，力求还原电影中的经典场景，让游客们沉浸在真实的潘多拉星球中（图 4-47）。

（1）主题的设定

奥兰多迪士尼世界沿袭了以往的传统，以整体输出的游园体验作为主要的营销和卖点；作为目前世界上面积最大的迪士尼主题乐园，它融合了未来世界、动物王国、好莱坞影城、魔法王国四个主题乐园，“探索无尽魅力之地，让您的幻想成为现实”为口号标语，自始至终地贯穿乐园的整个内容主题设定。而阿凡达主题乐园位于动物王国板块之中，通过动物冒险和娱乐体验感受大自然的魅力，欣赏稀有动物和野生娱乐带来的自然魔力。而“阿凡达世界”则代表着一片赞颂自然魔力的美丽土地。

阿凡达主题乐园以电影《阿凡达》的剧情为框架基因，以其中的标志性场景为游园体验的叙事背景，为游客编织了一个潘多拉星球的梦幻王国。它保留了电影情境中的众多记忆点，以一种串联的方式将故事片段剪切拼凑起来，形成了人人向往、和谐统一的美满剧本。

图 4-47　阿凡达主题乐园的现实场景
（图片来源：奥兰多迪士尼世界官网）

然而，阿凡达主题公园的故事设定并不是全部照搬原版电影，这是一个全新的、颂扬大自然瑰丽的异星乐园（图 4-48）。在潘多拉星球的之上，重建了一个名为“Mo’ ara 山谷”的场所——这是一个原版影片中没有提过的地方，只有穿过这里漂浮的山脉、发光的动植物、本土鼓圈以及其他的奇幻土地，才可以运足到“阿凡达世界”（图 4-49）。

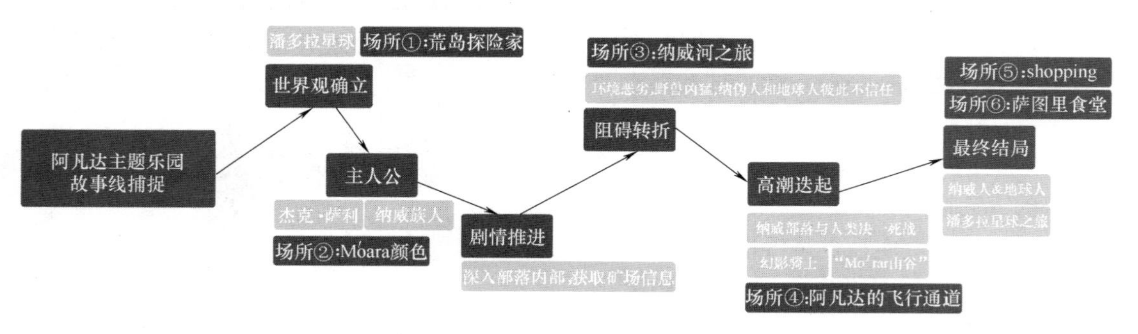

图 4-48　阿凡达主题乐园故事线拓扑图
（图片来源：编者自绘）

图 4-49　主题公园所设定的“Mo’ara 山谷”的模型以及实际效果
（图片来源：奥兰多迪士尼世界官网）

主题乐园的时间线发生在电影故事的几百年后，此时来自地球的邪恶采矿集团 RDA 早已一去不返；游客也将会以全新的身份，获得加入到 Alpha 半人马远征探险队（简称 ACE）的机会，与 ACE 合作一起去探索这个异国风情世界的地方价值观和文化，感受自然世界惊人的创造力和压倒性的力量，这也成为前来潘多拉星球旅行的主旨所在。

（2）主题的转译

剧本是由电影故事情节编缀起来的，主题乐园则是从文本的基础上得以转译。这些故事情节分镜头成为阿凡达主题乐园创作的基础，一个个独立的图形符号有机串联起来，构成了起承转合的平面化空间的布局（图 4-50）。

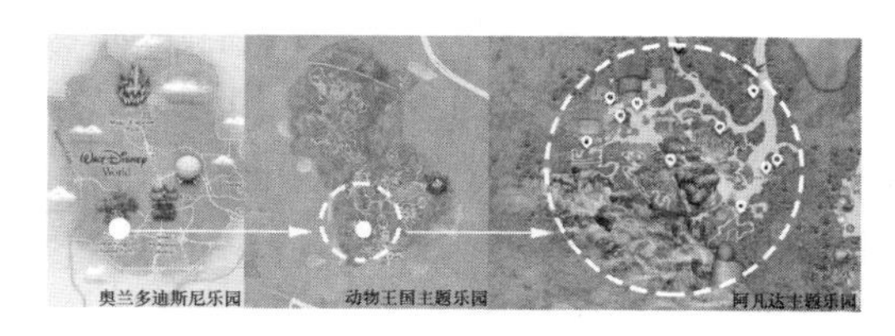

图 4-50　奥兰多迪士尼世界的场地分布
（图片来源：编者自绘）

根据电影的剧情设定，整个乐园被定义为潘多拉星球，从着陆开始游客将会依次体验荒岛探险家、纳威河之旅、阿凡达的飞行通道三个娱乐设施，并在其过程中感受“阿凡达世界”独特的壮丽色彩。不难发现这三个主要的场景节点是与阿凡达电影的主题剧情相对应的，与男主杰克·萨利初次抵达潘多拉星球的探险旅程相照应，且空间设置的主题也是和电影的细节内容息息相关，真实且高还原度地再现了其中经典的桥段和情节（图 4-51）。

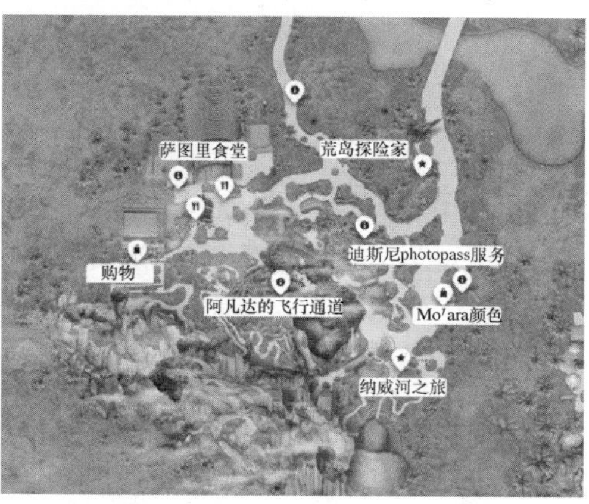

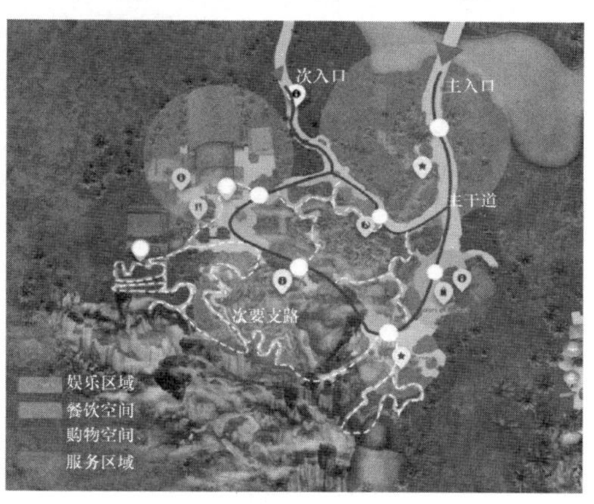

图 4-51　阿凡达主题乐园的空间构造以及细部分析
（图片来源：编者自绘）

经过了乐园剧情的文本统一，以及与电影内容匹配的标志性场景落定之后，是整个“阿凡达世界”的平面构造环节，也是为游园体验的诞生创造舞台。不难发现，乐园规划的总体布局是花瓣式结构，以“魅影骑士”为原身的阿凡达飞行通道是整个主题的“花蕊”，也是主干道与交通核心集散的主要区域，其他四个功能空间则作为花瓣紧紧地包围在花蕊的四周（图 4-52）。同时，它又与影片的标志性场景处于同一轴线之上，花瓣式结构极强的汇聚力将游客的视线牢牢汇聚于一点，这个平面的总体布局很好地发挥了它的优势。

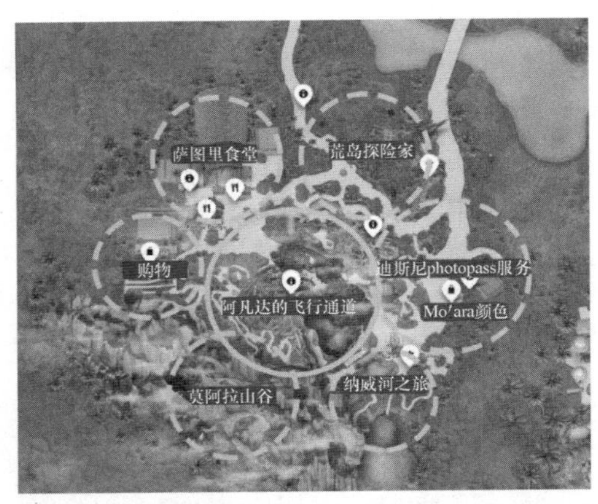

图 4-52 阿凡达主题乐园的空间构造以及细部分析
(图片来源：编者自绘)

图 4-53 阿凡达主题乐园的标志性符号
(图片来源：https：//www. sohu. com/a/148560603_759344)

若总结潘多拉星球的标志性符号，“悬浮山”一定是其中最为经典的存在。一进入园区，游客会看到这被植被覆盖的巨大山石，高度还原影片中的情景，这乍一看类似怪兽的造型恍若顷刻间镜像，重归纳威人的诗意空间之中（图 4-53）。沿着曲折的小路游览，在水域的旁边是专属于潘多拉星球的奇花异草，纳威族人建造的图腾也在熠熠生辉。圣树、灵花、奇鸟、怪兽，符号化的象征比比皆是，巨大的岩石盘根错节连在一起，瀑布跌落水汽缭绕，如同飘浮在空中!

（3）主题的营造

阿凡达主题乐园转译生成之后，还需要对空间场所进行氛围上的处理和渲染；只有景观节点和游戏设施不足以满足潘多拉星球传递的那份“美轮美奂”，还需要灯光特效、情境互动以及交互体验层次上的丰富。

主题公园以舞台布景的手法处理情境空间，除了叙事者将整个观赏过程当作一重重的冒险之旅来考虑和创作之外，还为游客创造出隔绝于现实世界的虚拟空间，让游客忘却现实地融入其中。其中，“阿凡达的飞行通道”项目给予了刺激的飞行体验，不仅呼应影片中纳威族人的成年仪式——在斑溪兽的背上飞行，也通过 VR 极致地展现了潘多拉星球的 3D 效果，“伴随着每一次俯冲，潜水，你会在飞翔过程中了解到这个奇妙的世界（图 4-54)”。

“纳威河之旅”的漂流项目提供了更加真实的外星体验，游客乘船穿越荧光森林，一边感受夜景中各种发光生物的奇妙，一边荡漾在空灵的自然乐章中，有时还能看到纳威人的蓝色身影。其中惟妙惟肖的纳威萨满，则是漂流中的最大亮点，她逼真的歌声来自迪士尼强大的音频制

图 4-54 阿凡达的飞行通道
（图片来源：奥兰多迪士尼世界官网）

作，通过她活泼、自由的表演成功地将艺术氛围与纳威文化融为一体，使游客沉浸在虚拟现实带来的阿凡达 IP 的视觉盛宴当中，创造了最美好、最令人兴奋的互动体验（图 4-55）。

图 4-55 纳威河之旅
（图片来源：奥兰多迪士尼世界官网）

“阿凡达世界”最具有吸引力的时刻就是傍晚，整个乐园笼罩在多彩的荧光之中。在施工的过程中使用了绝对尖端的技术和器材，通过复杂程序、演示装置体现数百种植物以及生态系统，连步行空间也运用了 LED 技术，随着走动的轻重缓急变幻不同的色彩，生动地还原了电影中触手可及的“虚拟”体验（图 4-56）。

图 4-56 “阿凡达世界”的傍晚效果
（图片来源：奥兰多迪士尼世界官网）

除了空间层次的渲染，对于阿凡达主题的营造还体现在角色的创立以及真实互动的体验（图 4-57）。抵达潘多拉星球的游客可以在“color of Moara”进行换装，分分钟蜕变为纳威人，并在游园的过程中遇到“本土向导”——即兴发挥的角色扮演者，接受来自外星人脑洞下的隐藏彩蛋。主题园区为了增加沉浸式体验，还在餐厅提供了“外星美食”，使游客全方位地体验着纳威族人的一天。主题的营造在多方面的设计下引人入胜，唤起了每一个到来者心中关于阿凡达文化的集体记忆。

4.2.2 展陈空间——世园会中国馆

世界园艺博览会（简称“世园会”）是由国际园艺生产者协会（AIPH）举办的国际性园艺盛会，2019 年在北京延庆

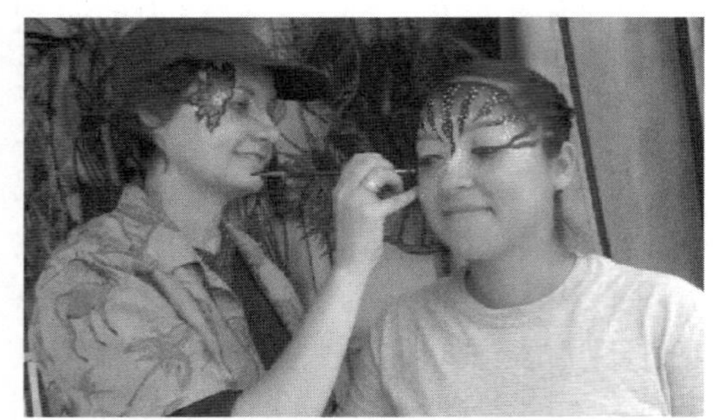

图 4-57 “阿凡达世界”的极致体验果
（图片来源：来源于网络）

举办。作为又一在首都北京举办的国际博览会，中国国家馆是其中最受瞩目的场馆（图 4-58）。世园会以花卉园艺为媒，本届中国馆秉持“生生不息，锦绣中华”的展陈理念，将静态展示与动态演绎相结合，实物花艺与虚拟意境相呼应，追溯华夏园

图 4-58 2019 世园会中国馆建筑效果
（图片来源：世园会官网）

艺的历史长河，将中国对生态文明建设的成果显现到空间设计中。

中国馆的生态文化展区展陈设计打破以往“陈列”式的展陈设计方法，以沉浸式体验的戏剧化空间叙事手法设计展陈空间，为世界各国观众带去了“步移景异”的全新观赏体验。

（1）主题的设定

中国馆整体为三层建筑空间，位于地下一层的中国生态文化展区，将建筑空间与展陈设计紧密相融，以步入式空间为媒介结合新媒体技术，以“天地人和”“四时景和”“山水和鸣”“春江风和”“祥和逸居”“和而共生”的“六和”主题为叙事逻辑，分别表现和谐质朴的中国生态观、江山多娇的绿色发展观、山水林田湖草生态整体观、成果共享的民生普惠观、共谋生态体系建设的共赢全球观（图 4-59）。整体展览空间依天地、风物、山水、人居进而全球和谐共赢为序，依次布局形成九幕空间，带来循序渐进、移步换景的艺术特点和游览体验（图 4-60）。

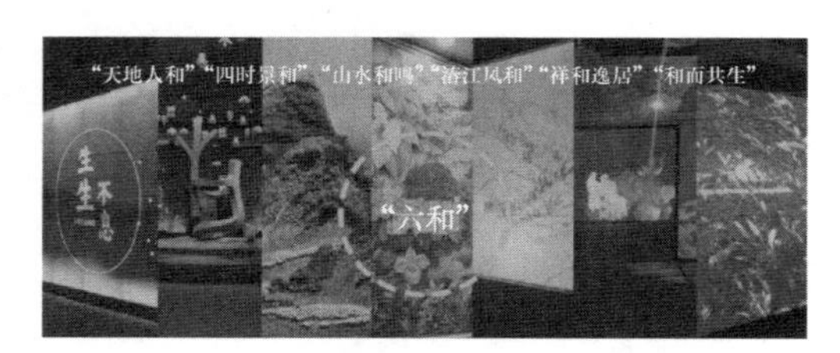

图 4-59 中国生态文化展区“六和”主题
（图片来源：编者自绘）

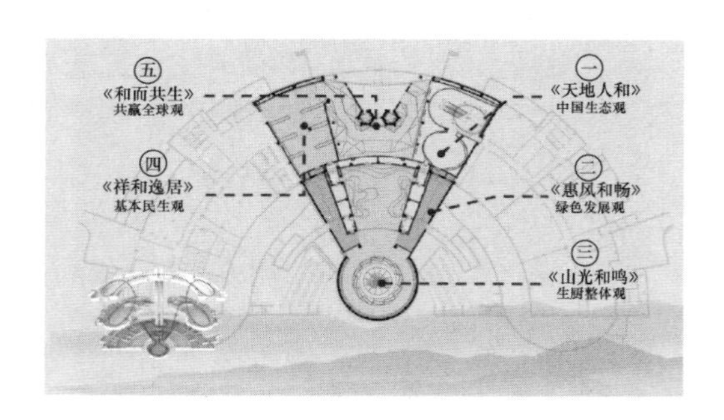

图 4-60 中国生态文化展区的空间平面流线
（图片来源：编者自绘）

师法造化，寻觅心源。展览的主题设定以中国文化为基石，结合过去与现在，采用“总—分—总”叙事结构，中国文化

和中国精神的传达，文化自信和科技自信的彰显，传统智慧和传统艺术的借鉴，通过“六和”的情景化山水叙事脉络娓娓道来（图 4-61）。

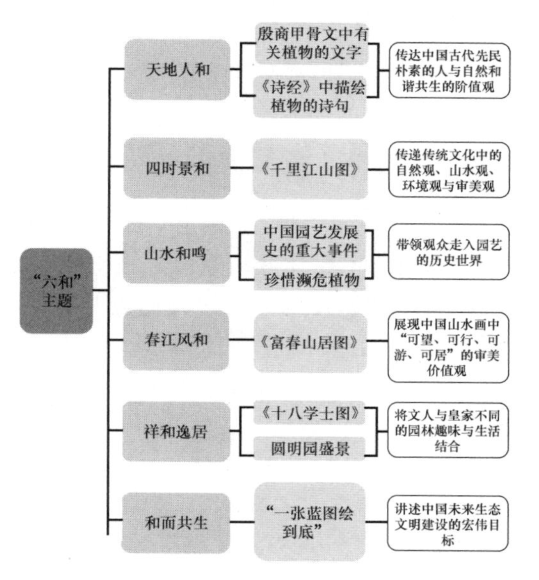

图 4-61　中国生态文化展区“六和”主题设定
（图片来源：编者自绘）

在“天地人和”部分，设计团队将中国悠久的自然观融入设计主题概念里。从殷商甲骨文中有关植物的文字和《诗经》里描绘植物的诗句中提炼作为叙事设计文本，传达中国古代先民朴素的人与自然和谐共生的价值观。在“四时景和”部分，设计师提取中国著名青绿山水长卷《千里江山图》作为这一展厅的叙事媒介，传递传统文化中的自然观、山水观、环境观与审美观。在“山水和鸣”部分，中国园艺发展史上的重大事件和珍稀濒危植物被作为叙事主体，带领观众走入园艺的历史世界。在“春江风和”部分，设计师选择《富春山居图》作为载体，将中国山水画中寄托“可望、可行、可游、可居”的审美价值观展现给观众。在“祥和逸居”部分，设计团队选择《十八学士图》和圆明园盛景为题材，将文人与皇家不同的园林趣味与生活结合起来。最终的“和而共生”部分，叙事由过去走向未来、由微观走向宏大，以“一张蓝图绘到底”作为叙事理念，讲述中国未来生态文明建设的宏伟目标。

（2）主题的转译

在主题转译阶段，设计团队将主题设定环节提炼的叙事元素解码，转化为展陈空间、叙事内容、虚拟新媒体手段相结合的空间内容，以叙事设计的手法将展览的“六和”主题呈现给观众。

“天地人和”部分，设计团队以圆形平面空间的设计回应天、地、人蕴含的圆融哲理。将主题设定中《诗经》内的诗句与其对应的植物标本进行组合，环形排布在展览圆厅中，使观众能非常直观地了解先民对自然植物的朦胧认知和朴素情感（图 4-62）。在展厅正中，设计师将“艺”字的造字哲理——一个人屈膝种植禾苗的形象生动地转化为了抽象雕塑，进一步体现古人对“人与自然”和谐关系的朴素自然观认识（图 4-63）。

图 4-62　植物标本与《诗经》诗句结合的展陈内容
（图片来源：世园会官网）

“四时景和”部分，设计团队利用场地空间的狭长形状与《千里江山图》长卷形式的完美线性契合展开叙事设计。为了突出叙事主题，以永生苔藓作为绘画材料重新诠释画卷内容与植物主题的关系，并结合科技手段对其进行动态光影演绎，使画卷、空间、植物、人物间的互动关系在

图 4-63 “天地人和”厅的展陈设计
（图片来源：世园会官网）

空间内更为活泼而有吸引力（图 4-64）。

图 4-64 “四时景和”厅的展陈设计与新材料应用
（图片来源：世园会官网）

“山水和鸣”部分是整个展陈的空间核心，该厅呼应于建筑中轴线上，圆形下沉“水院”的空间使其与地上的外部空间产生呼应，并与联通的“山厅”形成视线上的南北相望。设计团队在设计上充分利用这一空间特点，将中国园艺发展史中具有里程碑意义的事件作为水院的展陈内容，在山厅则展示中国濒危的特有植物和《影响世界的中国植物》专题画作；形成山水和鸣，历史与自然对话的空间观展体验（图 4-65）。

图 4-65 “山水和鸣”厅的展陈空间设计与内容
（图片来源：世园会官网）

“春江风和”展区选择《富春山居图》长卷和与它在空间位置上相对称的“四时景和”展区相呼应，在设计中采取以植物艺术装置结合光影艺术的展示设计手法。整个画卷长度约 20m，观众在观展过程中，每隔 5 秒钟，随着电控玻璃的逐渐透明，光影效果的《富春山居图》会逐渐消失，整个画面会变成一个当代的橱窗插花艺术装置，持续 5 秒后玻璃又会逐步磨砂，又会变回光影效果的《富春山居图》，如此反复。通过这种虚实交错的图像叙事方法，创造出一种全新“步移景异”的观展体验，从而实现了“春江风和”的当代主题转译（图 4-66）。

“祥和逸居”的叙事以时间为线索，展现从宋代君子儒士、百姓民众乃至清代皇家对园林艺术的理解。其中的“茂林竹居”以宋代刘松年的两幅画作《十八学士图》《西园雅集图》为载体，再现文人墨客拥茂林修竹的怡然自得，享悠然之居。

图 4-66 《富春山居图》的新媒体技术表达
（图片来源：世园会官网）

“万园之园”则是以圆明园盛景为题材，它是中国历史上最宏伟、最优美的皇家园林之一，也是中国园林艺术的璀璨明珠和巅峰之作；此次创作旨在重现圆明园昔日的雍容气度与园艺魅力。展陈空间借助LED屏幕作为展墙，将大量图像以动态媒体效果的方式模拟还原古画中的艺术气质，山峦的走向、景观的布局、画技的表达都融入了现代化的视觉元素，是对原画的超时空再创作，使人在观展时完全沉浸在被包围的动态山水画作中（图 4-67）。

图 4-67 “祥和逸居”展厅的沉浸式展陈空间
（图片来源：世园会官网）

“和而共生”作为展陈的尾声，在叙事上起到升华和展望的作用。在转译设计时，设计团队结合展厅的折线平面，将中国生态建设转译为一张“蓝图”以连续不断的地幕投影作为媒介呈现出来。在叙事内容上，以中国生态文明建设的成就和宏伟蓝图为愿景，通过俯瞰的角度切入，以飞鸟的视角徜徉在崇山峻岭之间，两侧山峰呈现出中国当代生态文明建设的辉煌成果，尽显人与自然共生的气象。叙事线融入鲁家村、塞罕坝、长城、长白山等自然图景元素，视觉语言的拼贴充分营造出了虚拟环境的意境，使人在漫步中不觉浸入其中，一幕幕中国当代生态文明保护建设的重大成就和对未来自然生态的憧憬跃然眼前（图 4-68）。

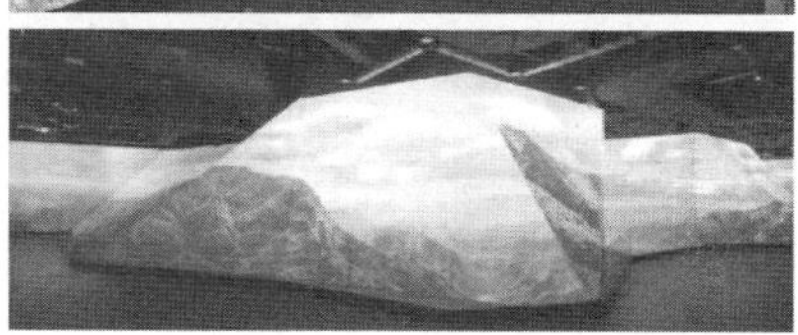

图 4-68 “和而共生”展厅的“蓝图”展陈空间
（图片来源：世园会官网）

（3）主题的营造

中国馆的生态文化展厅是一次以中国传统文化和自然生态为主题的数字体验空间设计探索，也是现代技术与传统文化的创意结合。主题营造环节，设计师不仅将传统元素进行现代化演绎，更突破时间的束缚，引领观赏者进入虚拟的画中世界，带来沉浸式体验。这是形式与内容相辅相成的尝试，为主题性设计内容的延伸起到推动作用。

在营造方法上，“四时景和”在《千里江山图》图面的基础上加以技术的革新，将投影落于苔藓制作的千里江山图之上，运用光影展现一天 24h 不同的江山图景，日出日落，气象万千，给观众创造出乎意料的新奇体验。“祥和逸居”采用创新的空间递进式全景影像给观众带来深度的沉浸与穿越，结合纱幔和影像光影，让观众犹如步入画中，体味“风拂花开，居士怡然”的风骨气韵，从枝叶轻拂与花鸟呼吸的律动中，从文人居所到皇家园林的生态之趣中，从春夏秋冬的四季变换中，感受园艺与生活的紧密结合，塑造一片飘渺静谧的辉煌景象。“和而共生”展厅通过折线型长卷式的全息投影，将国家气势磅礴的大好河山映照在眼前。

在营造材料上，通过“金、木、水、火、土”材质系统的构建（图 4-69），结合“科技”手段，虚实结合，营造平静、朴实、和谐的展示氛围和叙事表达，将“天人合一、人与自然和谐共生”的理念，在营造语言上更好地传达出来。

图 4-69　五行材质文化系统主题营造
（图片来源：编者自绘）

图 4-70　北京 SKP-S 商业空间
（图片来源：董明岳，胡雪松论文《探析体验式购物中心空间设计发展新趋势——以北京SKP-S 购物中心为例》）

4.2.3　主题商业——SKP-S

2019 年，由 SKP 携手 GENTLE MONSTER 合作打造的全新高端百货旗舰 SKP-S 开幕。与普通百货商场不同的是，SKP-S 以“数字-模拟未来”为切入，创造了一个沉浸式互动体验的购物场景，呈现了一段“人类移居火星的 100 年后生活遐想”，刷新了人们对传统百货商场、现代零售的认知（图 4-70）。

（1）主题设定

北京 SKP-S 的大主题设定为“人类移居火星 100 年”。在这一主题下，设计团队通过“艺术与科技”交融介入的手法向顾客讲述了一个关于宇宙、未来、科技的故事，令他们仿佛穿越到人类定居的火星，开启一段奇妙的购物体验。在整体空间叙事框架的大主题下表达，依靠北京 SKP-S 所具有的多层空间的特点，在每一层都设置一个次级主题，分别为一层的“地球”主题、二层的“探险家”主题、三层的“发现”主题，以及地下一层的“旅程结束”主题。通过这些次级主题进一步完善整体空间的大主题，做到层层递进，相互关联（图 4-71）。

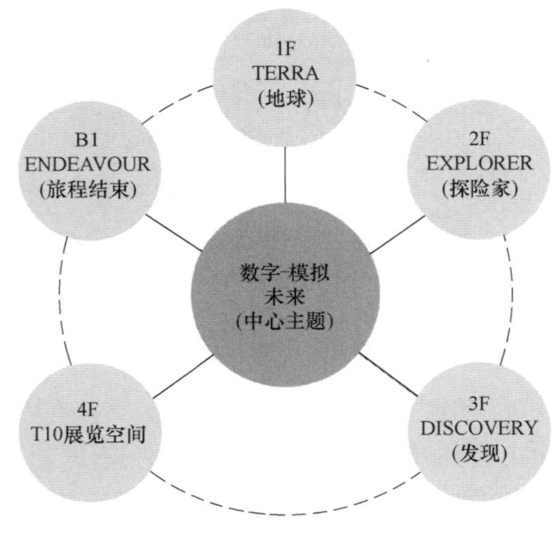

图 4-71　北京 SKP-S 商业空间中心主题及各层次级主题
（图片来源：编者自绘）

北京 SKP-S 的故事发展以“环境”为线索展开叙事，通过地球、太空，以及火星基地的场景变化，带领顾客经历叙事文本的全过程。北京 SKP-S 整体空间主题所提出的“宇宙”“未来”“科技”的要求以及各次级主题中环境线索的确定，为主题的设定奠定了基调。

（2）主题转译

北京 SKP-S 的主题转译结合每一层的次级主题，通过场景营造分别代表着“移居火星”这一故事的开端、发展、高潮、结局（图 4-72）。

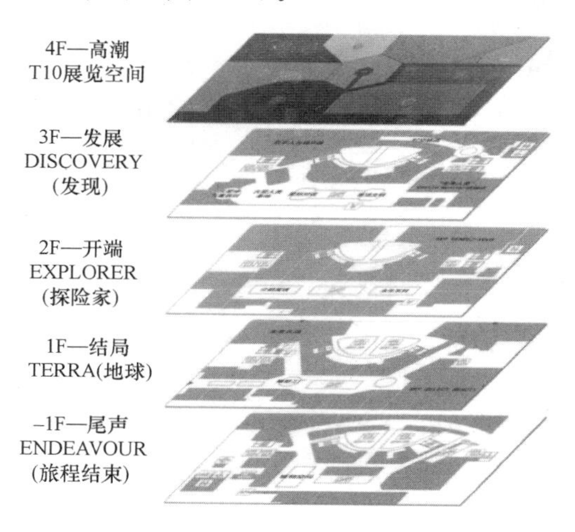

图 4-72　北京 SKP-S 商场路径组织图
（图片来源：刘佳玥论文《会讲故事的百货商场：北京 SKP-S 的空间叙事浅析》）

北京 SKP-S 一层的次级主题是 TERRA（地球），但这里的“地球”与商场外面的空间并不处于同一时空；从进入 SKP-S 开始，叙事者就有意告诉消费者：您已进入“人类移居火星 100 周年”的时空之中，商场中设置的场景皆是机械羊群、雕塑工厂等火星人所复刻的地球场景、地球回忆（图 4-73）。

二层以 EXPLORER（探险家）为主题，为了体现主题，集合女装区、男装区以及时尚配饰区打造了一个“火星博物馆”，以作为人类移居火星 100 周年的纪念，同时在“火星博物馆”的入口处通过解构的形式表现了一个纺锤形的飞船装置，象征着人类登陆火星时的宇宙残骸，也寓意着人类对于宇宙的探索（图 4-74）。

图 4-73　北京 SKP-S 一层中的机械羊群与雕塑工厂
（图片来源：来源于网络）

图 4-74　北京 SKP-S 二层中的纺锤形的飞船装置
（图片来源：来源于网络）

为了表达第三层的主题——DISCOVERY（发现），北京 SKP-S 通过时空隧道、火星人类基地、火星充气囊、地球与火星的时间对比，以及空间错位等多个艺术装置或空间来增强顾客的穿越感，以及反映火星的现状和火星人的思考（图 4-75）。

图 4-75　北京 SKP-S 三层中的艺术装置或空间
（图片来源：来源于网络）

四层是北京 SKP-S 的故事高潮，也是“不被定义”的展览空间，由于会定期更换展览的主题，所以四层的次级主题是不固定的（图 4-76）。而作为尾声的地下一层的次级主题是 ENDEAVOUR（旅程结束），以餐饮业为主，为探险后的人们提供美食。

图 4-76　北京 SKP-S 四层的 T10 展示空间
（图片来源：来源于网络）

北京 SKP-S 各个楼层通过艺术装置和特定空间效果来表现各个次级主题，从而形成了独特的语言逻辑，层层递进，环环相扣，进而增强观众对空间序列连贯性的感知。

（3）主题的营造

空间叙事的场景塑造与氛围营造，给人以沉浸式互动体验。特别是北京 SKP-S 中的互动装置、艺术雕塑让消费者在购物之余，享受逛博物馆、科技馆一般的沉浸式互动体验，身临其中仿佛穿越到未来火星人的世界。

北京 SKP-S 的主题营造集中于对各层次要主题中焦点空间的营造。焦点空间是主题空间序列中的一些特定节点，对主题中的重要内容进行具体化的空间呈现。SKP-S 在商场内部设置多个艺术装置、互动装置作为焦点空间，通过营造焦点空间前后的对比和反差，形成戏剧化的节奏起伏变化，带给观众激动人心的空间场景体验（图 4-77、图 4-78）。

名称	位置	性质	场景解读	场景设定目标
未来农场	一层入口处	艺术实验空间	采用对比的手法，右边是克隆的机器绵羊，左边是它们的原始样本。未来数字时代，"复制人"渴望拥有不可逆转的过去，从而创造与人类记忆中几乎一模一样的机械羊群和农场	使观众从进入商场大门的那一刻开始就能够快速感知到 SKP-S 所设定的主题，为后续的场景做铺垫。并给观者带来关于环保、生态以及可持续发展的思考
雕塑工厂	一层公共空间	艺术装置	在机械算法序列的引领下，机器臂使用陌生的策略和模式在材料上进行雕刻	工业机器臂的复制是没有人情味的。带来视觉上的震撼并引起思考：机械能否代替人的情感表达
企鹅魔镜	二层中庭公共区域	交互装置	当人在附近走动时，企鹅会"反射"人的躯体动作轮廓从而转向。毫无疑问，除了大人，这里还特别受小朋友们的喜爱	动静结构、带有交互功能的企鹅魔镜经常会吸引人们停下脚步进行互动，也为二层中庭空间增添了乐趣与生气
星际对谈	三层扶梯口	艺术雕塑	身穿白色宇航服的是"本我"即人类自身；身穿蓝色马甲的是"AI 我"即"复制人"。两者互为镜像，他们在讨论火星登陆计划	引发观众对人性思维与 AI 人工智能的思考，以及对未来的想象
火星人类基地	三层公共区域	场景模拟	火星基地的实验场包括火红色的地貌与各种探测仪器，将探索场景真实地展现	让观众对火星人类基地有身临其境的感受
数字人与扬声器	三层精选店	艺术雕塑	为了纪念祖先，未来的火星人在空间的中央竖起了一个特殊的扬声器，作为旧时火星媒介的象征	数字人作为新的物种，借助旧时的媒介和初代火星家园的遗迹来研究他们的历史，呼应"数字-模拟未来"的主题

图 4-77　北京 SKP-S 焦点空间设计

（图片来源：刘佳玥论文《会讲故事的百货商场：北京 SKP-S 的空间叙事浅析》）

图 4-78　北京 SKP-S 焦点空间设计

（图片来源：刘佳玥论文《会讲故事的百货商场：北京 SKP-S 的空间叙事浅析》）

另外，北京 SKP-S 还按照空间叙事的主题线索设置连接节点，将焦点空间与各个店铺相互联系起来，使得故事主题在北京 SKP-S 的细节角落都得以展现，同时营造出高低起伏的叙事节奏。SKP-S 在百货商场的公共空间、公共空间与店铺的衔接区域设置连接节点，从而起到承上启下、连接整个空间的作用。公共空间中连接节点的造型、颜色、材质等特性都与主题相符合，例如扶梯、电梯间、导视牌、卫生间等统一设计手法添加光带元素，营造科技感、未来感。连接节点的氛围营造还打破商场公共空间和店铺内部之间的间隔，让商场成为一个整体（图 4-79）。

图 4-79　北京 SKP-S 的公共空间及展陈空间
（图片来源：北京 SKP-S 官网）

北京 SKP-S 百货商场基于空间叙事理论，通过主题构建与路径组织、场景塑造与氛围营造，向消费者和参观者完整呈现了极具未来感与科幻感的火星购物体验，最终成为能够与人沟通的百货商场，并为其他线下实体店铺提供了参考。

4.2.4　文化展演——Team Lab

Team Lab 是日本乃至世界正当红的新媒体艺术团队，由东京大学研究所的学生猪子寿与几位好友在 2001 年联合创办，用技术创造了一个沉浸式体验的艺术世界。"今天的 Team Lab 是一个汇集了信息社会各个领域专业人士的跨学界创意团队。包括：艺术家、程序员、工程师、CG 动画师、数学家、建筑师、网页和图形设计与编辑师。致力于实现艺术、科学、技术和创新之间的平衡"。Team Lab 的新媒体艺术作品将科技作为艺术载体，却与艺术水乳交融，科技与艺术都突破各自的壁垒并释放更大的创新空间和感染力量❶。这里以 EPSON Team Lab 无界美术馆展览为例进行分析（图 4-80）。

图 4-80　EPSON Team Lab 无界美术馆
（图片来源：来源于网络）

（1）主题的设定

在 EPSON Team Lab 无界美术馆展览设定的核心在"无界"这一主题上。Team Lab 旨在传递的理念是"在这样一个没有边界的世界中彷徨、探索、发现"。每件艺术品会"走出"房间，与其他的作品产生交流，作品之间没有界线，时而混合，时而互相影响。这些相互交融相通的作品，组成了一个没有边界、互相连续的世界。Team Lab 想通过艺术来探索人与自然、人与世界的新关系，通过数字技术让艺术从物质世界中解放出来（图 4-81）。

EPSON Team Lab 无界美术馆展览的故事发展以"行为"为线索展开叙事，展览中所有的观众都与虚拟的环境进行着交互行为。由于 Team Lab 上海无界美术馆展览是由多个艺术作品共同组成的，因此在叙事方式上，其属于多点向心型叙事方式，不同形式的艺术作品从不同的角度共同诠释着"无界"或打破边界的主题。

❶　葛鑫. 一种新媒体艺术体验展的沉浸式设计模式——从 Team Lab 作品探究 [J]. 设计，2020 年第 15 期，第 42-44 页。

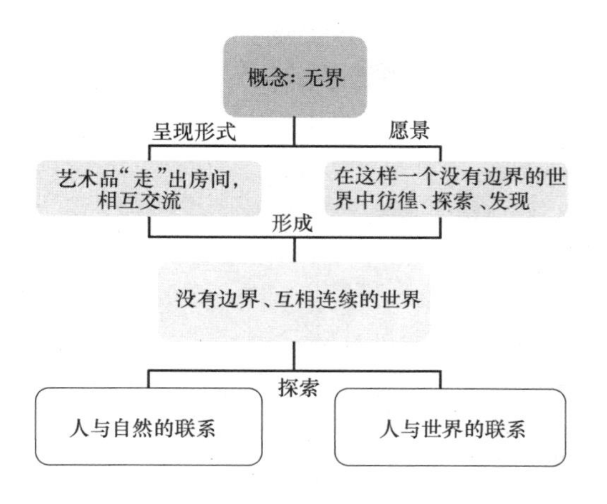

图 4-81　EPSON Team Lab 无界美术馆的概念、愿景与呈现形式
（图片来源：编者自绘）

通过艺术作品和展览空间的最终效果，我们能够分析出 Team Lab 团队在最初展览或艺术作品时设定的关键词——自然、联系、流动等（图 4-82）。这奠定了 EPSON Team Lab 无界美术馆展览的主题设定基调。

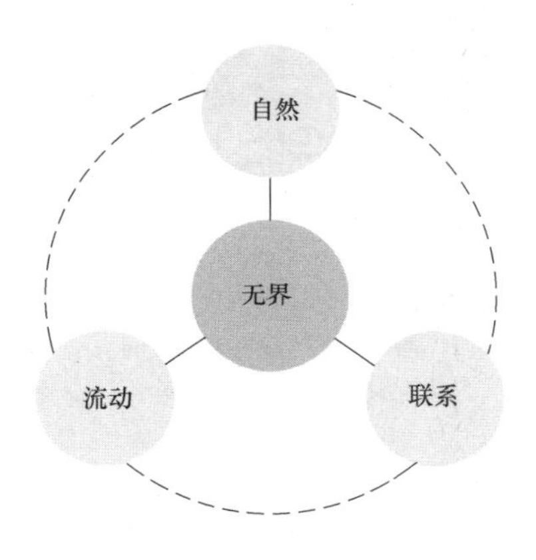

图 4-82　EPSON Team Lab 无界美术馆的主题与关键词
（图片来源：编者自绘）

（2）主题的转译

1）关键词的空间形态转译

关键词的空间形态转译是将抽象的概念转化为具象的视觉和空间符号的过程。从 EPSON Team Lab 无界美术馆展览中，可以逐一分析 Team Lab 团队在转译阶段的工作。

自然：

对于自然的转译，EPSON Team Lab 无界美术馆展览中大部分艺术作品都以植物或花卉的形式表现，如作品《地形的记忆》中通过将虚拟影像与实物装置结合创造出以植物为主的不同季节的自然景色，形成一种人造的自然（图 4-83）。通过这件艺术作品打破人与自然的边界，同时唤起观众们儿时的记忆。

图 4-83　Team Lab 艺术作品《地形的记忆》
（图片来源：Team Lab 官网）

联系：

在“联系”的转译方面，EPSON Team Lab 无界美术馆展览中通过艺术装置与人的互动关系，表现人与物的联系，以及人与人之间的联系。比如《呼吸灯之森》中，一方面当观众靠近呼吸灯时，呼吸灯会变色、闪烁，并不断向外传播，形成两个方向上的连线，从而放映出人与物之间的联系。同时当两个观众靠近的时

候，呼吸灯光线的闪烁会更加强烈，从而提示附近其他人的存在，以此强化人与人之间的联系（图 4-84）。

图 4-84　Team Lab 艺术作品《呼吸灯之森》
（图片来源：Team Lab 官网）

流动：

在“流动”的方面，EPSON Team Lab 无界美术馆展览通过数字艺术自由灵活的特性对其进行转译。比如《被追逐的八咫鸟，追逐同时亦被追逐的八咫鸟，超越的空间》中，数字影像中的八咫鸟在空间中互相追逐着自由飞翔，形成了许多自由且具有流动性的彩色光线，打破了空间界面的限制，令整个空间仿佛是一个“无界”的存在。同时，八咫鸟还会飞到其他艺术作品的空间当中，打破了作品与作品之间的边界，形成了互动关系，也强化了整个展示空间的流动性（图 4-85）。

2）空间氛围的转译

在将游戏主题关键词进行初步转译后，Team Lab 创作团队也注重空间氛围上的视觉转译，其中以“重复”手法最为突出。

“重复”手法的应用：

EPSON Team Lab 无界美术馆展览中的许多作品广泛应用“重复”手法。比如作品《花与人的森林：迷失、沉浸与重

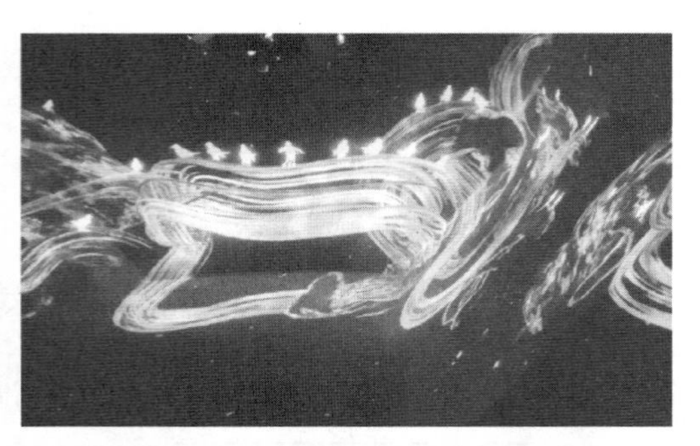

图 4-85　Team Lab 艺术作品《被追逐的八咫鸟，追逐同时亦被追逐的八咫鸟，超越的空间》
（图片来源：来源于网络）

生》中，不仅对花卉单体进行大量重复，同时也重复表现花卉从发芽到凋谢的全过程，反映了自然的轮回，从而打破了人们时间一维性的认知边界。而这种重复并不是单纯的复制，而是通过电脑程序实时绘成并持续发生变化的。因此，这种重复也为观众带来丰富多变的体验（图 4-86）。

（3）主题营造

从 Team Lab 文本主题的确定到实体装置设计的转译，再到空间落地的生成是一个复杂的思维转换的过程，将参与者的思维方式拓展到“无界”。新媒体艺术凭借沉浸式的表现形式，模糊真实与虚拟的边界，给予观众身临其境的艺术体验。

在进行 EPSON Team Lab 无界美术

图 4-86　Team Lab 艺术作品《花与人的森林：迷失、沉浸与重生》
（图片来源：Team Lab 官网）

馆展览的主题营造时，首先要基于原始空间，项目的开始阶段，设计师需要获取建筑的平面图，并以此为基础进行空间界面的划分，这里包括对美术馆基础功能需求的考虑。其次，再给已经界定好的空间赋予 Team Lab 独特的艺术主题，在“无界”的核心主题下，包含了许多不一样的呈现方式，如聚集的岩丘、呼应灯世界、海洋生物、镜像、空间甬道等不同类别的“无界”诠释形式，使主题与空间契合（图 4-87）。

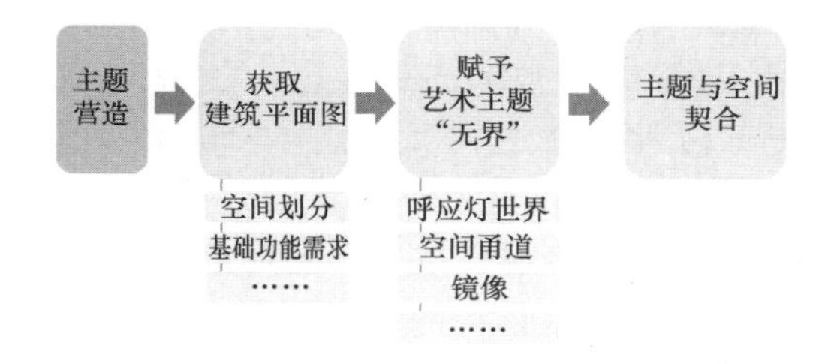

图 4-87　EPSON Team Lab 无界美术馆展览主题营造主题与空间关系示意图
（图片来源：编辑者自绘）

在呈现方式上，Team Lab 采用的实物装置与影像相结合的方式，具有极高的创造力与表现空间。通过增设相对应的互动装置，例如铺满鲜花的山坡、充盈在灯火畔的红绿倒吊装置以及斜插入地面的“刀锋”，创造更多参与者可能产生的行为活动（图 4-88）。

图 4-88　Team Lab 艺术作品实物装置与影像相结合的方式
（图片来源：Team Lab 官网）

EPSON Team Lab 无界美术馆展览的呈现是各个工作维度的交集，在方案落成之后最重要的就是交互艺术的融入，这是 Team Lab 数字技术最重要的一环，也是如何真正地达到沉浸式体验的必要所在。Team Lab 在互动装置的效果呈现方面会用到数字编程技术、图形绘画技术、声音、图像等必备的相关技能。[1] 例如，EPSON Team Lab 无界美术馆展览中，很多场景都是与植物有关的，比较常见的是用灯光在每种植物上投射出不同的颜色，植物都会像呼吸一般发出忽明忽暗的光；当人们靠近树时，会产生声音、颜色等变化。Team Lab 在保证自然原本样貌的情况下将自然环境变成了一件装置艺术作品。人们在与装置互动的同时，与自然环境之间产生了新的关系，观众在沉浸式的虚拟环境中感受大自然的美。

4.3 虚拟现实共生

在日常生活中更为常见的数字技术的运用，其实是虚拟现实共生；区别于虚拟营造的脑洞以及现实营造的仿真，它从根本上便捷了人们的生活方式，是一次多视角的研究创新。当今越来越常见的线上展览，通过电子媒介消除地理环境的局限，开启数字艺术的新篇章。

4.3.1 网络博物馆——首都博物馆

在科技高速发展的今天，传统博物馆的展览形式在数字媒体和虚拟现实技术的应用下推陈出新，已逐步发展出基于网络的数字展品展览模式：首都博物馆通过构建网络博物馆，使用多媒体和三维模型交互技术，可以实现对展陈内容的全方位、超高清的在线浏览。线上用户在了解展品文化内涵的同时也能享受交互体验，既能增加观赏性和趣味性，同时也让博物馆多元化地发挥其教育和传播价值。

随着电脑影音处理技术的日益提升，触控屏幕、体感装置、投影技术、沉浸式环境等技术的日臻成熟，出现了针对特定主题与文物的互动装置，甚至出现了互动剧场。基于此，首都博物馆展览的两个维度——博物馆解释文物的路径和观众体验展览内容的方式——都获得了重大改变。在首都博物馆的什刹海历史文化展中，由于展厅空间有限，便利用多媒体技术将大量的信息集合在触摸屏中来进行弥补。而在触摸屏的界面平面设计上，结合展厅的风格配以老北京历史的画面感。互动装置通过与其他多媒体装置搭配使用，如影片、声音等多媒体素材的辅助使用，能取得辅助说明和提供不同感官体验的效果。互动多媒体展览中，多媒体的使用有效刺激了观众的视觉、听觉、触觉等多重感官；而互动装置具有的互动性为观众带来即时反馈、启发创造。通过搭配文物或实物，互动展览运用多样的工具、技术与系统，在完善的规划之下，增进观众的理解与体验。

实体博物馆是“无声的言语者”，通过静静的陈列物的自身展示，向观众展示历史，突出强调展品自身的信息，最大限度复原其真实信息。而数字技术下的网络博物馆不仅向观者展示实物本身，更强调展品的背景环境及其延展故事，通过声光电音向观赏者讲述一个个生动的故事。通过讲述文物背后的故事，数字技术可以搭建起展品与展品、展品与人、展品与社会的关系，将实体博物馆限于空间面积无法展开的内容还原到信息数据当中。将网络博物馆的展品故事化，通过文字描述、图画描述、影像描述等不同的形式，形成一个立体多面的故事集，进而激发观众观展的兴趣。为了发挥互动多媒体展的多媒体特性，博物馆在设计展出过程中需要运用各种主题、文物、内容、故事。具有一定的故事性，成为博物馆进开发互动多媒体展示的必然诉求。

博物馆的数字化是未来发展的必然趋势，它不仅解决了文物与一定的展陈时间和空间的矛盾，也有助于博物馆文物保

[1] 高宇婷，朱一. 虚拟自然——Team Lab 的数字艺术创作特征分析［J］. 大众文艺，2020 年，第 125-126 页。

护、传播、教育与展示功能的发挥，是更具人性化、体验性的新时代虚拟技术博物馆服务。

4.3.2 活动展演——电视节目融合新媒体

传统意义上电视编辑的工作范围仅包括文字编辑和后期制作，但是由于媒介融合这一现象的出现必须要扩大传统电视编辑的工作范围。而虚拟数字的合理性应用，可以为我们提供更加丰富多彩的画面，提高节目的欣赏性，为观众提供更加真实有效的故事情节，从而为观众提供一个非常好的氛围，虚拟数字技术在节目制作与拍摄中得到了越来越广泛的应用，这种技术也极大地提高了电视节目的收视率和节目的影响力。

随着新媒体的发展，观众收看电视节目的渠道增多，电视直播已经不具有明显的竞争优势，电视编辑负责电视节目的流程与后期制作，面对这一趋势要拓展新的发展路径，即融合新媒体。电视编辑与新媒体的融合主要通过深化新媒体在电视编辑的应用，强调传统电视编辑与新媒体的融合力度，从而提升电视编辑的工作效率。新媒体的消息传播速度以及受众范围都远远超过传统电视编辑，以及编辑符合当前受众喜爱的内容。电视编辑融合新媒体给观众提供更多的丰富的内容，电视编辑的后期制作与文字编辑不能单一以文字和图片的形式来进行，而要进行多样化创新，在内容上增加 3D 动画、视频以及音频等多种形式。媒体融合的发展使得电视编辑利用新媒体发展已成为必然要求。比如，中央电视台《开讲啦》特别节目就结合了 XR 技术实现了全新虚拟舞美空间。《开讲啦》推出特别节目——中国与联合国的故事，邀请不同嘉宾在北京、成都、纽约三个城市共同开讲，以不同维度与视角分享中国与联合国的故事。这期特别节目有别于以往的实景舞台，中视节点团队通过采用 XR 技术打造了全新的虚拟舞美空间，以全方位视角让观众“沉浸式”感受全球连线。此次特别节目以纪念中华人民共和国恢复联合国合法席位 50 周年为核心，在 XR 视觉空间设计上沿袭栏目惯有的金色为主色调，配以鎏金质感，更显庄重的氛围（图 4-89）。

图 4-89 《开讲啦特别节目》主会场

（图片来源：来源于网络）

场地采用夹角 LED 背景墙与 LED 地板相结合的形式，让嘉宾完美地融入 XR 场景中。在视觉设计上尽可能还原出真实的舞台效果，而在整体风格和展现方面则更有高雅的书卷气质（图 4-90）。

图 4-90 《开讲啦》XR 场景设计图

（图片来源：来源于网络）

现场以“时间”为主概念，串联起整期节目中的两个主要版块。第一个版块通过主持人撒贝宁穿梭时间长廊回顾重返联合国的几个主要事件，并对此一一进行讲解，将观众带回历史上激动人心的时刻（图 4-91）。

第二版块则通过“时间”飞梭，快速回溯带领主持人和观众来到节目主现场，在这里实现几个主要嘉宾的分享，同时撒

图 4-91 时间长廊实景图
（图片来源：来源于网络）

贝宁和嘉宾与线上百人团以及青年代表进行实时连线交流（图 4-92）。

图 4-92 主会场交流实景图
（图片来源：来源于网络）

时空的转换，时光机般的穿梭和链接，突破物理空间的限制，让虚实空间得以巧妙结合在一起，两者完美的结合体现出了 XR 技术强大的优越性，虚拟空间的设计为观众带来了全新的视觉体现，也为现场观众带来了无法比拟的沉浸感受（图 4-93）。

图 4-93 时间长廊实景图
（图片来源：来源于网络）

随着计算机技术迅速发展，虚拟数字技术在广播电视领域的应用也很广泛，就是新媒体融合给传统电视带来的革新。现如今有一种新颖的电视节目生产技术被运用在电视媒体方面，即虚拟演播室。虚拟演播室在空间上解除了限制，画面可以通过虚拟技术来表现，还有效地增强信息的感染力和交互性，给叙事者提供了更大的创作空间。其次，虚拟电视节目具有更高的艺术追求和想象力，可以更好地创作出传统技术上不能达到的电视视觉效果，给观众带来了前所未有的视觉盛宴，仿佛置身其中。虚拟技术的实现给电视创作带来了无穷无尽的想象力，在有限的空间里构造出宏大壮阔的场面，有效地增强了信息的感染力和交互性。

网络时代下，人们接收信息的方式较为多样，电视编辑的创作题材也要紧跟受众的脚步进行更新，在内容更新的同时，跨区域进行文字创作。电视编辑对于虚拟数字技术的学习与掌握，有利适应融合媒体的大环境，通过技术专业化，来完成电视编辑未来发展的转型。

本章作业

1. 分析影视剧《爱、死亡、机器人》。

2. 分析北京环球影城的现实营造项目。

3. 分析故宫博物院虚拟展陈设计。

第 5 章　虚拟环境艺术设计的评价体系

本章导学

学习目标

（1）掌握虚拟环境艺术设计评价的设计伦理内容；

（2）掌握虚拟环境艺术设计评价的美学评价内容；

（3）掌握虚拟环境艺术设计评价的可持续设计内容。

知识框架图

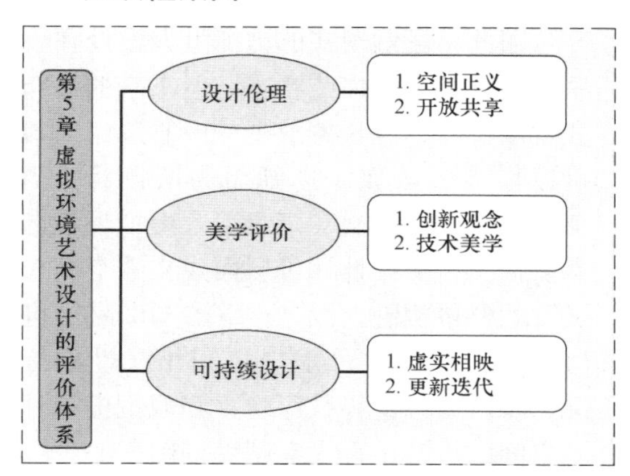

学习计划表

序号	内容	线下学时	网络课程学时
1	设计化理		
2	美学评价		
3	可持续设计		

虚拟环境艺术设计是随着数字技术发展和虚拟世界的出现产生的新的设计方向。虚拟世界是一种人工现实，是人类精神的高级产物。虚拟世界的产生源自现实世界，虚拟世界的发展离不开现实世界，但同时虚拟世界在发展过程中也以其独特的优势对现实世界进行创造性的超越，为自身的发展开辟道路。当前，对现实世界环境空间设计的评价研究已形成广泛共识，而伴随虚拟环境艺术设计的发展，面对未来虚拟环境艺术设计，如何评价是一个不容忽视的问题。在评价中讨论虚拟空间的设计伦理，总结设计规则，树立评价标准，对虚拟环境艺术设计的可持续发展具有重要作用。据此，本书从虚拟环境艺术设计的三个方面讨论评价体系：首先是设计伦理层面，提倡空间正义、开放共享的原则；其次是美学方面，倡导发挥虚拟环境艺术设计的创新性和创造力，以及在虚拟世界中实现艺术创造的技术优势；最后是将虚拟世界与现实世界相结合，形成虚实相应，持续更新迭代的可持续设计理念。

5.1　设计伦理

设计伦理是将伦理学应用于设计之中，指导处理人与设计关系的理念，在设计全过程与设计评价中起到积极作用。设计伦理理论最早在 20 世纪 60 年代由美国设计理论家维克多・巴巴纳克（Victor Papanek）在著作《为真实的世界设计》中提出，并随着时代发展不断被丰富完善（图 5-1）。设计伦理理论要求在设计中必须综合考虑“人”“环境”“资源”的综合

图 5-1　美国设计理论家维克多・巴巴纳克
（图片来源：来源于网络）

因素，着眼长远利益，在设计中发扬伦理学中人的真善美。在当代设计不断发展的过程中，设计伦理已成为指导设计师开展设计活动、评价设计成果和规范设计价值的重要设计原则。

虚拟世界是在现实世界的基础上发展而来的，现实世界是虚拟世界的基础，虚拟世界是现实世界的反映、再创造与超越。因此，我们能够看到：一方面，虚拟世界拓宽了现实世界的边界，使人们在现实世界之外获得精神慰藉；另一方面，人作为虚拟世界中的行为主体而存在，现实中的伦理观仍然适用于虚拟世界，用以指导和规范虚拟世界的设计。在虚拟环境艺术设计的设计伦理评价层面，空间正义和开放共享是两个主要维度（图 5-2）。

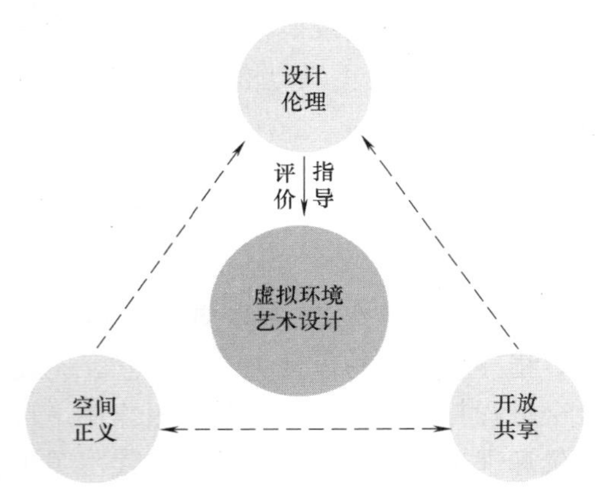

图 5-2　虚拟环境艺术设计的设计伦理关系
（图片来源：编者自绘）

5.1.1　空间正义

“空间正义”是一种强调现实世界城乡发展中，兼顾效率与公平的空间分配原则，核心是以人为本。现实空间作为一种生产资料，其发展由资本力量、政府干预与经济需求推动，是一种绝对中心式的空间秩序。而虚拟世界作为一个由技术产生的新世界，由于区块链等技术的诞生，将出现一种非中心、分布式的空间秩序——人人皆可平等参与（图 5-3）。然而，非中心分布式空间秩序的虚拟空间既给了每个人参与虚拟世界的机会，同时也会出现由于中心化消失带来的“空间正义”缺失的担忧。例如，缺乏监管导致的传播负能量和不健康价值观的虚拟空间的出现；优秀的虚拟空间产品被资本控制，建立不平等的参与机制阻碍人的正常参与权力等。正如科幻电影《头号玩家》中呈现的未来一样，若虚拟世界被“邪恶资本”控制，设置门槛、建立阶级，使其成为不良资本增值的方式，那么虚拟世界的“空间正义”价值将荡然无存。

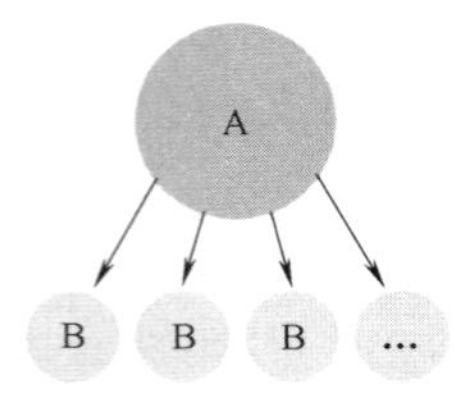

图 5-3　中心式空间与分布式空间的区别
（图片来源：编者自绘）

因此，虽然现在的虚拟世界尚处在秩序缺失与行为易失范状态，但未来的分布式秩序也并不意味着缺少“中心”的虚拟可以打破一切现实规则而为所欲为。因此，将“空间正义”概念引入虚拟环境艺术设计中，从设计评价层面建立“空间正义”的评价机制，以“平等参与”和“健康积极”作为评价虚拟空间正义性的标准，将对虚拟世界秩序建立和规范虚拟环境空间的设计伦理大有帮助（图 5-4）。

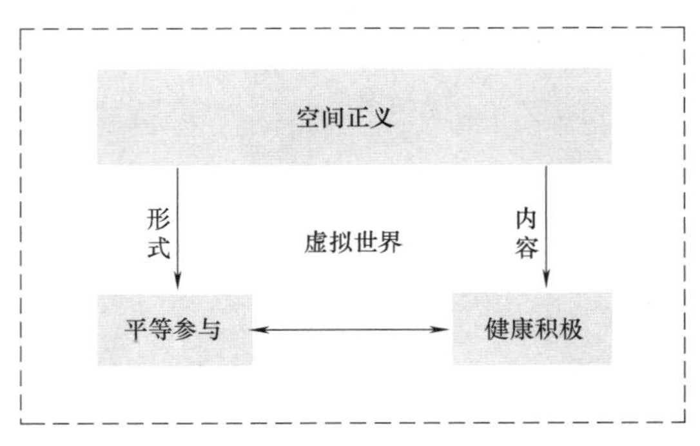

图 5-4　空间正义的形式与内容
（图片来源：编者自绘）

5.1.2　开放共享

虚拟世界具有开放性特征，主要体现在全球性、平等性、共享性、自主性等方面。全球性指的是随着全球网络的建立，世界各地通过网络空间相互连接，打破了传统的时空观念。平等性是指在全球性虚拟世界中，任何个体、民族和国家都可以自由地表达其观点，每个人在这里都具有独立的人格和自由的意志。现实世界中的中心与边缘的概念被打破，每个个体在以网络为载体的虚拟世界中都可以既是中心又是边缘地存在。共享性是虚拟世界的全球性和平等性的基础上所形成的一种开放特性。虚拟世界的全球性开放令全球的信息资源都汇聚到虚拟空间中供全球的用户分享，同时虚拟世界的平等性又使得每个用户能够自由地分享信息，既成为信息的来源，又称为信息的接受者。自主性除了指人们能够在虚拟世界中自主地发表自己的观点之外，还反映出人们对于信息的接受并不是单向度的、被动的，而是人们自主地有选择性地搜索、浏览和使用。

平等参与是虚拟世界中用户的基本权利，而作为虚拟环境艺术设计产品的开发者或开发机构，其作品应具备对所有用户实现开放共享的特质。正如前文所说，虚拟世界具有非中心化特征，每个虚拟资源都应对用户开放共享，虚拟世界的价值才能充分体现。因此，设计伦理观念倡导虚拟环境艺术设计应发挥虚拟世界特性优势，促进信息的传播与资源的分享，达到开放共享的状态。

2019 年，国家七部委联合发布《关于促进“互联网＋社会服务”发展的意见》，提到推进社会服务资源数字化，激发“互联网＋”对优质服务生产要素的倍增效应，鼓励发展数字图书馆、数字文化馆、虚拟博物馆、虚拟体育场馆等，并明确要加大社会服务领域数据共享开放力度，提升数据资源利用效率。建设完善国家数据共享交换平台体系，加强跨部门政务数据共享。研究跨领域数据共享开放统一标准，建立社会服务领域公共数据开放目录和开放清单，优先推进文化、旅游等领域公共数据开放，明确通过国家公共数据开放网站向社会开放的原始数据集、数据类型和时间表，提供一体化、多样化的数据服务。支持社会服务各领域间、各类主体间的数据交易流通[1]。《关于促进“互联网＋社会服务”发展的意见》的发布，其内涵不仅是将虚拟技术应用于产业发展和效率提升，更重要的是将平等、开放、共享的伦理关怀赋予虚拟技术和虚拟世界。例如，在展示设计中，以往的线下实体展览方式，客观上给想要观展的人设置了一条无形的时空障碍，然而在 2020 年新冠肺炎疫情的影响下，许多艺术类展览纷纷采用线上展览的方式，并掀起一波线上观展的热潮。线上展览的方式将虚拟环境的共享开放效应放大，使想要观看展览的人随时随地都能通过移动设备享受观展体验，这一方式也在 2021 年得以延续（图 5-5）。

图 5-5　2021 年清华大学 2.5D 云长廊虚拟线上展

（图片来源：来源于网络）

从设计伦理角度看，基于虚拟世界的特征，虚拟环境艺术设计为现实世界中信息资源分配和空间时间差异造成的不平等现象提供了改善和解决的有效路径。因此，坚持开放共享的虚拟环境艺术设计作品评价标准，是更好地将虚拟资源惠及所有虚拟世界用户的方式（图 5-6）。

[1] 《关于促进“互联网＋社会服务”发展的意见》。

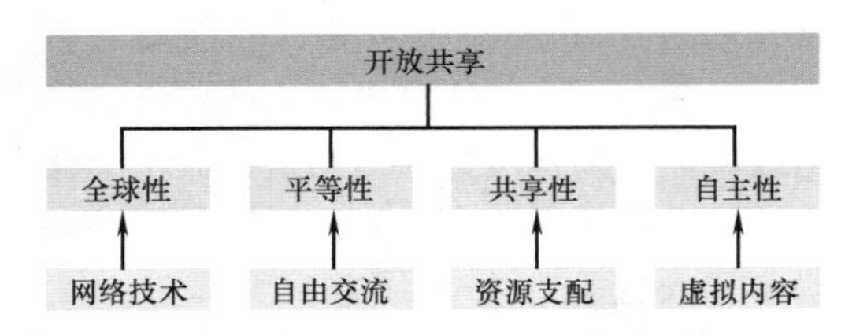

图 5-6 虚拟环境艺术设计的开放共享评价内容
（图片来源：编者自绘）

5.2 美学评价

5.2.1 创新观念

如果说“造物美学”是工业时代的审美观念，那么信息时代的审美观则可称为“造虚美学”。虚拟世界在发展过程中能够对现实世界进行创造性超越，这种超越主要体现在现实世界中无法实现的事物方面。现实世界存在部分事物或因技术、材料等现实原因实现起来有困难而暂时无法成为现实，或受到现实世界的法则制约而不可能实现。但在虚拟世界中人们则可以利用想象力和创造力对其实现后的预期效果进行展现，以此为其在未来成为现实创造可能的条件。故而创新是虚拟环境艺术设计美学评价的核心。在评价虚拟环境艺术设计的创新性时，主要从艺术性与创意构想性两个方面来考虑。

（1）艺术性创新

在艺术性方面，主要从虚拟环境艺术设计的美感角度进行评价。审美是一种极其主观的观念，在一般的环境设计中，通常以形态美、空间美、材质美、光感美、色彩美等方面体现设计美感，这也构成将主观审美量化为不同的可评价维度。然而，虚拟环境特有的性质使我们在评价中除了考虑传统美感的评价外，还应从叙事美、动态美和参与美的维度对虚拟环境进行审美评价（图 5-7），这也正是虚拟环境艺术设计区别于现实设计之处。由于用户在虚拟环境中的体验是一个虚拟与现实之间动态交互的过程，周围的虚拟景物会随着使用者视角的变化或多感官交互的行为而发生改变，因此需要虚拟环境艺术设计本身具有新颖、艺术的叙事模式，并且能够将一个动态变化的过程始终保持任何视角下的空间形式美感、要素组合比例，以及协调逼真的视、听、触等多感官效果，帮助用户在体验过程中产生交互关系的参与美。良好的动态美和参与美也反过来增强虚拟环境中的交互性与沉浸感。

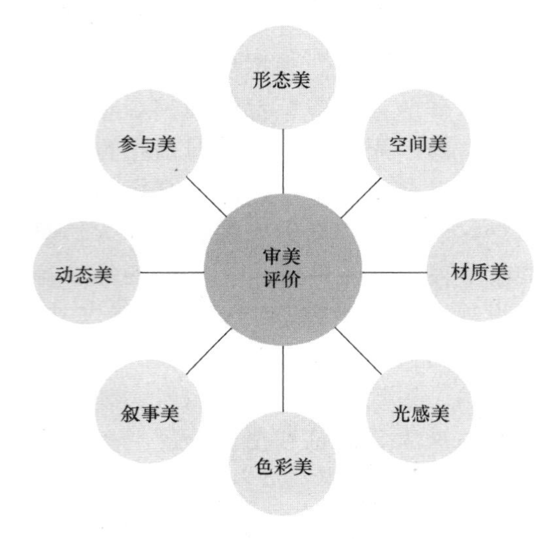

图 5-7 虚拟环境的艺术性审美评价维度
（图片来源：编者自绘）

例如，第 4 章所述的 2019 年世园会中国馆生态文化展区设计案例，就是一处艺术性极强的虚拟与现实融合设计。在叙事美方面，设计采用了主题空间叙事手法，将展区分为了“天地人和”“四时景和”“山水和鸣”“春江风和”“祥和逸居”“和而共生”的“六和”主题，分别表现和谐质朴的中国生态观、江山多娇的绿色发展观、山水林田湖草的生态整体观、成果共享的民生普惠观和共谋生态体系建设的共赢全球观。在叙事顺序上，依循天地风物山水人居进而全球一体和谐地共赢的次序，在空间设计中布置了共九幕不同的展示空间，以主题式的叙事方式循序渐进地带领观众走进中国的生态文化。在造型、空间、材质、光感、色彩等传统环境空间设计的美学评价层面，设计团队因主题制宜采用了不同的环境艺术设计形式表现，使观众在实地观看时感受到步移景异的鲜明主题变化和空间感受变化。在动态美和参与美方面，设计团队结合科技手段，使用了众多新媒体交互展陈手法，使观众获得不同于传统观展形式的体验。例如在春江风和主题区域，设计团队巧妙利用通电玻璃可变透明的科技特性，以光影形式揭示了传统水墨画背后的奥秘；而在祥和逸居主题，设计团队以递进式的四季变幻空间影像，以圆明园盛景为素材，给观众提供全景式的动态美感和参与体验，感受生态美与生活日常之景的紧密结合（图 5-8）。

图 5-8　世园会中国馆的新媒体展陈
（图片来源：世园会官网）

（2）创意构想性创新

在创意构想性方面，虚拟环境所具有的开放性、自由性、探索性等特征，令其成为人们想象力发挥与实现的理想场所。不论是设计师还是虚拟环境的使用者都能够在其中摆脱现实物理世界诸如材料、力学、工艺等造物法则的制约，充分发挥艺术设计领域中的造型形式法则，创造出自由灵活且丰富多变的造型形式，甚至能够形成部分超越现实的虚拟环境或虚拟物体。这种随想而变的自由创造不仅能够满足人们日益增长的精神娱乐需求，同时也在创造过程中潜移默化地向人们强调了创意构想在虚拟环境中的重要性。

例如，2020 年由任天堂公司发行的模拟经营类游戏《动物森友会》用极具创意的构想帮助玩家在虚拟世界建立了一个探索性与可玩性超强的虚拟空间平台。玩家在游戏中可以任意选择居住地，发挥自己的创造力和主动性，在自己的居住地做任何想做的事情，包括邀请朋友一起生活和娱乐，构建属于自己的虚拟世界生活方式（图 5-9）。游戏论坛 a9vg 这样评价《动物森友会》的游戏创意：“在快节奏类型的作品如同潮水一般涌现的今天，《集合啦！动物森友会》再次证明了这种‘静与慢’的结合同样拥有自己的一席之地。它就如同一个小小的梦境，简单中却蕴含了无限的惊喜和可能性。”

图 5-9　动物森友会中的虚拟世界社交生活
（图片来源：来源于网络）

5.2.2　技术美学

从设计的发展看，任何新的设计类型的产生都离不开技术的发展。技术美学诞生于工业生产时代，是伴随现代科技进步产生的新的美学分支，它是指在现代科技最新成果的基础上，全面考虑生产综合因素而进行的设计。随着计算机技术、移动互联网技术和虚拟现实技术的发展和融合，信息时代呈现出了以新硬件技术为主导、新媒体技术为形式的虚拟环境艺术设计整体面貌。因此，虚拟环境艺术设计的技术美学体现在如下几个方面。

（1）虚拟性

新媒体技术、CG 技术、虚拟现实技术、动态捕捉技术的发展赋予了虚拟环境艺术设计技术美学的虚拟性特点。以往的环境设计以实体空间的创造设计为呈现方式，以建筑技术为主要技术；而虚拟环境艺术设计通过上述技术的应用，以虚实结合或完全虚拟的方式构筑时空场景，使空间呈现出非现实的虚拟场景体验感。这种虚拟体验不仅要求设计师在设计时更加注重设计方案与技术的结合考虑，同时也放大了人们在体验时对信息技术的感知度。因此，对虚拟技术的应用和呈现成为评价虚拟环境艺术设计的参考指标。

（2）交互性

虚拟现实技术的技术美学还体现在交互性上。如 Team Lab 新媒体交互作品，按照虚拟环境艺术设计的类型划分，属于混合现实虚拟环境（图 5-10）。而虚拟环境艺术设计的其他分类：桌面式、网络式、沉浸式等都离不开虚拟技术的交互性特征。虚拟技术的交互性决定了用户在虚拟环境中的体验感、参与程度和获得感。

图 5-10　Team Lab 混合现实虚拟环境作品《花与人》

（图片来源：来源于网络）

（3）动态性

虚拟技术的发展为环境设计的动态性营造提供了新的可能。在实体空间设计中，设计师能够利用的动态元素往往限于自然光、水元素，以及人工灯光元素，这些元素存在动态性弱、不易捕捉、感知时间慢以及表现方式受限等不利因素。虚拟技术则在视听感知上为空间赋予了动态可能。2019 年第 22 届米兰三年展上，美国生物学家 Bernie Krause 与英国多媒体装置团队 United Visual Artists 共同带来了名为“The Great Animal Orchestra（动物交响乐）”的沉浸式装置（图 5-11）。Bernie Krause 利用声音收集装置持续 50 年不断收集了超过 5000h 的来自世界各地雨林中的动物活动和自然声音，UVA 团队将这些自然声音转化为了随声波变化产生颜色和律动改变的声波图，在米兰三年展上与空间展陈相结合，营造出了一个能够通过视觉和听觉动态感知大自然声音的沉浸式冥想空间。用户在空间中可以闭目聆听，与自然产生直触心灵的情感对话，也可以看到声音的视觉起伏，感受遭受人类干预的自然和动物的声音由丰富欢快而趋于寂静沉默。在这样一个动态性的虚拟现实融合环境中，创作者发出的声音、表达的意图和用户接收的信息、产生的情感都被无限放大和生动诠释。

图 5-11　“The Great Animal Orchestra（动物交响乐）”沉浸式装置

（图片来源：来源于网络）

（4）趣味性

信息技术下的虚拟环境艺术设计，在趣味性上亦有生动体现。趣味性的体现首先依赖于新技术的支持与综合应用。其次，虚拟空间的趣味性是其虚拟性、交互性、动态性的综合效果，一个好的虚拟环境艺术设计一定具有趣味性，趣味性吸引用户的好奇心、热情、参与感并最终使用户达到空间体验的精神放松或情绪启发。纽约 The Urban Conga 工作室利用新技术创作了一系列互动装置，将其置入城市空间中，探讨新技术与既有城市的融合与城市空间中的趣味性（图 5-12）。在其中

图 5-12 TUC 创作的纽约城市公共空间互动装置
（图片来源：来源于网络）

的一个系列作品里，TUC 工作室将结合声音、颜色与运动的互动装置放在了城市公共空间，当你靠近它们时，这些装置会依据距离的变化发出不同节奏和音调的声音；当围绕其移动或作出动作时，装置会根据身体的律动变化出不同的颜色和反射有趣的倒影，吸引了众多民众参与和互动。在另一个作品中，TUC 利用触摸传感技术，将一系列柱体装置置入社区空间，每一个柱体可以作为乐器与居民发生互动。碰触圆柱顶部时，装置会发出声音，在夜间还会变成五彩的灯柱，社区居民可以自由“演奏”充满欢乐的乐曲，社区的活力被大大激发。

5.3 可持续设计

可持续发展理念是一种平衡环境、资源、经济协调的持续性发展理念。可持续设计是践行可持续发展理念、构建可持续设计解决方案的综合设计观。可持续设计的概念不仅包含可持续发展理念中的环境与资源的可持续，也包含了文化的可持续、社会的可持续。可持续设计理念要求设计活动要遵循人与自然环境的和谐，设计既能满足当代人需要和经济发展需求，又兼顾环境保护和资源持续利用，保障人类社会永续发展需要的设计成果，可持续设计理念在当代已成为公认的指导设计开展的宗旨、评价设计活动与设计成果的标准。虚拟环境艺术设计作为一种主要依靠计算机技术与信息技术的新兴设计实践类型，在开发方式、资源消耗方式、设计成果上与其他现实设计类型有较多不同，其设计工具、设计平台大多均为虚拟而非实体形式，因此，从环境与资源消耗角度横向地看，虚拟环境艺术设计并无“可持续”问题之虞。但着眼于“时间与未来”时，我们依然能够看到，虚拟环境艺术设计的发展仍然需要遵循“可持续设计”原则，尤其是文化、社会、技术层面的可持续。

5.3.1 虚实相映

虚拟环境艺术设计的前提和背景是以现实世界为基础的，一方面，虚拟世界或虚拟环境是对现实世界的反映；另一方面，虚拟环境艺术设计又可能对现实世界实现创造性地超越，并反过来促进现实世界的发展。因此，虚实相映既是虚拟环境艺术设计与现实世界的关系，同时也应是虚拟环境艺术设计的可持续原则。以现实带动虚拟，以虚拟促进现实，是虚拟环境艺术设计的可持续发展理念。

数字孪生（Digital Twins）技术的应用正是这一理念的具体体现。数字孪生是将现实空间表现集成为数据映射入虚拟空间，并通过传感器、数据及时反映相对应的现实存在生命全周期的技术，目前数字孪生已广泛应用于产品设计制造、工程建设以及智慧城市管理领域（图 5-13）。例如一个工厂的厂房及生产线，在没有建造之前，就完成数字化模型，从而在虚拟的赛博空间中对工厂进行仿真和模拟，并将真实参数传给实际的工厂建设。而厂房和生产线建成之后，在日常的运行维护中二者继续进行信息交互。数字孪生的终极需求也将驱动新材料开发，所有可能影响到装备工作的异常状态，将被明确地进行考察、评估和监控。数字孪生正是从内嵌的综合健康管理系统（IVHM）集成了传感器数据、历史维护数据，以及通过挖掘而产生的相关派生数据。通过对以上数据的整合，数字孪生技术可以持续地预测装备或系统的健康状况、剩余使用寿命以及任务执行成功的概率，也可以预见关键安全事件的系统响应，通过与实体的系统响应进行对比，揭示装备研制中存在的未知问题（图 5-14）。数字孪生可能通过激活自愈的机制或者建议更改任务参数来减轻损害或进行系统的降级，从而提高寿命和任务执行成功的概率。数字孪生最为重要的启发意义在于，它实现了现实物理系统向赛博空间数字化模型的反馈。这是一次工业领域中逆向思维的壮举。因此我们看到，虚拟环境艺术设计的可持续原则是通过“开源”来实现经济、技术的持续发展可能的，这一点与可持续设计理念中的通过科技手段和新资源能源开发，减少不可再生资源使用的原则在理念上是并行不悖的。

图 5-13　数字孪生技术在城市管理领域的应用
（图片来源：来源于网络）

图 5-14　锻造车间数字孪生管理系统
（图片来源：来源于网络）

5.3.2　更新迭代

虚拟环境艺术设计的可持续发展还体现在对虚拟产品的更新迭代上。以游戏产品为例，游戏产品一经开发面市后，会根据玩家的反馈与评价对现有的产品进行更新与优化（图 5-15）。游戏迭代循环是为了弥补游戏开发过程中因“瀑布模式”（快速进入执行阶段而忽略评估执行理念与缓解风险计划环节）带来的不足。其主要含义是，先执行设计理念，然后评估设计理念，并将这两个步骤循环往复，从而寻找出最终作品创作的缺陷，并制定相应的计划缓解这种缺陷带来的风险。通过游戏设计本身的迭代，我们便能够从中挖掘出更多新的问题，避免浪费时间和资源。迭代设计过程不仅能够合理罗列出开发所需要的各种资源，同时也能创造出一个更有活力且非常成功的最终产品。游戏的迭代式开发方式，不仅是一种节约资源成本、完善产品的过程，同时也是虚拟环境艺术设计在设计初始阶段就需要考虑在内的“可持续设计原则”。反应在其他虚拟环境艺术设计形式中，例如对虚拟展陈、虚拟博物馆的设计、甚至未来的虚拟空间沉浸体验来说，更新迭代可以有效地完善已经在虚拟空间推出的创意，并对体验方式和效果等做出持续性地改善，同时在更多的产品体验中推广，从而大大减轻了实体展览中对于设计资源的消耗与浪费，并将更好的虚拟环境艺术设计推广给更多的用户。

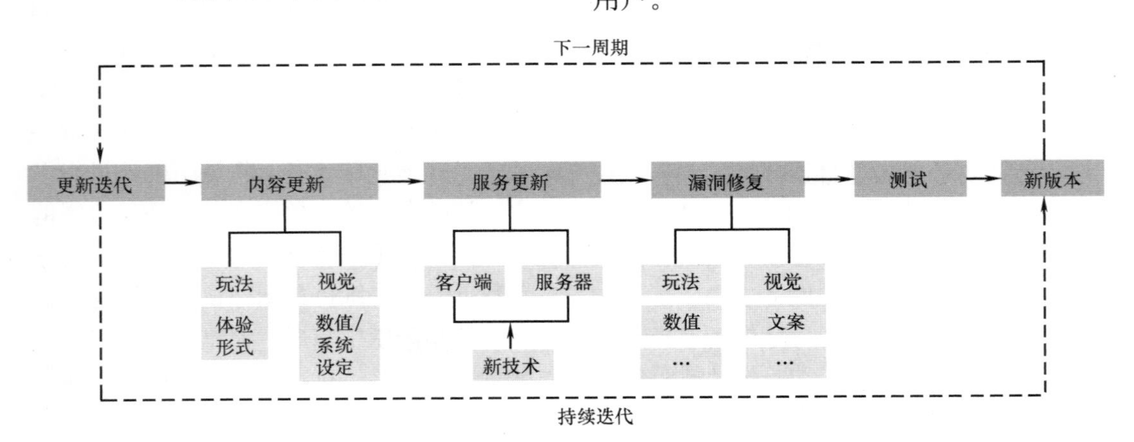

图 5-15　虚拟环境艺术设计的更新迭代
（图片来源：来源于网络）

结语

总体来看，设计伦理、审美评价、技术美学、可持续设计等维度构成虚拟环境艺术设计的评价标准，这与传统的设计评价维度在大的方向上基本一致。不同的是，虚拟世界和新技术带来的新的设计考虑因素，使虚拟环境艺术设计丰富了新的评价维度。据此，本章总结了虚拟环境艺术设计的一般评价标准（图 5-16），它适用于设计的全过程与全周期，是评价一个虚拟环境设计作品优秀与否的基本参考。同时可以预见的是：随着技术的不断发展，评价标准的维度和要素会进一步丰富，评价的全面性、客观性、真实性，亦会不断增加。

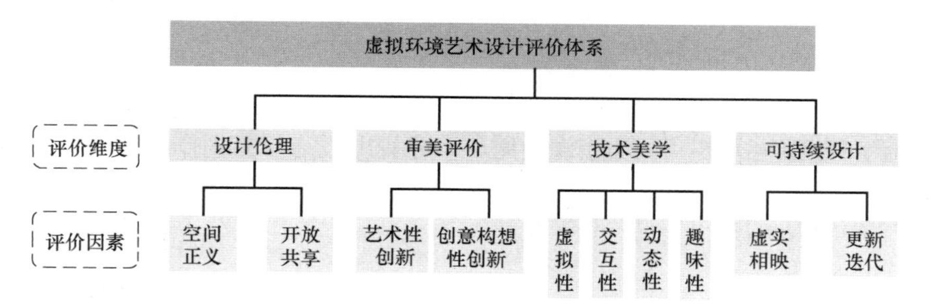

图 5-16　虚拟环境艺术设计的评价体系
（图片来源：来源于网络）

第 6 章　虚拟环境艺术设计的发展前景

本章导学

学习目标

（1）了解元宇宙时代的基本发展内容；

（2）了解虚拟环境艺术产业的发展现状；

（3）了解虚拟环境艺术设计的发展趋势；

（4）理解虚拟环境艺术设计专业的目标与培养体系。

知识框架图

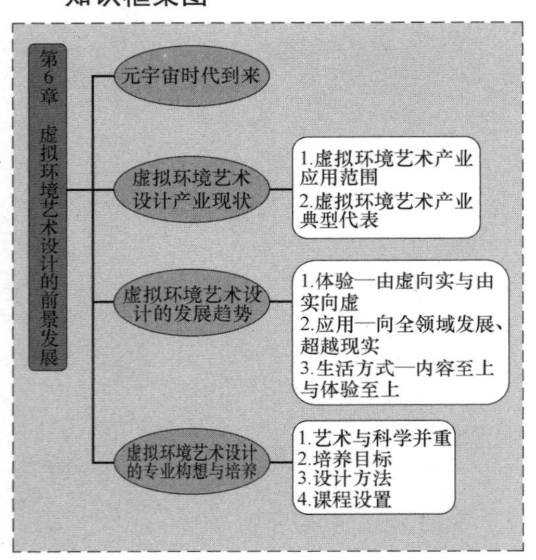

学习计划表

序号	内容	线下学时	网络课程学时
1	无宇宙时代		
2	虚拟环境艺术设计产业现状		
3	虚拟环境艺术设计发展趋势		
4	虚拟环境艺术设计的专业构想与培养		

元宇宙时代到来

虚拟环境艺术设计的发展依托于信息技术的发展进步。20 世纪至今，互联网相继经历了 PC 互联网时代与移动互联网时代。如今，随着 5G 技术的普及，人类的互联网虚拟生活即将开启下一个新时代——元宇宙（空间互联网）时代（图 6-1）。

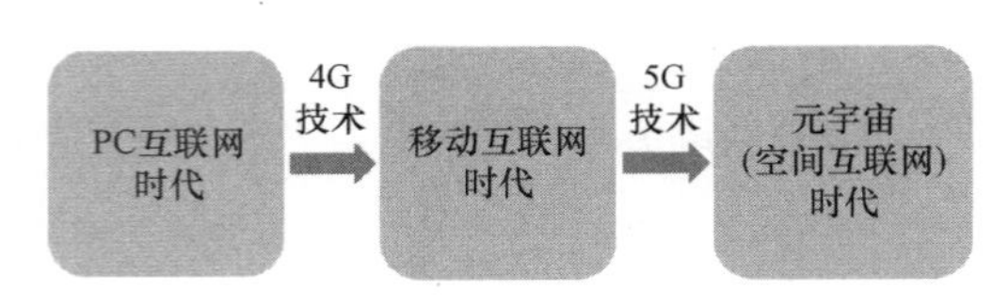

图 6-1　互联网时代发展轨迹
（图片来源：编者自绘）

2021 年，被资本市场与互联网称作“元宇宙元年”。元宇宙（MetaVerse），是 1992 年由美国科幻小说家斯蒂芬森在其创作的科幻小说《雪崩》（Snow Crush）中提出的概念，它畅想了人类在未来能够进入并发生工作和生活的与现实世界平行的虚拟空间（图 6-2）。这一在当时看来极不现实、甚至匪夷所思的超前概念如今正在变为现实。清华大学发布的《2021 元宇宙报告》指出，元宇宙是整合多种新技术而产生的新型虚实相融的互联网应用和社会形态，它基于扩展现实技术提供沉浸式体验，基于数字孪生技术生成现实世界的镜像，基于区块链技术搭建经济体系，将虚拟世界与现实世界在经济、社会、身份等不同维度的系统上密切融合，并允许每个用户进行内容生产和世界编辑（图 6-3）。经济学家朱嘉明认为，2021 年之所以被称作“元宇宙”元年，其背后是相关要素的“群聚效应”，近似于 1995 年 PC 互联网所经历的群聚效应。从外部条件看，2020 年暴发的全球新冠肺炎疫情使人们的现实生活更多转移到了线上与居家状态，线上线下并行的生活轨迹开始成为人类生活的常态，虚拟世界由现实世界的“补充”转变为与现实世界“平行”的状态，全社会的上网时长大幅度增加，“宅经济”快速发展；同时，5G互联网、云计算与大数据、智能硬件、人工智能、区块链等相关技术的发展为线上生活的可能性变革提供了足备的技术支持；最为关键的是，人们的认知发生转变，对虚拟空间带来的精神体验需求不断提升。这些因素的群聚效应为元宇宙诞生提供了充分的外部与内部条件（图 6-4）。

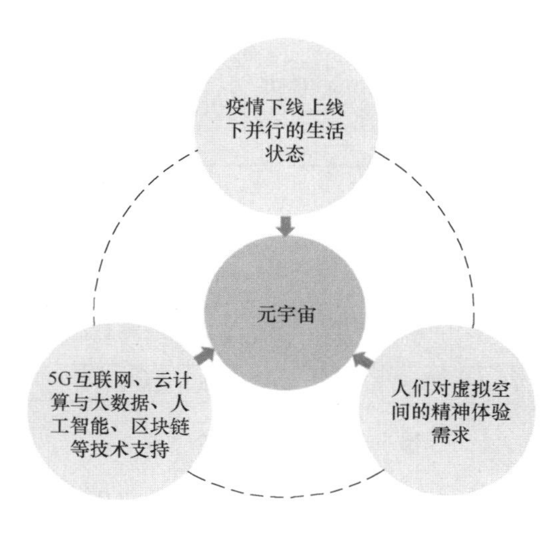

图 6-4　元宇宙诞生的条件
（图片来源：编者自绘）

图 6-2　科幻小说《雪崩》
（图片来源：来源于网络）

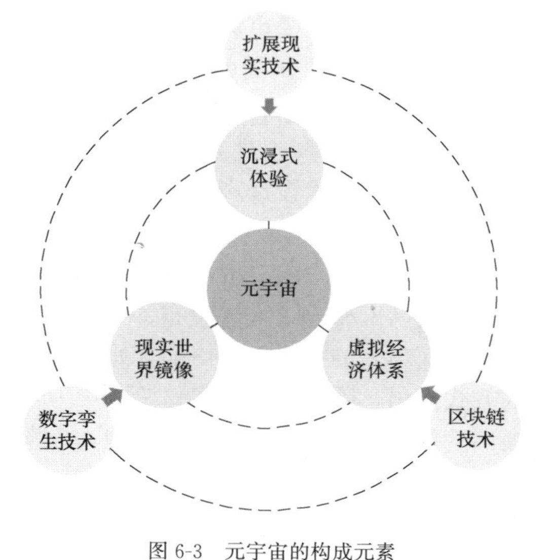

图 6-3　元宇宙的构成元素
（图片来源：编者自绘）

2021 年 10 月 28 日，科技巨头公司脸书（Facebook）创始人扎克伯格宣布，脸书公司正式更名为“Meta”（元），并表示公司在未来将全力专注元宇宙产品的开发（图 6-5）。这一事件引发了全球广泛关注，标志着虚拟空间成为下一代互联网形态的“蓝海”正式进入人们的生活。元宇宙是人类数字虚拟空间由移动互联网时代的二维形态向未来三维形态的进化，较之移动互联网时代实现的人与人之间的相互连接，元宇宙时代将进一步实现人与虚拟空间的连接（图 6-6），虚拟空间将作为与现实世界平行的空间存在，沉浸式的虚拟空间体验将成为元宇宙的核心。扎克伯格认为，元宇宙时代的虚拟世界有两大重要元素：虚拟替身和个人空间，其中个人空间就十分需要具备创意能力和艺术实现力的空间设计者发挥作用。因此，元宇宙时代的虚拟世界将与虚拟空间设计更为紧密地结合在一起，虚拟环境艺术设计方向也将迎来广阔的发展前景。

图 6-5　扎克伯格将 Facebook 公司更名为 Meta
（图片来源：来源于网络）

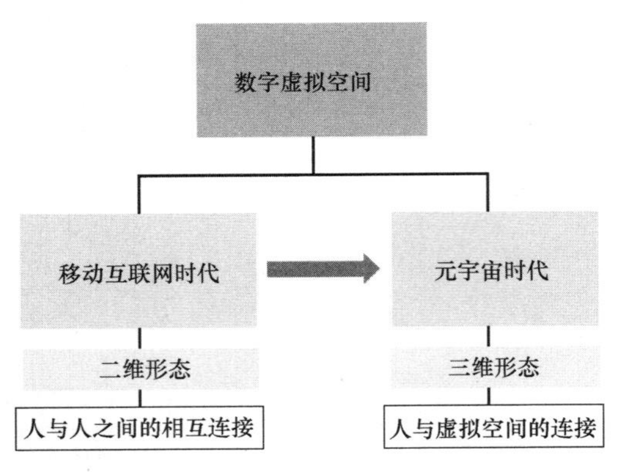

图 6-6　数字虚拟空间的转变
（图片来源：编者自绘）

6.1　虚拟环境艺术设计产业现状

本教材前述章节所举例的虚拟环境艺术设计，是虚拟环境艺术设计的现今应用和产业代表。其中，虚拟环境艺术设计的应用产业包含了电影制作、游戏设计、展示设计应用、娱乐场景应用、主题乐园等。近年来，随着技术发展和元宇宙概念的提出，虚拟环境艺术设计逐渐被应用在更多元的产业领域中。

6.1.1　虚拟环境艺术设计产业应用范围

从虚拟空间的实现看，元宇宙在产业生态上主要分为三个部分。

第一部分为技术支撑，这也是元宇宙实现的前提，技术构成虚拟空间内容呈现的基础。这一部分的产业，主要包含了5G互联网技术、物联网、人工智能、大数据与云计算、区块链、NFT等；第二部分是前端设备产业，这是目前实现虚拟空间应用的主要工具平台，以VR、AR、MR等技术为代表；第三部分，是虚拟空间的内容部分，也就是虚拟环境艺术设计的应用产业，包括智慧城市、智慧家居、智慧出行、智慧办公、智慧医疗、智慧教育、虚拟购物、虚拟演播、虚拟体育赛事与演唱会、虚拟社交、影视游戏等不同领域在内的产业均有虚拟环境艺术设计的设计应用（图 6-7）。同时，未来的虚拟世界最终形态将与现实世界深度融合，产生平行世界或镜像世界的面貌。因此，可以预见的是，随着元宇宙互联网时代的发展，这一应用范围仍将扩大，直至其应用场景与现实世界达到一致，甚至超越现实世界所拥有的范围。

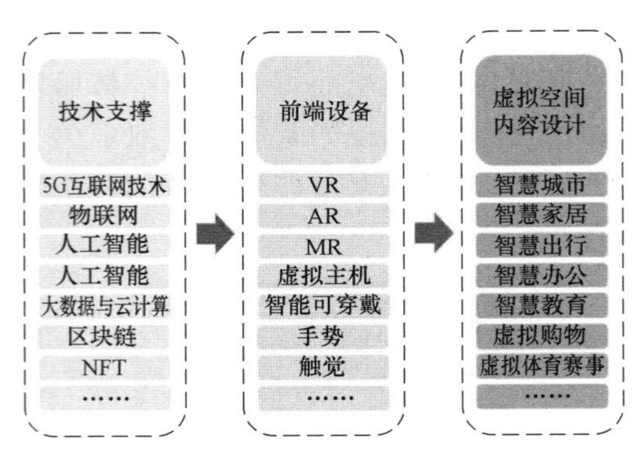

图 6-7　元宇宙的产业生态与内容
（图片来源：编者自绘）

6.1.2　虚拟环境艺术设计产业典型代表

虚拟环境艺术设计目前热门的应用产业包含虚拟社交、虚拟办公、虚拟家居、虚拟展陈、虚拟演播、影视游戏 6 大类。近 20 年中，世界各国的科技与文化公司在这些产业中均有深耕布局和侧重发展，一些公司的产品由于其超前的观念和艺术性，甚至已成为广受市场欢迎的现象级虚拟平台（图 6-8）。随着元宇宙时代到来，更多的头部互联网和科技企业将纷纷加入，虚拟世界将真正进入人们的日常生活，虚拟环境艺术设计产业将涌现更多典型代表。

2003 年，美国 Linden 实验室开发的网络游戏《Second Life》发布，第一次将虚拟空间与人的关系以网络交互娱乐平台的方式推出，引发虚拟世界体验的第一个浪潮。在游戏中，人们可以进行建造、购物、社交、娱乐、经商、工作、旅行，以自己的方式生活（图 6-9）。除了个人在游戏中的绝佳体验外，《Second Life》还引起了大型商业公司和不少政府机构的关注：在社交媒体 Twitter 诞生前，路透社、CNN 等媒体在《Second Life》中发行游戏报纸以提高新闻的传播影响；IBM

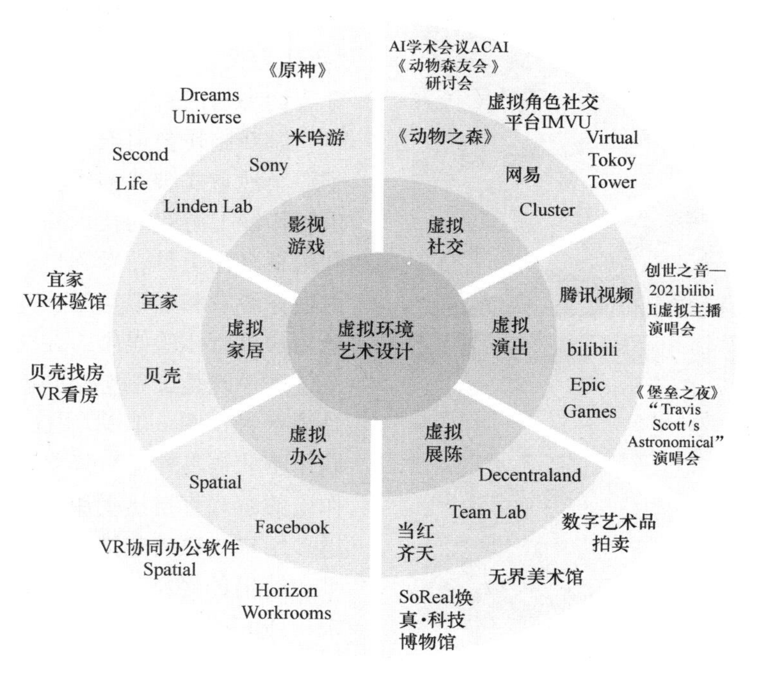

图 6-8 虚拟环境艺术设计产业分类与典型代表
（图片来源：编者自绘）

图 6-9 《Second Life》中的虚拟世界生活
（图片来源：来源于网络）

公司在游戏中购买虚拟地产，建立销售中心并投放广告；某些国家政党甚至在游戏中辩论政治议题、发表演说等等。此外，《Second Life》还建立了良好的虚拟经济体系，游戏中玩家赚取的游戏币可以兑换成相应比率的美元。德籍华裔 Anshe Chung 在《Second Life》中购买虚拟土地并建造房屋出售，获得了高达数百万美元的回报。虽然这些生活场景仍停留在电子设备的二维虚拟世界中，但这些虚拟活动带来的体验感无疑展示了虚拟空间的巨大魅力以及人们未来在虚拟世界生活的各种可能。

瑞典家居品牌宜家在 2013 年试图将虚拟环境艺术设计应用到顾客的日常购物中，其在 2013 年推出的杂志《家居指南》中发布了用于家具挑选工作的 AR 工具，在 2015 年推出了应用程序“宜家 VR 体验馆”，让消费者在下单购买之前就可查看和体验商品（图 6-10）。这款应用程序把用户带到与真实世界同比例的虚拟空间中，消费者在购买宜家的家居产品之前可以从虚拟现实平台进行细致体验：通过程序中提供的宜家产品布置一个属于自己的厨房置身其中漫步欣赏，还可以在程序中自由订制橱柜和抽屉的颜色，并穿梭于成人和儿童两种不同视角中，提前感受厨房布局的乐趣。

在美国，以 Facebook（Meta）、Roblox、Epic Games 为代表的企业已在不同虚拟内容领域展开产业布局。

互联网社交公司 Facebook 在 2021 年推出了虚拟办公软件 Horizon Workrooms，可以实现远程沉浸式办公。用户戴上 VR 头显设备后，可以看到同时使用应

图 6-10 宜家推出的 VR 家居空间体验
（图片来源：来源于网络）

用的同事在充满真实元素的虚拟空间中一起工作。这款应用可以实现将现实世界的计算机办公桌面内容代入虚拟世界的电脑屏幕上，实现真实的“线下办公线上化”（图 6-11）。Facebook 创始人扎克伯格更是同 CBS 主持人盖勒在 Workrooms 的会议室进行了一场“异地同场”采访秀，引发了互联网广泛讨论，再一次让人们见识

图 6-11 Horizon Workrooms 的虚拟世界办公场景
（图片来源：来源于网络）

到虚拟空间的未来可能。扎克伯格强调，“我认为元宇宙是下一代互联网，它是一个我们参与的、可以置身其中的互联网。”

游戏制作公司 Roblox 于 2006 年创建了一个沙盒式游戏创作者平台，为用户提供制作线上游戏的技术和工具。用户可以利用平台和工具，发挥自己的创造力，自由创作游戏和虚拟空间，并将其开放给其他用户进行体验娱乐。在这个平台上，每一位用户既是虚拟空间的创造者，同时又是消费者（图 6-12）。用户可以在游戏中制作游戏道具并进行售卖以获得报酬，制作出的游戏直接接受用户市场检验，得到越多用户青睐的虚拟空间创作者可以获得平台给出的经济回报。自 2006 年发布以来，Roblox 不断扩大覆盖范围，实现了手机、PC、平板、主机和 VR 头显设备的全平台互通，吸引了数以亿万计的用户参与其中。在平台上，每个用户都可以是虚拟环境的缔造者和体验者，虚拟世界的空间生产丰富程度大大增加，虚拟生活方式逐渐推广开来。

图 6-12 Roblox 内创造的虚拟空间场景
（图片来源：来源于网络）

游戏制作公司 Epic Games 在 2020 年新冠肺炎疫情期间与美国著名说唱歌手特拉维斯·斯科特合作，将其个人演唱会搬

入 Epic 开发的射击游戏《堡垒之夜》中。这场名为“Travis Scott’s Astronomical”的虚拟沉浸式演唱会吸引了超过 1200 万观众在虚拟游戏世界内同时观看，创下惊人历史纪录。为了推出这场虚拟演唱会，Epic 团队在《堡垒之夜》中设计了专门的虚拟空间环境。演唱会开始时，歌手斯科特以虚拟化身的“巨人”形象从天而降，出现在游戏场景中，制作团队配合斯科特的歌曲内容，在游戏中创作了沙滩、海底、宇宙等多个不同主题的虚拟场景。伴随电音的旋律和极富想象力的虚拟场景效果切换，所有玩家在游戏中随着斯科特的歌曲和舞蹈陷入了视听狂欢（图 6-13）。《堡垒之夜》的这一“出圈式”行为，在因新冠肺炎疫情导致人们无法外出、缺乏娱乐活动的时期，让更多人看到了元宇宙时代虚拟环境艺术设计给人们带来的无限可能。乐高 CEO 罗伯·罗维甚至表示《堡垒之夜》是游戏行业首个可信的元宇宙虚拟世界。

图 6-13 《堡垒之夜》与斯科特合作的虚拟演唱会
（图片来源：来源于网络）

在中国，腾讯、字节跳动、网易、莉莉丝、米哈游等互联网和游戏制作头部企业也分别在虚拟游戏、虚拟社交、虚拟会议办公、虚拟演出等方面进行开发尝试和产品布局（图 6-14）。作为目前中国最大的互联网企业，腾讯正逐渐完善元宇宙虚拟空间的产业矩阵，其中包括社交元宇宙 Soul、提供虚拟演出空间的产品 Wave、与 Roblox 公司建立战略合作关系推出中国的游戏创作者平台，为用户提供虚拟空间的创作机会等。字节跳动作为近年移动互联网时代最为活跃的 UGC 生态互联网

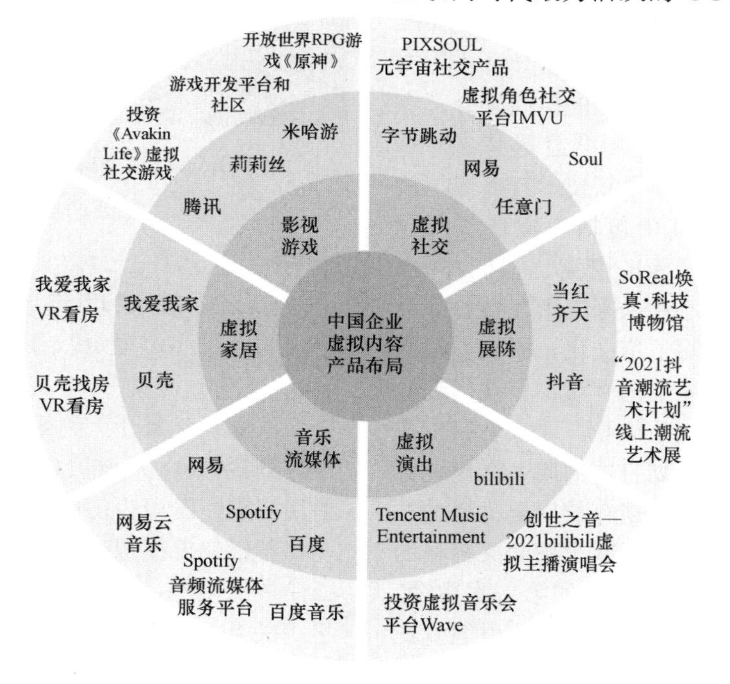

图 6-14 部分中国企业的虚拟内容产品布局
（图片来源：编者自绘）

公司，在收购一系列硬件支持设备公司和投资3D视觉技术方案后也在虚拟空间领域开始发力，包括发行与Roblox概念相似的创作者平台《重启世界》、元宇宙社交产品Pixsoul等。字节跳动公司收购中国VR设备公司PICO、投资3D视觉技术解决方案供应商熵智科技和视觉与AI计算平台摩尔线程，并注册了商标Pix Soul，计划在元宇宙社交产品方向发力。

在虚拟与现实结合方面，虚拟现实技术作为新技术处于行业趋势的前沿。北京当红齐天国际文化发展有限公司利用虚拟现实技术创造极致沉浸式体验，集"XR内容制作＋载具研发＋数字运营整体解决方案及产品落地"于一体为主要的发展理念，涉及XR＋乐园、XR＋科技秀、XR＋党建爱国主义教育、XR＋博物馆、XR＋电竞等与虚拟环境艺术设计创造有关的各行各业，是当下虚拟技术开发及品牌IP挖掘的探索者。2021年，北京当红齐天国际文化发展有限公司与首钢集团有限公司合作的"1号高炉SoReal超体空间"项目正式落地，这是基于"5G＋XR"定位的乐园项目，将于2022年北京冬奥会正式对外开放（图6-15）。设计改造以虚拟空间的环境体验为主导，主题秀场、未来科技乐园是体验的空间媒介，在旧工业空间中大量应用全息影像、VR、AR、人工智能、5G等新技术打造虚拟体验的综合乐园，其中包括虚拟现实博物馆、沉浸式剧场、VR电竞、智能体育、奥运项目体验中心和未来光影互动餐厅及全息酒吧等，续写了集文化、科技、娱乐为一体的新型乐园空间潮流，呈现出超真实的沉浸式文化娱乐体验。北京首钢工业遗址公园是北京计划打造的四大文化地标之一，是对百年工业遗存的历史沧桑的一次解救，运用科技赋予其全新而又神秘的未来，迎接历史文化高炉的第二次生命，让原本早已沉寂的高炉如凤凰涅槃般真正地活过来，使得百年的遗迹奇迹重生。就像内田繁在《日本设计六十年》书中说到的那样：设计，不应该成为某种商业的工具，它应该是将古老再现于当下，以有形去表现无形的未来的一项设计工作。"1号高炉SoReal超体空间"恰到好处地诠释了虚拟环境艺术的设计意义。

图6-15　首钢1号高炉SoReal超体空间
（图片来源：来源于网络）

6.2　虚拟环境艺术设计的发展趋势

法国哲学家让·鲍德里亚提出"类项三序列说"，将人类仿真历史分为了三个阶段：第一阶段为仿造，这一阶段的特征是虚拟活动要模拟、复制和反映自然；第二阶段为生产，虚拟产品与现实世界成为平等关系；第三阶段则是仿真，虚拟世界创造出现实完全没有的"超现实"，真实被同化在了虚拟之中，虚拟与现实的界限消失。从类项三序列中，我们可以看到虚拟环境艺术设计未来的发展趋势，即虚拟世界的发展趋势依次为：数字孪生、虚拟原生、虚实融生（图 6-16）。而目前的虚拟环境艺术设计就处于前两个阶段向第三阶段发展的过程中。具体来说，当前互联网产业的主要瓶颈是内卷化的平台形态，移动互联网在内容、媒介、交互方式、参与和互动方式上长期缺乏突破，导致没有新的发展增长，其内在原因是技术发展限制了内容创新。而随着 5G 等通信技术的迭代，这一限制将随之破除，取而代之的是用户和市场对新技术下的全新内容体验出现的期待。因此，我们能预测虚拟环境艺术设计产业的未来发展将迎来指数级增长，其趋势将从用户体验的由虚向实和虚拟内容的由实向虚两个角度相向发展，最终达到虚实相融的状况；在应用层面，虚拟环境艺术设计的趋势是向现实世界中存在的全领域发展，并逐步超越现实；与此同时，也将创造出内容与体验至上的虚拟世界生活方式。

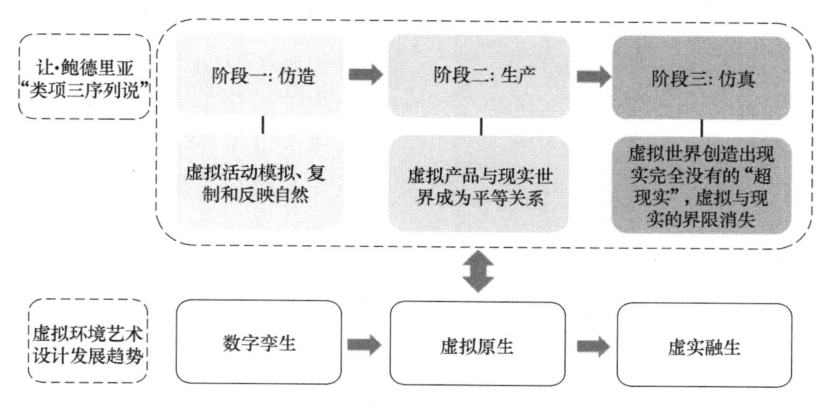

图 6-16　虚拟世界的发展趋势
（图片来源：编者自绘）

6.2.1　虚拟环境艺术设计的体验——由虚向实与由实向虚

朱嘉明认为，元宇宙将是越来越真实的数字虚拟世界。无论是从前的 PC 互联网时代还是近 10 年的移动互联网时代，由于技术条件限制，用户与虚拟环境的互动都在人操作机器的交互关系下展开，人与虚拟空间借由设备界面作为媒介产生交流。而在元宇宙时代的近未来，虚拟环境艺术设计的空间体验将由人机交互转变为具身交互。具身交互利用设备将人之所见由依靠界面转换为将身体代入到虚拟空间中去，使人在虚拟空间中获得与现实空间一致的视、听、触觉感受，使虚拟空间的感官体验由单一走向综合。例如前文叙述的 Horizon Workrooms，人们在虚拟空间中能够获得与在现实世界一致的空间体验，这便是用户体验的由虚向实。

随着元宇宙的进一步发展，未来的虚拟世界将出现与现实世界一样的经济体系。如今已经被使用的 NFT，全称为 Non-Fungible Token，指存在于虚拟世界的非同质化代币，是用于表示数字资产的唯一加密货币令牌，可以进行买卖。2021 年 4 月，《Time》杂志将不同时期的三本杂志的经典封面制作成 NFT，最终以高达 44 万美元的作品被出售（图 6-17）。NFT 作品具有原创性和唯一性，在虚拟空间进行交易，作品每转手一次，创作者都能获得相应的报酬。在这样的发展下，未来生活中一些涉及实体交易的内容也将会在虚拟世界中发生，这是人类的现实交易内容在虚拟世界中发生由实向虚体验的一部分。另一部分，一些从前存在于线下实际体验的行为也会出现向虚拟体验转变的趋势。例如著名时装品牌巴黎世家的 2022 年春季时装广告将新一季的服装以虚拟时装秀的形式呈现，抛出了未来虚拟世界中的换装体验概念（图 6-18）。这种将传统现实空间里的行为转换至虚拟空间中的做法，也是虚拟世界由实向虚体验的另一重要部分，同样也会成为环境艺术设计介入的设计内容。

图 6-17 《Time》杂志的 NFT 作品
（图片来源：来源于网络）

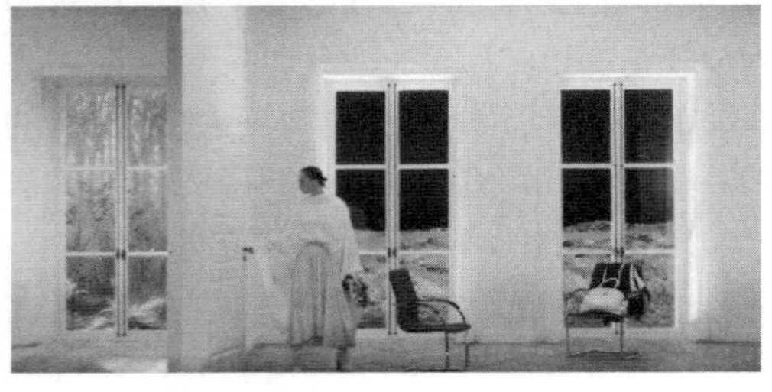

图 6-18 巴黎世家 2022 年春季时装虚拟时装秀
（图片来源：来源于网络）

6.2.2 虚拟环境艺术设计的应用——向全领域发展与超越现实

目前，虚拟环境艺术设计的应用集中在娱乐产业与文化教育产业，如电影、网络游戏、沉浸式游戏或体验式虚拟展陈、虚拟文旅等。这些应用仍属于虚拟模仿现实或虚拟与现实相叠加的状态，而从元宇宙的发展趋势看，未来的虚拟环境艺术设计将向人们生活的全方位、全领域和全产业发展，拥有自己的社交系统、经济系统和生活方式，并逐渐超越现实世界拥有的产业和应用。虚拟世界将成为可编辑、可自由创造、自由生活的平行于现实世界的生存空间。

6.2.3 虚拟环境艺术设计创造的生活方式——内容至上与体验至上

未来的虚拟空间将实现现实世界与虚拟世界相融合的人类生存维度拓展和现实感官与虚拟感官相融合的人类感官维度拓展，虚拟空间的内容与体验将构成未来“虚实相融”生活方式的主要特征（图 6-19）。虚拟环境艺术设计的核心在于对空间体验的营造，未来的具身交互方式将使虚拟空间以一种超越真实的体验反馈给大脑感知系统，以沉浸式的交互特征帮助进入虚拟环境中的用户产生心理层面的波动和精神需求的满足。传统的电子游戏或网络游戏为 PGC（Platform Generated Content）开发模式，其特征是开发者设置任务、策划剧情、设计内容，体验者在开发者的设定下在虚拟世界进行精神的被动消费、在虚拟中短暂脱离现实。这一虚拟生活方式在体验者来说，其内容与体验十分有限且被动。而在未来虚拟世界中，PGC 模式将向 UGC（User Platform Generated Content）模式转变：在 UGC 模式下，体验者本身可以成为虚拟空间的开发者，自由创造和体验自己或他人创造的内容，例如，前文提到的《Second Life》与 Roblox 正是区别于传统网络游戏的 UGC 模式虚拟游戏创作平台。需要提到的是，PGC 模式与 UGC 模式两者也将长期共存：PGC 模式下的平台会集中更好的资源创作体验更好的作品；UGC 模式下的庞大创作者基数将带来更多样化的内容，因此，这一共存关系会极大丰富虚拟世界的生活方式（图 6-20）。从 PGC 模式向 UGC 模式的这一转变，已经在传媒行业从 PC 互联网时代向移动互联网时代转变时发生过一轮：抖音、b 站、小红书等自媒体 UGC 平台将报纸、杂志等传统新闻行业 PGC 平台的市场逐渐瓦解，内在原因正是自媒体平台由用户自己创造的内容和产生的体验感超越了传统纸媒，创造了移动互联网时代人们获取信息的新方式，同时倒逼传统媒体向新媒体转型。而这种内容至上与体验至上的虚拟生活方式革新，也必将在移动互联网时代向元宇宙下的虚拟空间时代的转变中再次发生。

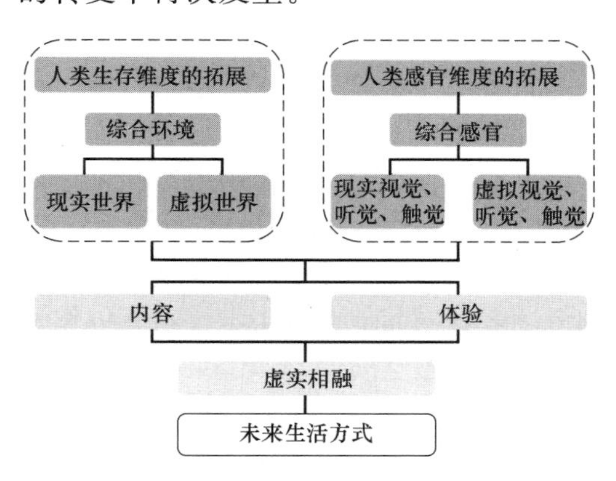

图 6-19 “虚实相融”的未来生活方式
（图片来源：编者自绘）

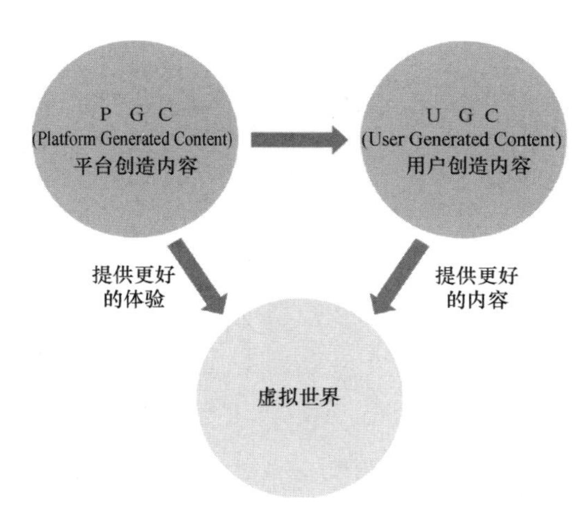

图 6-20 虚拟世界的创作平台关系
（图片来源：编者自绘）

6.3 虚拟环境艺术设计的专业构想与培养

计算机科学技术在 20 世纪以来的设计学实践领域发挥着相当重要的作用。结合 5G 时代的新技术，虚拟环境艺术设计将成为一个新兴的设计专业方向，它将虚拟技术与环境艺术设计的空间创意相结合，从而创造一系列虚拟世界的应用与生活方式。

6.3.1 作为交叉学科专业的虚拟环境艺术设计——艺术与科学并重

在艺术与科学结合的发展背景下，虚拟环境艺术设计是环境设计未来新的专业发展领域，其不同于环境设计的关键在于设计成果实现的环境由现实世界转换为虚拟世界。这表现在两个方面，第一是实践层面设计成果更高效率的转化，其次是设计内容由注重实用性转为发扬概念创意。虚拟环境艺术设计将以虚拟空间作为各专业和产业的载体与平台，打通工业设计、建筑设计、时尚设计、影视动画、游戏娱乐、造型艺术等设计和艺术专业的界限，并将文学、心理学、社会学、行为学、新闻传播学、计算机科学及软件科学等多领域学科知识整合在内，是特征明显的艺术与科学并重的交叉学科专业（图 6-21）。其中，计算机科学、软件科学等学科的知识是实现虚拟空间设计内容的底层技术基础；设计学科的各个不同专业方向是创造虚拟空间内容的创意组成；而文学、心理学等专业知识则帮助虚拟空间设计完善优秀的创意。

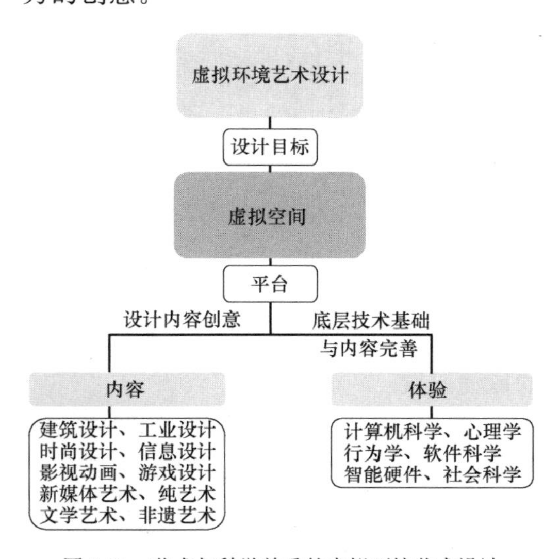

图 6-21 艺术与科学并重的虚拟环境艺术设计
（图片来源：编者自绘）

6.3.2 虚拟环境艺术设计专业的培养目标

物质空间的环境艺术设计需要具备现实世界的可实施性，因此，设计需要经过非创意层面的反复推敲和调整，才能付诸实践；而虚拟环境艺术设计则不需考虑现实世界的实现问题与建造规则，因而能更加注重观念的传达与艺术创意本身。因此，虚拟环境艺术设计专业最主要的培养目标是学生的空间想象力和艺术创造力。设计构思的创新需要运用逻辑思维和抽象思维，结合现实世界的已知，去创造虚拟空间的未知。这既是对现实世界的解构，也是解构之后对虚拟空间的建构。

6.3.3 虚拟环境艺术设计专业的设计方法

本教材提出以主题叙事设计策略为基础的“主题设计方法”，作为虚拟环境艺术设计专业的设计方法。主题设计方法——“主题设定、主题转译、主题营造”将各设计专业统筹在同一创作环境中，共同创造虚拟空间的内容。虚拟环境艺术设计专业以创造虚拟空间为目标，在主题设计方法下，创造虚拟空间的步骤被划分为“设定——转译——营造”三个环节，与之相对应的实际工作则可被看作“策划——设计——实现”三个部分（图6-22）。因此，在虚拟环境艺术设计的专业构想中，具有明显的跨专业、跨学科特征。在虚拟环境艺术设计专业下，尽管创作过程涉及多专业与多学科，但虚拟空间是最终设计目标。所以，虚拟环境艺术设计专业并不需要覆盖不同专业，而是作为协调者与调度者，同其他专业与学科共享创作情境，把控虚拟空间的创作结果。这就如同导演之于电影作品、乐团指挥之于交响乐作品一样，虚拟环境艺术设计专业培养的是面向虚拟空间内容生产的整合者。

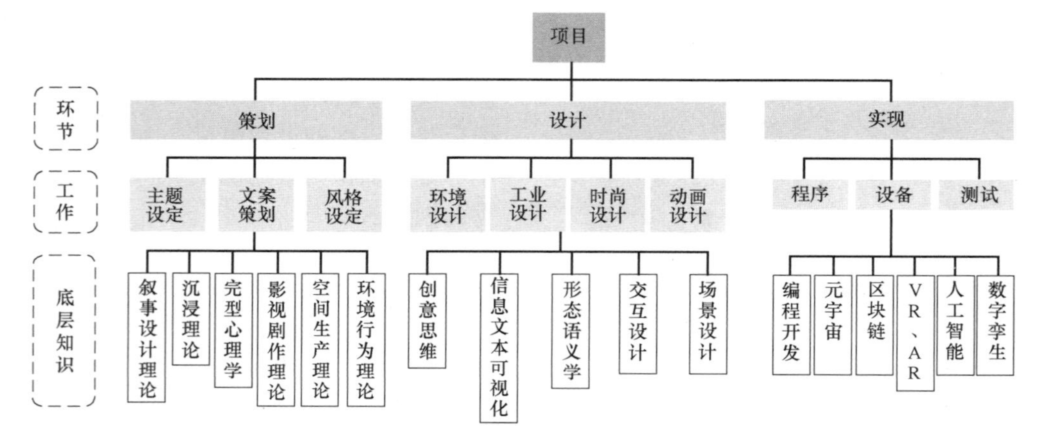

图6-22 虚拟环境艺术设计项目的工作环节与知识架构
（图片来源：编者自绘）

6.3.4 虚拟环境艺术设计专业方向的课程设置

虚拟环境艺术设计专业主的课程设置要从理论架构、设计创意、技术实现三个方面展开。理论基础是虚拟环境艺术设计专业的底层基础，依据环境艺术设计所需的理论类别，可划分为叙事理论与行为体验理论。叙事理论包含文学叙事理论、空间叙事理论、影视剧作理论等文本创作理论知识，帮助学生在主题和叙事文本的设定环节确定主题与建立故事；行为体验理论包含环境行为理论、沉浸理论、完型心理学理论、交互体验理论等，将虚拟环境设计中的核心“用户体验”考虑在设计全过程中。

设计创意指的是虚拟环境艺术设计的专业设计能力部分，是虚拟环境呈现效果的核心。它既包含传统环境艺术设计中的空间设计方法，更重要的是突出虚拟环境实践层面更具创意和想象力的空间创造能力。设计创意课程以虚拟空间的设计为课程体系目标，着重培养学生的想象能力与概念设计能力，从空间形态、空间关系、光影色彩、材料质感、环境氛围等方面训练创作虚拟空间的能力。

虚拟环境艺术设计对接的技术类专业

以计算机与软件技术为主，设计人员与技术人员的合作更为密切和频繁。为了提升实际项目中的沟通效率，在虚拟环境设计专业中，技术课程也应该囊括在课程设置的范围之中。技术类课程需要开展数字语言、设计软件、虚拟数字技术、交互技术四个方面的技术性课程，如C语言、Maya、AR、VR、红外体感、动作捕捉技术等，在基础实践层面得到能力的落实。

虚拟环境艺术设计还需要更多辅助性原理的协助。一个全面的虚拟环境艺术设计专业不仅应当具备传统空间设计专业的造型能力、空间设计能力和，更要突出其动态美和参与美；为了获得动态美与参与美的设计意识，课程需合理选择空间形态和空间转换形式，合理选择技术切入以及光照形式，妥善匹配动态音响和背景音乐，最终实现虚拟环境艺术设计风格上的创新，这就需要虚拟环境艺术设计专业的学生能够广泛地涉猎各种与虚拟空间设计创作相关的知识并将之有效整合，不断丰富和更新自身知识结构。

结语

人类世界未来将向着虚拟世界与现实世界深度融合的方向发展。在这一大趋势下，虚拟环境艺术设计是未来环境设计专业的新领域和重要专业版图。2021年4月，习近平总书记在清华大学美术学院考察时指出："美术、艺术、科学、技术相辅相成、相互促进、相得益彰。要发挥美术在服务经济社会发展中的重要作用，把美术成果更好服务于人民群众的高品质生活需求。"因此，在产业与学科不断向前发展的今天，虚拟环境艺术设计专业需要抓住时代的机遇、跟上产业的脚步、紧追人民的需求，结合自身专业特点建设虚拟环境艺术设计专业方向，整合有利资源，促进专业领域的自我更新与自我优化，将更好的设计内容呈现给社会，更好地满足人民群众的物质与精神生活需求。

参考文献

[1] 新华辞书社. 新华字典［M］. 北京：人民教育出版社，2011：107.

[2] 迈克尔等. 个人计算机及因特网辞典［M］. 北京：世界图书出版社，1993：159.

[3] 陈志良. 虚拟：人类中介系统的革命［J］. 中国人民大学学报，2000（4）：57-63.

[4] 宋立民. “融广域 致精微 兼虚实”环境设计专业的当代定位与格局［J］. 设计. 2020，33（16）：74-79.

[5] 赵沁平. 虚拟现实综述［J］. 中国科学（F辑：信息科学），2009（01）：2-46.

[6] 宋立民. 环境设计的“双栖”特征与学科专业建设［J］. 设计. 2020，33（13）：93-95.

[7] 李金泰. 电子游戏虚拟空间构成的理论研究［D］. 北京：清华大学，2015：46-54.

[8] 鲁晓波. 信息社会设计学科发展的新方向——信息设计［J］. 装饰，2001（06）：3-7.

[9] 柴秋霞. 数字媒体交互艺术的沉浸式体验［J］. 装饰，2012（02）：73-75.

[10] 高宇婷，朱一. 虚拟自然——Team Lab的数字艺术创作特征分析［J］. 大众文艺，2019，（22）：125-126.

[11] 张寅德. 叙事学研究. 北京：社会科学文献出版社，1989.

[12] 龙迪勇. 空间叙事学：叙事学研究的新领域. 天津师范大学学报（社会科学版），2008（6）：54.

[13] 刘怀玉. 空间的生产若干问题研究. 哲学动态，2014（11）.

[14] Lefebvre H，Enders M. J. Reflections on the Politics of Space. Antipode，2010（8）：3133.

[15] Pickvance C. G. The ories of the State and the ories of Urban Crisis. Current Perspectives in Social Theory，1980，1（1）：3154.

[16] Lefebvre H. The Production of Space. Oxford：Blackwell，1992：464.

[17] ［美］詹姆斯·凯瑞. 作为文化的传播：“媒介与社会”［M］. 丁未译. 北京：华夏出版社，2005：17.

[18] 葛鑫. 一种新媒体艺术体验展的沉浸式设计模式——从Team Lab作品探究［J］. 设计，2020（15）：42-44.

[19] 李四达. 数字媒体艺术概论［M］. 北京：清华大学出版社，2016：67.

[20] 王锦戈. Team Lab——数字艺术的无界创造者［J］. 中国文艺家，2020，（12）：87-88.

[21]《关于促进“互联网＋社会服务”发展的意见》（发改高技〔2019〕1903号）.

[22] 张学斌. 主题空间设计中的故事性原理的应用［D］. 北京：北京工业大学，2018.

[23] 李彬. 从《头号玩家》谈“英雄之旅”的剧作模式与叙事能量［J］. 当代电影. 2018（10）：37-43.

[24] 孙玉洁. 数字媒体艺术沉浸式场景设计研究［D］. 北京：中国艺术研究院，2021.

[25] 徐苏楠. 关于虚拟现实感官体验中室内视觉呈现的研究——以“空间”为例［D］. 南昌：江西财经大学，2020.

[26] 任荣荣. 基于叙事性的场景木质玩具设计研究及应用［D］. 杭州：浙江农林大学，2020.

[27] 边燕杰，雷鸣. 虚实之间：社会资本从虚拟空间到实体空间的转换［J］. 吉林大学社会科学学报，2017：81-91.

[28] 王成兵，吴玉军. 虚实社会与当代认同危机［J］. 北京师范大学学报（社会科学版），2003：58-63.

[29] 曾令辉. 网络虚拟社会的形成及其本质探究［J］. 学校党建与思想教育，2009：38-41.

[30] ［美］罗伯特·麦基. 故事：材质、结构、风格和银幕剧作的原理［M］. 周铁东译. 天津：天津人民出版社，2014.

[31] 申丹. 西方叙事学：经典与后经典［M］. 北京：北京大学出版社，2010.

[32] ［荷］约翰·赫伊津哈. 游戏的人：文化的游戏要素研究［M］. 傅存良译. 北京：北京大学出版社，2014.

[33] ［美］简·麦戈尼格尔. 游戏改变世界：

游戏化如何让现实变得更好［M］. 闾佳译. 杭州：浙江人民出版社，2012.
［34］ 张未. 游戏的本性：从游戏语法到游戏学的基本问题［M］. 上海：上海三联书店，2018.
［35］ ［美］兰迪·奥尔森. 科学需要讲故事［M］. 高爽译. 重庆：重庆大学出版社，2018.
［36］ ［英］东尼·博赞. 思维导图［M］. 叶刚译. 北京：中信出版社，2009.
［37］ 王国彬. 未来已来！——信息时代背景下的虚拟化人居环境设计探究［J］. 设计，2020：112-114.

后　　记

我们的智人祖先以语言的优势获得物种进化胜利的时候，由语言这种信息符号所构建的虚拟世界也因此而生，时至今日，已经没单纯意义上的现实了。随着科技的发展，时间空间被不断压缩，世界已成为一个整体。现实世界的人想象虚构的东西，而虚构的世界也在对现实施加影响，甚至侵蚀现实。人在现实世界所缺失的，都将努力在自己构建的虚拟世界里进行补偿，以至于在有可能的时候，人们将在现实世界中实现虚拟世界中的补偿。

随着信息时代的到来以及虚拟现实技术的发展，虚拟世界开始慢慢脱离现实世界的束缚，各种各样的虚拟形式不断被构建出来，新闻、影视、戏剧、游戏之间的区分界限也越来越模糊，其中的大众通俗文化，逐步使“作为意义载体”的语言降格为“失去质量的符号”。“能指”作为人类的伟大发明，渐渐成为异己力量，主要用于娱乐、休闲、打发时间、麻醉神经。由媒介所构建的符号王国，正在逐步脱离对真实世界指称功能，而成为一个具有相对独立性的系统。媒介系统已经足够发达到可以遮蔽人们对世界认知的大部分渠道，成为一个具有替代真实世界价值的拟态环境。当人们习惯了拟态环境之后，真实的世界在虚拟世界的映衬下，可能反而显得平淡、无趣。有一种现象需要引起人们的注意，那就是在朋友聚会时，人们可能在玩手机，而不是在交谈，甚至围桌而坐但却各自在手机里交流，这种现象是不是虚拟环境比现实世界更好看、好玩的一个例证呢？

我们的社会正面临全面的“去身体化”，一部手机可以串联起全世界。世界正在被各种算法和符号所重构，而逐步走向异化。在我们完成这本教材的同时，正值“元宇宙”元年，虚拟世界不在遮遮掩掩，而是以一个全新的面目正式登场。当下我们需要做的，不但是要系统全面的更新相关专业知识和技能，又能与时代的潮流保持一定距离，相对冷静的保持“人”的客观存在。世界最终是什么样子都是必然的，我们希望艺术设计专业能够是这个必然中的某种独特的存在！

王国彬
2021 年 10 月于北京